高职高专土建类专业"互联网+"数字立体化创新教材

工程造价软件应用

廖建锋　主编

机 械 工 业 出 版 社

本书根据教学大纲的特点和要求,突出以能力培养为目的的高等职业教育特色,采用新版本的造价软件,根据相关定额与规范,组织各大高校老师编写而成。为了便于教学,每章开始设有学习目标,注重培养和提高学生的应用能力。

本书分为6章,首先对工程造价软件进行介绍,在此基础上介绍了广联达BIM土建计量平台应用、广联达计价软件应用、智多星和斯维尔计价软件应用、斯维尔三维算量软件应用,以及技能操作与提高等内容。各章有学习目标、素质目标、教学目标、项目案例导入等内容,让学生能够简单明了地了解章节内容与重点,各章末尾配有本章小结与实训练习,供学生课后练习使用,帮助学生巩固所学内容。

本书可作为高职高专、成人高校及民办高校的相关专业的教材,同时也可作为建筑工程预算人员和管理人员的参考用书。

图书在版编目(CIP)数据

工程造价软件应用/廖建锋主编. --北京:机械
工业出版社,2024. 9. --(高职高专土建类专业"互联
网+"数字立体化创新教材). --ISBN 978-7-111-76980-
4

Ⅰ. TU723. 3-39
中国国家版本馆 CIP 数据核字第 2024PF4768 号

机械工业出版社(北京市百万庄大街 22 号 邮政编码 100037)
策划编辑:汤 攀 责任编辑:汤 攀 刘 晨
责任校对:郑 婕 张 征 封面设计:张 静
责任印制:刘 媛
三河市骏杰印刷有限公司印刷
2025 年 8 月第 1 版第 1 次印刷
184mm×260mm · 13. 5 印张 · 329 千字
标准书号:ISBN 978-7-111-76980-4
定价:49. 00 元

电话服务 网络服务
客服电话:010-88361066 机 工 官 网:www.cmpbook.com
　　　　　010-88379833 机 工 官 博:weibo. com/cmp1952
　　　　　010-68326294 金 书 网:www.golden-book.com
封底无防伪标均为盗版 机工教育服务网:www.cmpedu.com

前　言

一项工程从开始到竣工都要求全程预算，但是现有预算软件的部分功能尚不完善，使得工程项目对造价专业人才的需求不断上升。

本书根据高职高专工程造价专业人才培养目标、人才培养规格和相关国家现行规范规定编写而成。本书以工程造价软件应用为主要内容，并与专业的基本技能训练相结合，旨在让学生掌握工程造价的基本原理并培养实际动手操作能力。本书内容的设计根据职业能力要求及教学特点，与建筑行业的岗位相对应，体现新的国家标准和技术规范；注重实用为主，内容精炼翔实，文字叙述简练，图文并茂，充分体现了项目教学与综合实训相结合的主流思路。

本书首先对工程造价软件进行了介绍，在此基础上介绍了广联达 BIM 土建计量平台应用、广联达计价软件应用、智多星和斯维尔计价软件应用、斯维尔三维算量软件应用，以及软件的技能操作与提高等内容，循序渐进，可以让同学们逐步学会工程造价软件的相关应用。

本书把课程思政纳入教学管理，加强课程思政教学大纲标准建设，推进课程思政进教材。在实践教学环节中开展思政育人，使学生在实践教学中接触社会、了解社会，在指导教师的引导下，实现思想政治教育，帮助学生树立正确的世界观、人生观、价值观。

本书与同类书相比具有以下显著特点：

（1）新。图文并茂，二维三维相结合，平面立体相结合，流程清晰。

（2）全。知识点分门别类，包含全面，由浅入深，便于学习。

（3）系统。知识讲解前后呼应，结构清晰，层次分明。

（4）实用。理论和实际相结合，举一反三，学以致用。

（5）赠送。除了必备的电子课件、每章习题答案外，还相应地配套有大量的拓展图片、讲解音频、视频等，通过扫描二维码的形式拓展工程造价软件的相关知识点，力求让读者在学习时多维度、多方面地接受新知识，更快、更高效地达到学习目的。

本书由河南质量工程职业学院廖建锋担任主编，由江苏建筑职业技术学院张兰兰、中建润德景观建筑工程有限公司郑州分公司胡军伟担任副主编，三门峡职业技术学院孟昕、郑州大学综合设计研究院有限公司马亚超参与编写。各章的编写分工为：廖建锋负责编写第 1 章、第 2 章并负责全书的统稿工作，张兰兰负责编写第 3 章，胡军伟负责编写第 4 章，孟昕、马亚超负责编写第 5 章、第 6 章。书中的动画、视频及配套的教案、课件、案例答案等由各章的编写人员负责制作和编辑，由廖建锋负责统稿。

本书在编写过程中，参考了国内外公开出版的许多书籍和资料，并得到了许多同行的支持与帮助，在此一并表示感谢。由于编者水平有限及编写时间仓促，书中难免有不妥和错漏之处，恳请广大读者批评指正。

编　者

目　　录

前言

素质目标 ·· 1

第 1 章　工程造价软件简介 ·· 2

1.1　工程造价软件概述 ··· 2

1.2　初识建筑工程算量软件 ·· 3

1.3　初识建筑工程计价软件 ·· 5

素质拓展案例 ·· 8

本章小结 ··· 8

实训练习 ··· 8

第 2 章　广联达 BIM 土建计量平台应用 ··· 12

2.1　计量软件的基本原理 ··· 12

2.2　计量软件操作流程 ·· 13

2.3　计量软件应用技巧 ·· 50

2.4　计量软件出量分析和计量数据文件的整理 ·· 57

素质拓展案例 ··· 63

本章小结 ·· 63

实训练习 ·· 63

第 3 章　广联达计价软件应用 ·· 65

3.1　计价软件的介绍 ··· 65

3.2　编辑计价项目结构界面 ·· 66

3.3　操作分部分项工程量清单及组价界面 ·· 70

3.4　操作措施项目、其他项目清单及组价界面 ··· 77

3.5　编辑人材机汇总界面 ·· 80

3.6　费用汇总界面、报表的编辑与打印 ·· 82

3.7　计价软件整体操作功能的应用 ·· 84

素质拓展案例 ··· 86

本章小结 ·· 87

实训练习 ·· 87

第 4 章　智多星和斯维尔计价软件应用 ·· 89

4.1　熟悉编制流程 ·· 89

4.2 编辑计价项目管理界面 ………………………………………………… 90

4.3 操作分部分项工程量清单及组价界面 ………………………………… 99

4.4 操作措施项目、其他项目清单及组价界面 …………………………… 107

4.5 编辑工料机汇总界面 …………………………………………………… 113

4.6 单位工程取费界面、报表的编辑与打印 ……………………………… 117

素质拓展案例 ………………………………………………………………… 122

本章小结 ……………………………………………………………………… 122

实训练习 ……………………………………………………………………… 123

第5章 斯维尔三维算量软件应用 ……………………………………… 126

5.1 三维算量软件的基本操作 ……………………………………………… 126

5.2 算量软件图纸的识别 …………………………………………………… 136

5.3 算量软件的构件图形识别流程 ………………………………………… 138

5.4 算量软件的构件钢筋识别流程 ………………………………………… 148

素质拓展案例 ………………………………………………………………… 154

本章小结 ……………………………………………………………………… 155

实训练习 ……………………………………………………………………… 155

第6章 技能操作与提高 ………………………………………………… 158

6.1 算量软件应用技能操作案例 …………………………………………… 158

6.2 计价软件应用技能操作案例 …………………………………………… 184

素质拓展案例 ………………………………………………………………… 205

本章小结 ……………………………………………………………………… 206

实训练习 ……………………………………………………………………… 206

参考文献 …………………………………………………………………… 208

素 质 目 标

　　新时代学生具有积极的时政参与热情，特别关注国际国内时事、社会热点问题和重大事件等，有一定的独立思考能力。通过引入素质元素，引导学生用正确的立场、观点和方法认识并分析问题，让学生更深刻地认识世界、理解中国，增强民族自信心和社会责任感。

　　挖掘其中所蕴含的使命感、责任感、爱国精神、奋斗精神、开拓创新精神等教育元素，并使之内化为学生的精神追求、外化为学生的自觉行动。

章节	案例形式	素质元素	问题索引
第1章	就业前景	国家发展 行业发展 积极性	1. 造价人员的就业前景有哪几个方向？ 2. 想一想行业的发展与国家的发展有什么联系？
第2章	行业现状	专业技能 行业责任感 社会进步	1. 我国造价软件的应用现状是什么？ 2. 软件计量给造价工作带来了什么？
第3章	发展趋势	技术发展 行业发展 发展前景	1. 造价软件的发展前景有哪几方面？ 2. 想一想技术的发展为什么会带动行业的发展？
第4章	社会热点	责任感 认同感 创新精神 爱国情怀	1. "基建狂魔"指的是什么？ 2. 火神山、雷神山医院的建造体现了什么？
第5章	课外拓展	数字化 大数据 信息技术	1. 什么是数字建筑？ 2. 数字建筑的特点是什么？ 3. 想一想数字化的变革对未来发展的作用。
第6章	现代科技	人类社会发展 使命担当 创新精神	1. 什么是智能建筑？ 2. 我国的智能建筑经历了怎样的发展？

第1章

工程造价软件简介

【学习目标】

1. 工程造价软件概述
2. 初识建筑工程算量软件
3. 初识建筑工程计价软件

【素质目标】

了解就业前景，调动学生对本专业学习的积极主动性，了解行业发展、国家发展，有规划地学习。理解职业与行业乃至国家发展的密切关系。

【教学目标】

本章要点	掌握层次	相关知识点
工程造价软件概述	了解工程造价软件的相关介绍	工程造价软件的发展
初识建筑工程算量软件	熟悉建筑工程算量软件的相关介绍	建筑工程算量软件的发展
初识建筑工程计价软件	熟悉建筑工程计价软件的相关介绍	建筑工程计价软件的发展

1.1 工程造价软件概述

如何完善工程造价软件　　工程造价软件应用的共性和特性

　　工程造价即工程的建设价格，是指为完成一个工程的建设，预期或实际所需的全部费用总和，因此对一项工程进行工程造价非常麻烦，仅靠人工是不行的，所以就产生了工程造价软件，它可以用来减轻造价人员的负担。工程造价软件就是通过运行计算机软件系统协助造价人员减少一些不必要的手工算量部分，并且提高工程造价数据的准确性和工程造价相关资料的完整性。工程造价软件包括套价软件、工程量计算软件、钢筋量算量软件和工程造价管理软件等。目前，我国造价软件种类繁多，只要有一套定额，就能开发出一套软件，不同的用途就有一种配套的软件。因此，工程造价软件只是一个概括性的名词。

　　目前全国各地采用的定额不同，因此，工程造价软件的应用有很大的地区性和行业性限制，主要有计算工程量、套定额及招标投标报价调整与确定软件。计量与套定额功能又可建立不同地区的不同定额库（如建筑工程、安装工程、水利水电工程、市政工程、装饰工程等定额库），以便用于不同地区和不同的预算要求。

　　工程量计算主要是靠手工计算或手工输入图纸尺寸，即按一定的规则填表，在自动识图并自动计算工程量的前提下完成。各种工程项目的外形和内部结构又各不相同，而且各种构件，如建筑物中的梁、柱、板、墙、门、窗等构件在工程量计算过程中又有一套复杂的扣减规则，要用计算机自动计算工程量，必然会涉及复杂的工程图纸或计算机图形的识别及处理。各设计单位使用的计算机软件又不完全相同，比较成熟的做法还是手工输入数据或绘制图形，通过计算机的识别功能自动计算工程量，因此市面上涌现出各种各样的工程造价软件，造价人员可根据自己的需求选择适合自己的造价软件。

工程造价软件是应用面较窄的专业软件，它并不像通用软件拥有大量的用户，所以价格往往不菲。工程造价类软件是随建筑业信息化应运而生的软件，随着计算机技术的日新月异，工程类软件也得到长足的发展。一些优秀的软件能把造价人员从繁重的手工劳动中解脱出来，效率得到成倍提高，提升了建筑业信息化水平。经过十多年的发展，国内造价软件品牌已经从群雄并起的"战国时代"过渡到"三国时代"，出现了几个顶尖的品牌。随着造价软件业的发展，我国的工程造价行业的发展也是突飞猛进。

1.2　初识建筑工程算量软件

据专家统计分析，预算人员在造价计算工作中工程量计算会占 90% 以上。因此使用算量软件能降低造价人员的劳动强度，用计算机代替手工计算具有非常高的经济价值和社会效益。随着计算机软硬件技术的不断发展，特别是 CAD 技术的成熟，建筑行业造价软件的应用逐渐升温。利用计算机计算建筑工程量乃至由此拓展的其他工程管理应用，已经成为建筑行业推广计算机应用技术的新热点。接下来将介绍一些建筑工程算量软件。

建筑算量软件的价值

软件算量易漏项的部分

1. 神机妙算软件

"神机妙算"是同类软件中成立较早的公司，早期如海文公司等已湮没无闻。"神机妙算"的系列产品有工程量计算、钢筋翻样和清单计价三个，并且只有一个主程序，软件提供宏语言，所有钢筋图库、定额二次开发由各地分公司实施。在清单规范实施前，的确有其无可比拟的优点，各地能根据本地的定额、计算规则和特殊情况进行充分的本地化；但像钢筋图库并未根据全国平法规范集中力量开发出统一的高质量的钢筋图库，各自为战，导致重复劳动、浪费资源。神机妙算工程量软件中数据可直接为计价软件所调用，钢筋翻样软件

建筑工程算量软件基本流程图

在抽取钢筋的同时计算混凝土和模板的工程量，钢筋翻样采用图库、参数和单根的方法，其常用模式是表格法，即在某种构件图库的下面用表格进行输入，这样提高了数据录入的速度。这种开发模式一经推出，曾风靡一时，其他的钢筋软件纷纷模仿，但在功能上没有一个超越它。表格法还能直接调用单根钢筋图库中的钢筋，解决构件中一些无法计算的钢筋类型。然而其远非完美无缺，尤其是软件设计者对钢筋没有那么专业，对一些异常却常用的情况明显缺乏系统性思维，导致与实际施工图脱节。它的变通解决办法就是用单根法，单根法在同类软件中是完美的，几乎穷尽所有形状的钢筋，包括缩尺钢筋，并且用户可以利用其内置的宏语言自己做图库，但是神机妙算软件运行速度慢，系统不够稳定，计算结果不精确；另外神机妙算软件开发力量相对薄弱，经过十多年的开发本该硕果累累、遥遥领先于同行业公司，但情况并非如此，它虽然辉煌一时，如今却风光不再，从其软件的版本来看，似乎停滞不前。软件公司的生命在于不断创新、不断优化、功能不断扩展和完善，软件同样符合摩尔定律，软件版本停止升级之时就是软件生命结束之日，这绝非危言耸听，没有哪一种软件可以一劳永逸，市场永远逃不出适者生存、优胜劣汰的法则。

2. 鲁班算量软件

鲁班算量软件属于后起之秀，它率先在 AUTOCAD 平台上开发，一经推出好评如潮。鲁班算量软件能提供自动识别 AUTOCAD 电子文档的功能，能够输出工程量标注图和算量平面图；其缺点是由于鲁班算量建立在 AUTOCAD 平台上，难以保证其用户都使用正版 AUTO-CAD，导致使用不太稳定，经常出现随机致命错误，计算速度慢，另外有些图形绘制的基础功能不太完美，很不符合预算人员的绘图习惯。

鲁班钢筋开发时间较短，但它能吸取以前钢筋翻样软件的成功经验和失败教训，一改国内用 DELPHI 开发的套路，用 VC++ 语言开发，其软件运行速度相当之快，在输入完数据的同时即可得到计算结果，软件的易用性、适用性得到用户的认可。鲁班钢筋最出色的功能在于可以使用构件向导方便地完成钢筋输入工作，这也是鲁班钢筋优于其他软件的特色功能，但是随着广联达钢筋和清华钢筋支持图形平面标注的功能升级，鲁班钢筋将面对强有力的挑战。

鲁班软件因为只关注于工程量计算，所以无其他配套计价软件，它的出路在于其文件格式的开放，可为其他软件识别调用。但是时至今日鲁班软件只能支持神机妙算套价软件，仍然不能支持广联达套价和清华套价软件，如果长期这样下去必然会走神机妙算公司的老路，导致其软件在市场上缺乏竞争力而最终失去市场。鲁班公司未来的命运如何还要看其是否能够满足客户升级的需要，提供及时有效的服务。

3. 清华斯维尔软件

清华斯维尔软件的系列品种较多、较全、较广，它包括：商务标软件（由三维算量、清单计价组成）、技术标系列软件（由标书编制软件、施工平面图软件组成）、技术资料软件、材料管理软件、合同管理软件、办公自动化软件、建设监理软件等。

斯维尔算量软件与众不同的是把工程量和钢筋整合在一个软件中，在建筑构件图上直接布置钢筋，可输出钢筋施工图，它的可视化检验功能具有预防多算、少扣、纠正异常错误、排除统计出错等特点，给用户带来新的体验。但是这个有一定实力的软件品牌没有成为住房和城乡建设部指定清单计价软件的提供商，其前景不容乐观。随着广联达三维算量软件和算量钢筋二合一软件的升级，斯维尔软件面对广联达相关软件强劲的挑战，在多处功能方面已经落伍于广联达软件，后续的发展是一个大挑战。

4. 中国建筑科学研究院 PKPM 的算量软件

中国建筑科学研究院本来主要从事建筑结构设计软件开发，后涉足工程技术和工程造价软件的开发，其结构设计软件在国内独领风骚，占据约 95% 的市场份额。PKPM 系列软件包括 STAT 建筑工程造价软件、CMIS 建筑施工技术软件、CMIS 建筑施工项目管理软件、施工企业信息化管理软件等，是唯一一家住房和城乡建设部指定清单计价软件的提供商，也是唯一一家提供工程全过程、全方位、多层次、多领域软件产品的公司，由此可见其雄厚的开发实力。其软件最大的特点是一次建模全程使用，各种 PKPM 软件随时随地调用，其软件具有自主开发平台，而不需要第三方软件支撑，同时又具有强大的图形和计算功能。PKPM 清单计价软件能实现投标方对报价风险控制和报价优化，实现经验数据的积累，帮助企业形成企业定额。它的钢筋软件秉承设计软件的风格，通过绘图实现钢筋统计，并提供两种单位（厘米和毫米），对异形板、异形构件的处理应付自如，只要在默认的图纸上修改钢筋参数即可。但它没有提供钢筋图库，而许多标准的构件图库是最简单快捷也是最有效的方法。

PKPM 算量软件建模功能强大，但是在构件划分和绘制方面有些细节未考虑到造价技术实际应用，如果 PKPM 在算量、钢筋翻样方面再作改进，整合各家的长处和优势，那么树立其工程技术和工程造价软件方面的霸主强势地位也指日可待，一如它的结构设计软件。

5. 广联达算量软件

广联达公司目前是造价软件市场中最有实力的软件企业之一，堪称中国造价软件行业的"微软"。广联达现在主要从事于提供建筑软件整体解决方案，它的系列产品操作流程是由工程量软件和钢筋统计软件计算出工程量，通过数字网站询价，然后用清单计价软件进行组价，所有的完工工程数据可通过企业定额生成系统形成企业定额。

广联达算量软件在自主平台上开发，功能较完善。广联达公司与神机妙算公司一样是国内第一批靠造价软件起家的软件品牌，在神机妙算公司失去升级实力的时候广联达品牌软件保持了强劲的升级势头，使其在二维算量软件时代成为当之无愧的第一品牌。随着三维算量软件的发展和时代发展的需要，广联达曾经开发了基于 AUTOCAD 平台的 GCL6.0，拥有了 AUTOCAD 平台的开发经验。后又在 AUTOCAD 平台三维算量的基础上开发了自主平台三维算量软件 GCL7.0，随着 GCL7.0 和 GGJ9.0 的推出，现在已经推出了量筋合一的土建计量平台。广联达造价软件的功能全面超越同类软件，且其软件内置浏览器，用户可直接链接软件服务网，进行最新材料价格信息的查询应用。

从目前市场情况来看，多款软件在使用时都可以相互地使用数据共享，并且和 AUTO-CAD 之间都有接口。一般情况算工程量的顺序，都是从钢筋开始，钢筋计算完后把画好的钢筋图形导入到图形算量软件里面，然后再继续计算其他构件的工程量。但是目前已经有许多软件推出了量筋合一的计算方式，因此在算量方面也变得更加便捷。

每个有经验的造价人员都有自己的一套算量方法，软件算量设计程序也一样，例如图形算量软件 GCL7.0 是利用代码算量的。在软件中，三线一面就相当于代码，代码按构件为单元进行划分，是不能再分解的最小量，每个工程的基本代码都可以有不同的数值。如按规则扣减门窗、梁柱的墙体体积就相当于最终需要的工程量，列出代码和计算量之间的表达式就是计算的过程。其软件算量设计流程如下。

1）建模、设置构件属性。用画图方法画出各构件图形，设计相同的建筑物。

2）提取图元固有代码。图元代码是几何图形，也就是构件几何尺寸代码。如墙体的长、宽、高，门窗的长、宽、高等，这些是图形算量中计算代码的基础。

3）计算构件代码。用图元代码按工程量计算规则计算出构件工程量。

4）提取形成构件代码过程公式中的变量。假设某地区规则中地面积应扣独立柱所占面积，但是根据具体情况需要得到不扣独立柱的面积，所以软件给出中间变量未扣柱面积，直接选用即可。

5）用构件代码及中间变量列表达式形成所需的工程量代码不是工程量，工程量是按代码列式组合计算出来的。代码开放后，就可以利用计算机提供的各种代码变量进行组合或者直接得到想要计算的工程量。

1.3 初识建筑工程计价软件

建筑算量软件的算量原理　　　清单计价与定额计价

建筑工程计价有两种方式：一是定额计价、二是工程量清单计价。有三种报表形式：工

程量清单、工程量定额和其他形式。以工程量清单计价方式下单位工程的投标报价模式为例，用计价软件计价做报表的过程为：启动软件→新建单位工程→工程概况→编制清单及投标报价→编制措施项目→编制其他项目→调整人材机→费用汇总→打印报表。定额计价是指依据各省市计价定额所规定的各项费用标准来计取值，计算出单项工程费用项目的总和，即工程的造价。工程量清单计价是指依据全国工程量清单计价办法，分别按规定计取分部分项工程的各项费用，并根据企业自身所希望获取值，确定其工程的费用单价。无论采用哪种方式，工程造价都必须依规计价。

建筑工程计价软件简单来说是用来计算建筑物的造价以及造价详细组成，为工程的估算、概算、预算、结算、决算等不同阶段的工作提供依据。接下来介绍几种建筑工程计价软件以及通用运用流程。

1. 宏业清单计价专家软件

清单计价专家软件是四川宏业建设软件有限责任公司为配合《建设工程工程量清单计价规范》（GB 50500—2013）及四川省相关定额，专门开发的建设工程计价配套软件。该软件覆盖定额全、计价功能全、相关政策法规文件及材料价格信息收集全，界面直观、使用方便，是工程计价人员的有力工具。

2. 鹏业计价软件

鹏业软件公司创立于1991年，1992年，公司推出鹏业工程概预算软件，获得了四川省住建厅优秀软件二等奖。1998年，公司推出了Windows版鹏业计价系列软件，在业内引起强烈反响。公司参与建设部2000年全国统一安装定额的编制，并负责配套软件的开发。公司现致力于建设行业管理软件的研发，是国内面向建设领域提供电子政务、房地产管理、工程造价管理等应用软件产品及相关系统的信息系统的软件服务商。

3. 广达计价软件

广达工程计价软件是浙江省建设工程造价管理总站与杭州得力软件有限公司依据《建设工程工程量清单计价规范》、浙江省建设工程新计价依据和计价规则，通过工程造价管理专业知识和软件编程技术的完美结合而成功开发的工程造价软件，是经过多方调研，以简单、实用、稳定、功能全面为开发宗旨，结合了上海清单软件和定额软件的优点，进行了功能丰满和技术提升之后完成的产品。广达软件自投放市场以来，得到了广大造价工作者的好评。自2003年新定额编制以来，广达软件全面改版，使广达工程计价软件成为编制清单快捷、灵活、方便的工具。

4. 同望计价软件

同望WECOST公路工程造价管理系统是继同望经典造价软件WCOST之后，于2007年推出的新一代公路工程造价软件。系统支持公路新旧编办和定额，采用全新的技术架构，功能更加强大，操作更加符合用户习惯，真正实现了多阶段、多种计价模式、网络化、编制审核一体化。公司产品和服务多运用于交通、石油化工、市政公用等行业领域。

5. 未来清单计价软件

未来清单计价软件是根据国家新计价规范和当地造价规定，在收集近年来用户在软件使用过程中提出的各种问题的基础上，利用新研发平台和技术打造的一款工程计价管理软件。该软件界面简洁、流程清晰、操作步骤简单、易于学习和使用。

主界面显示内容支持个性化定制，操作者可根据不同角色设定自己的工作界面；具有功能强大的批量操作功能，可同时对多条清单/定额或多个单位工程一次性进行换算操作，如换算工料、改费率、修改单价等；不同计税方式（营业税和增值税一般计税、简易计税）的工程可以相互兼容，如工程间相互复制、取工程市场价等，均不受计税方式影响；可一键导入/导出多种格式的招标文件、招标投标控制价文件、投标文件。提供多种调价方式，可以通过批量调整单价、量、系数等方式来进行调整，也可以直接输入目标造价来进行调整。量筋完美融合于一软件，不但可以直接导入"未来 BIM 量筋合一"的工程文件来生成造价，同时导入后的工程可进行"单位工程分期"操作，即在该单位工程内，再次选择本工程部分构件后自动生成新的单位工程及造价。

6. 晨曦工程计价系统

晨曦工程计价系统是一款适用于建筑、构筑物、安装、市政、园林、城市轨道、市政维护等领域的工程计价软件，兼容多种数据，调价准确灵活，系统内置多种常用造价模板，100% 自定义报表方案，输出的报表样式多样。

兼容多种数据：可以导入不同格式的算量和计价数据，支持导入晨曦算量数据、xml 文件、Excel 文件和清单计价工程文件等，包含清单计价和定额计价两种模式，还能相互转换。

多级目录管理：在一个项目中可以完成所有单位工程的编制，清晰地划分给各个级别，实现跨工程的复制、粘贴，大大加快了不同工程文件之间的汇总融合。

调价准确灵活：系统内置多种常用造价模板，无论是常见的房建工程、安装工程、市政工程，还是不常用的城市轨道交通、古建筑工程都有对应的最新模板；批量对各项费用进行取费，一步完成整个工程所有费用的取费工作，所有费用一目了然；根据当地最新的政策规定，灵活地设置工程参数，适应任何地区、任何时期的造价规范。材料价格可以采用多选、分类、批量调整。

计价软件的运用流程如图 1-1 所示。

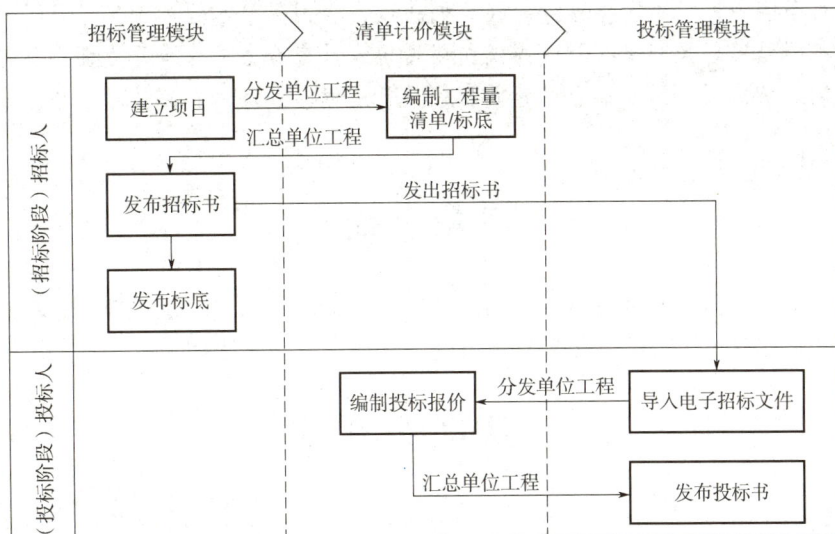

图 1-1　计价软件的运用流程图

素质拓展案例

就业前景

在"E变"时代，工程造价事业同样也离不开计算机的应用，目前在造价方面的应用大概处于这样的状况：第一类是最基本的、技术上也是最成熟的应用，即预算软件，一般需输入定额编号及工程量；第二类是专门针对工程量的计算、钢筋的计算的软件，如工程量辅助计算软件、钢筋辅助计算软件，这类软件虽然也需人工输入图纸的特征及尺寸，但大大节省了工作量，同时也提高了结果的准确性。随着定额的"量价分离""实物法"及工程量清单计价办法的实施，工程量等的计算日趋繁杂，工作量也大大增加，在工作中已离不开计算机及这些软件的应用。工程造价人员的工作重心应该向如下几个方向发展：

1）因为大量繁杂的、基础的工作被计算机所代替，工程造价人员的工作重心从实践角度应逐渐向市场信息的收集、定额的换算、补充定额方面发展，特别在工程量清单招标和投标制度下，还应向工程量清单的编制上发展；造价人员若在投标单位工作，应向报价（即清单项目单价估算）方面发展。

2）为最大限度发挥造价人员在建设项目管理中的作用，工程造价人员的工作重心应尽可能向项目建设的前期工作发展，特别注重与设计的配合（如前所述，或者是"相对造价进行设计"，或者是"估价设计造价"），如能动地去影响优化设计，工作重心放在对工程造价的控制上、提高造价工作的精确度上，工作精度越高越能代表造价工程师的工作水平，当然就越有利于业主的投资控制。

3）工程造价工作离不开合同，特别是在市场经济的今天，合同对参与项目建设的各方都非常重要，与企业的利益密不可分。在合同谈判、合同签订过程中都离不开造价工作，在投标报价、工程结算中又都离不开合同，所以造价人员应努力成为合同方面的行家，真正成为企业的顾问、智囊团；同时也应尽量使自己具备法律、经济、施工技术、信息交流等方面的知识。

本章小结

本章主要内容包括工程造价软件概述、初识建筑工程算量软件、初识建筑工程计价软件，希望同学们通过本章的学习可以对工程造价软件有一个全面的了解。

实训练习

一、单选题

1. 下列选项中关于工程造价软件的说法错误的是（　　）。

    A. 工程造价软件是应用面较窄的专业软件，因此价格昂贵

    B. 造价人员可根据自己的需求选择适合自己的造价软件

    C. 任意一款造价软件都是全国通用的，没有地区性和行业性限制

D. 工程造价类软件是随建筑业信息化应运而生的软件

2. 下列关于神机妙算软件的说法错误的是（　　　）。

　　A. 神机妙算工程量软件中数据可直接为计价软件所调用

　　B. 钢筋翻样采用图库、参数和单根的方法

　　C. 神机妙算是同类软件中成立较晚的公司

　　D. 各地能根据本地的定额、计算规则和特殊情况进行充分的本地化

3. 下列关于鲁班软件的说法错误的是（　　　）。

　　A. 鲁班算量软件不能提供自动识别 AUTOCAD 电子文档的功能

　　B. 鲁班算量软件建立在 AUTOCAD 平台上，导致使用不太稳定

　　C. 鲁班钢筋最出色的功能在于可以使用构件向导方便地完成钢筋输入工作

　　D. 鲁班只能支持神机妙算套价软件，不能支持广联达套价和清华斯维尔套价软件

4. 下列关于清华斯维尔软件的说法错误的是（　　　）。

　　A. 它包括商务标软件、技术标系列软件还有技术资料软件

　　B. 清华斯维尔有清华大学背景，成立于北京

　　C. 它的可视化检验功能具有预防多算、少扣、纠正异常错误、排除统计出错等特点

　　D. 可在建筑构件图上直接布置钢筋，可输出钢筋施工图

5. 下列关于 PKPM 的算量软件（STAT 软件）的说法错误的是（　　　）。

　　A. 通过绘图实现钢筋统计，并提供两种单位（厘米和毫米）

　　B. 对异形板、异形构件的处理应付自如，只要在默认的图纸上修改钢筋参数即可

　　C. 其软件具有自主开发平台，但是仍然需要第三方软件支撑

　　D. 其软件最大的特点是一次建模全程使用，各种 PKPM 软件随时随地调用

二、多选题

1. 建筑工程算量软件有（　　　）。

　　A. 神机妙算软件

　　B. 中国建筑科学研究院 PKPM 的算量软件

　　C. 清华斯维尔软件

　　D. 广联达算量软件

　　E. 未来清单软件

2. 建筑工程计价软件有（　　　）。

　　A. 未来清单计价软件

　　B. 广联达土建算量软件

　　C. 同望计价软件

　　D. 晨曦工程计价系统

　　E. 宏业清单计价专家软件

3. 下列关于算量软件的设计流程说法正确的有（　　　）。

　　A. 建模、设置构件属性用画图方法画出各构件图形，设计相同的建筑物

　　B. 计算构件代码用图元代码按工程量计算规则计算出构件工程量

　　C. 用构件代码及中间变量列表达式形成所需的工程量代码就是工程量

　　D. 工程量是按代码列式组合计算出来的

E. 提取图元固有代码时图元代码不是几何图形

4. 下列关于建筑工程计价软件的说法错误的有（　　）。

A. 建筑工程计价有两种方式、四种报表形式

B. 无论采用哪种造价软件，工程造价都可以随意计价

C. 建筑工程计价软件简单来说是用来计算建筑物的造价以及造价详细组成

D. 建筑工程计价软件是多种多样的，可按需选取

E. 为工程的估算、概算、预算、结算、决算等不同阶段的工作提供依据

5. 下列选项中关于工程造价软件的说法正确的有（　　　）。

A. 工程造价软件是应用面较窄的专业软件，因此价格昂贵

B. 造价人员可根据自己的需求选择适合自己的造价软件

C. 工程造价类软件是随建筑业信息化应运而生的软件

D. 任意一款造价软件都是全国通用的，没有地区性和行业性限制

E. 工程造价软件未来的发展将是停滞不前的

三、简答题

1. 简述什么是工程造价软件。

2. 简述建筑工程算量软件的设计流程。

3. 简述计价软件做报表的过程。

实训工作单

班级		姓名		日期	
教学项目		工程造价软件简介			
学习项目	工程造价软件概述、初识建筑工程算量软件、初识建筑工程计价软件	学习要求		了解工程造价软件概述、了解建筑工程算量软件、了解建筑工程计价软件	
相关知识		工程造价软件应用			
其他内容					
学习记录					
评语				指导老师	

第 2 章

广联达 BIM 土建计量平台应用

【学习目标】

1. 了解计量软件的基本原理
2. 掌握计量软件操作流程
3. 了解计量软件应用技巧
4. 掌握计量软件出量分析和计量数据文件的整理

【素质目标】

社会的进步离不开科技的发展，培养学生当代行业责任感，培养学生对专业技能的重视度。

【教学目标】

本章要点	掌握层次	相关知识点
计量软件的基本原理	了解计量软件的基本原理	计量软件的基本原理
计量软件操作流程	掌握计量软件基本操作流程	建筑构件图形绘制、装修构件绘制
计量软件应用技巧	了解计量软件快捷键应用	计量软件快捷键
计量软件出量分析和计量数据文件的整理	掌握计量软件出量分析和计量数据文件的整理	汇总计算、报表反差、报表导出

【项目案例导入】

某同学在学习广联达土建计量软件时，将绘制图形工程量与手工计算工程量进行对比，发现在梁和板工程量计算时差别较大，当梁下有板时，框架梁工程量软件显示为零，但板的工程量却比手工算量结果要大，后来经过核算发现，多出的工程量正好与框架梁工程量相同。

【问题导入】

通过上面的案例，思考广联达计量软件算量，当梁下有板时，框架梁工程量为何为零？

2.1 计量软件的基本原理

1. 基本原理与思路

算量软件综合考虑了平法系列图集、结构设计规范、施工验收规范以及常见的钢筋施工工艺，能够满足不同的钢筋计算要求，不仅能够完整地计算工程的钢筋总量，而且能够根据工程要求按照结构类型的不同、楼层的不同、构件的不同，计算出各自的钢筋总量并可输出明细表。其算量的思路为：软件算量的本质是将施工图上的钢筋信息通过软件绘图或者导图的方式建立一个结构模型，通过软件内置的计算规则实现钢筋的锚固、搭接等自动运算，最终通过软件程序自动计算完成钢筋工程量，并进行统计。

2. 学习软件应该具备的知识

为了学会软件并使用软件做实际工程算量，需要具备以下基本的知识：

1）具备基本的识图能力。

2）具备一定的平法知识，熟悉建筑常用规范。

3）了解手工算钢筋量的计算方法。

4）熟悉计算机使用知识。

2.2　计量软件操作流程

2.2.1　首层图形的绘制

1. 新建工程

（1）新建工程设置　打开 GTJ2018 广联达土建计量平台，单击新建，编辑新建工程页面信息，工程名称应根据施工图项目名称确定，计算规则分清单规则和定额规则，具体应按照项目所在省份最新版本规范选取，选定计算规则后清单定额库自动选定。钢筋规则根据图纸选定 11 系平法规则或 16 系半法规则。信息填完后单击创建工程。由结构施工图设计确定项目名称，选择平法规则。新建工程内容如图 2-1 所示。

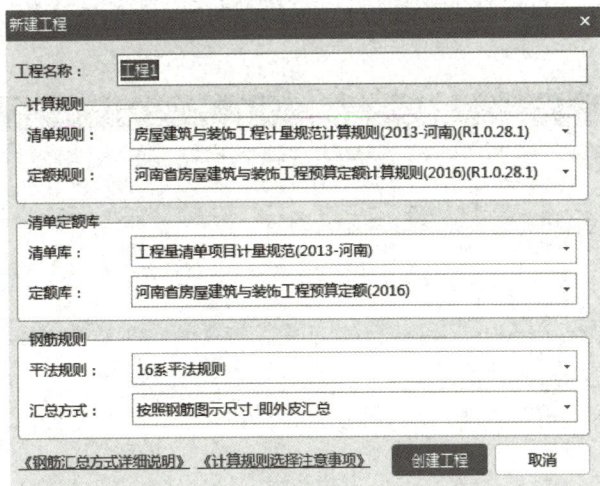

图 2-1　新建工程

（2）工程信息　工程信息是对项目信息的进一步补充，其中檐高、结构类型、抗震等级、设防烈度、室外地坪相对标高均须保证正确填写，这几项数据会直接影响工程量，如图 2-2 所示。

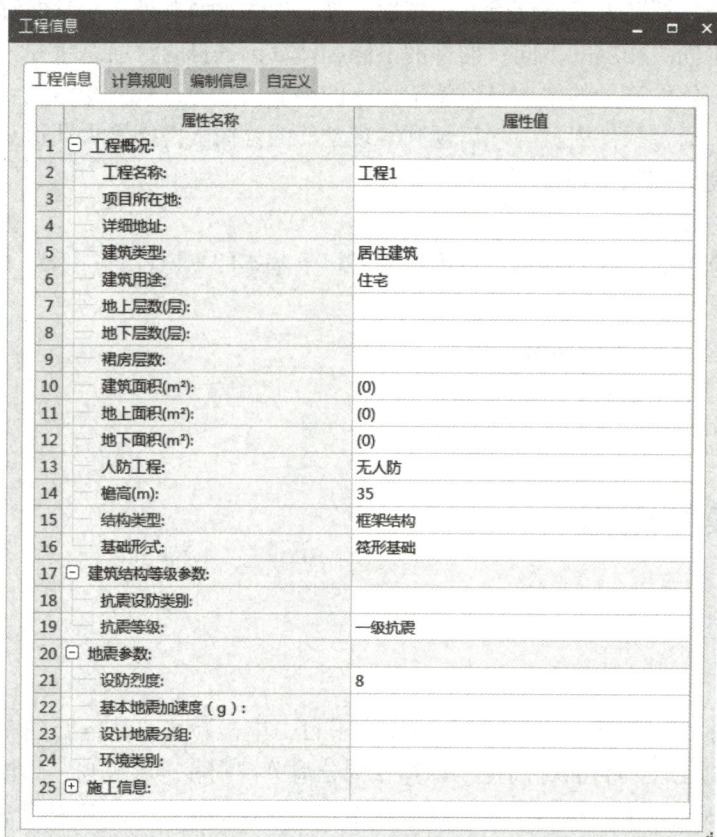

图 2-2　工程信息

（3）楼层设置　单击插入楼层可以插入新楼层，通过编辑层高和首层底标高数值来调整楼层高度，如图 2-3 所示。

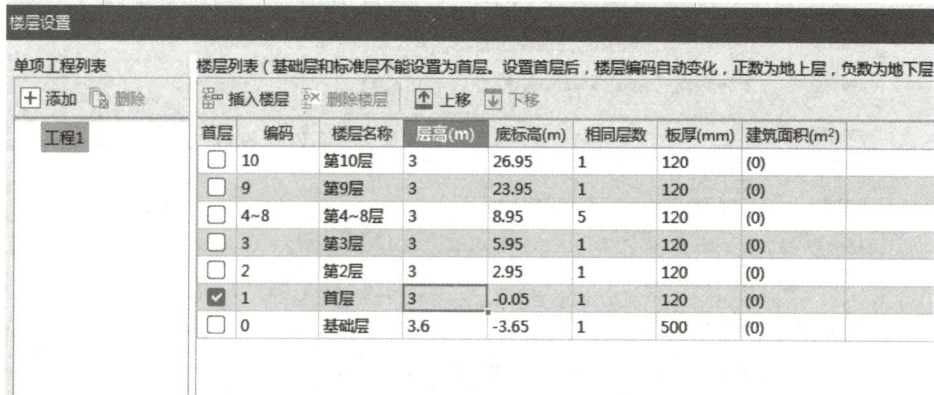

图 2-3　楼层设置

（4）楼层混凝土强度　根据混凝土强度等级要求，分层单击混凝土强度等级右边选择构件混凝土等级，如图 2-4 所示。

	抗震等级	混凝土强度等级	混凝土类型	砂浆标号	砂浆类型	锚固			
						HPB235(A)...	HRB335(B)...	HRB400(C)...	HRB500(E)...
垫层	(非抗震)	C15	现浇碎石混...	M2.5	混合砂浆	(39)	(38/42)	(40/44)	(48/53)
基础	四级抗震	C30	现浇碎石混...	M2.5	混合砂浆	(30)	(29/32)	(35/39)	(43/47)
基础梁/承台梁	四级抗震	C30	现浇碎石混...			(30)	(29/32)	(35/39)	(43/47)
柱	四级抗震	C30	现浇碎石混...	M2.5	混合砂浆	(30)	(29/32)	(35/39)	(43/47)
剪力墙	四级抗震	C30	现浇碎石混...			(30)	(29/32)	(35/39)	(43/47)
人防门框墙	四级抗震	C30	现浇碎石混...			(30)	(29/32)	(35/39)	(43/47)
墙柱	四级抗震	C30	现浇碎石混...			(30)	(29/32)	(35/39)	(43/47)
墙梁	四级抗震	C30	现浇碎石混...			(30)	(29/32)	(35/39)	(43/47)
框架梁	四级抗震	C30	现浇碎石混...			(30)	(29/32)	(35/39)	(43/47)
非框架梁	(非抗震)	C30	现浇碎石混...			(30)	(29/32)	(35/39)	(43/47)
现浇板	(非抗震)	C30	现浇碎石混...			(30)	(29/32)	(35/39)	(43/47)
楼梯	(非抗震)	C30	现浇碎石混...			(30)	(29/32)	(35/39)	(43/47)
构造柱	(四级抗震)	C25	现浇碎石混...			(34)	(33/36)	(40/44)	(48/53)
圈梁/过梁	(四级抗震)	C25	现浇碎石混...			(34)	(33/36)	(40/44)	(48/53)
砌体墙柱	(非抗震)	C25	现浇碎石混...	M2.5	混合砂浆	(34)	(33/36)	(40/44)	(48/53)
其他	(非抗震)	C25	现浇碎石混...	M2.5	混合砂浆	(34)	(33/36)	(40/44)	(48/53)
叠合板(预制底板)	(非抗震)	C25	预制碎石混...			(34)	(33/36)	(40/44)	(48/53)

图2-4　混凝土强度

2. 轴网绘制

单击图中新建，新建轴网。软件新建轴网类型分为：新建正交轴网、新建斜交轴网、新建圆弧轴网，如图2-5所示。新建完成后进入轴网编辑页面，如图2-6所示，输入轴网开间进深数据。轴网编辑完成后，单击关闭，在弹出的页面填写轴网偏移角度，如图2-7所示，若为正交轴网，就输入0°。

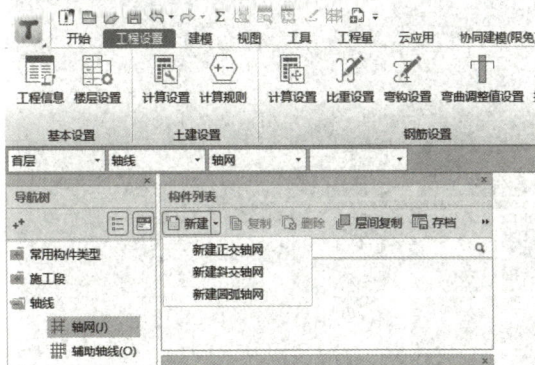

图2-5　新建轴网

图2-6　开间进深输入

图2-7　输入轴网偏移角度

3. 首层框架柱绘制

（1）新建柱　单击新建，选择新建柱类型（包括矩形柱、圆形柱、异形柱、参数化柱），如图2-8所示，然后编辑柱名称、结构类型（包括框架柱、转换柱、暗柱、端柱）、截面尺寸、钢筋等柱信息。

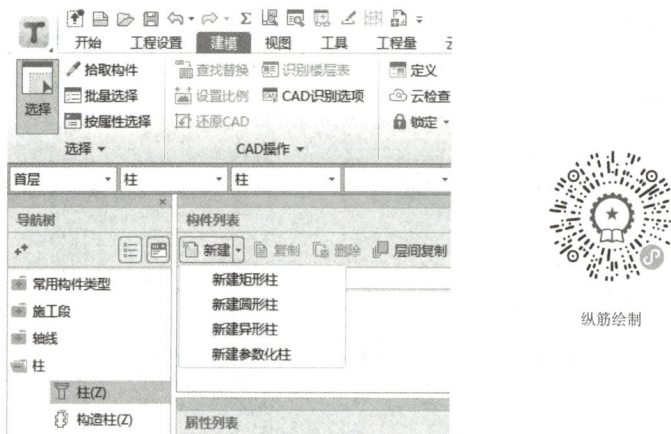

图 2-8　新建柱类型

单击新建，选择新建柱类型为矩形柱，然后编辑柱名称、结构类型（包括框架柱、转换柱、暗柱、端柱）、截面尺寸、钢筋等柱信息。根据大样图进行属性编辑，如：柱名称 KZ1，结构类型为框架柱，截面高度和宽度均为 500mm，全部纵筋为 12Φ16，箍筋 Φ16@ 100/200，顶标高为层顶标高，底标高为层底标高，如图2-9所示。

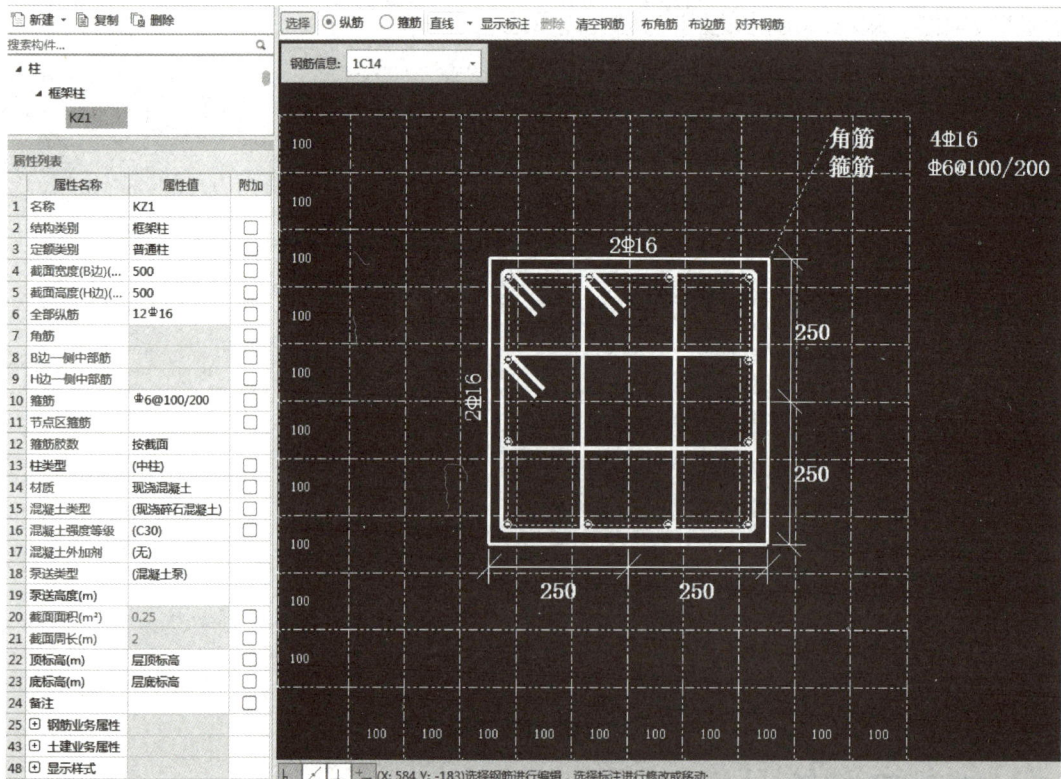

图 2-9　KZ1 属性编辑

（2）绘制柱   柱的绘制采用点的画法进行，根据柱的平面定位图，绘制柱子，如图 2-10 所示。如柱子不在轴网正中间，可以通过选中柱，右键选择查改标注，如图 2-11 所示，单击柱周边数据进行编辑，确定柱的偏移方向。

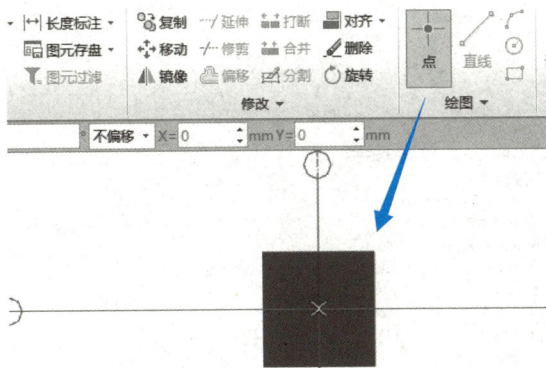

图 2-10   绘制柱

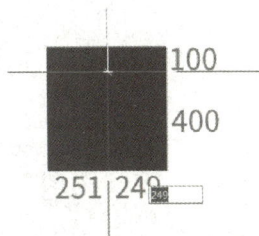

图 2-11   柱子查改标注

梁板柱均绘制完成后，回到柱界面，进行自动判断边角柱，因为柱子的位置不同会影响柱的钢筋工程量，判断边角柱如图 2-12 所示。

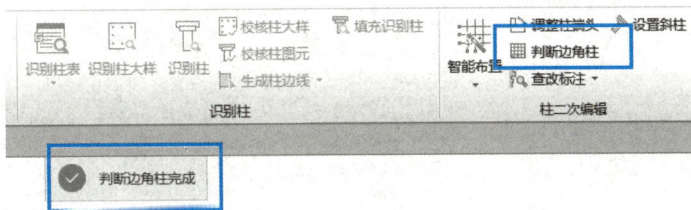

图 2-12   判断边角柱

4. 首层矩形梁绘制

（1）新建梁   新建梁有新建矩形梁、异形梁、参数化梁，如图 2-13 所示。常用的为矩形梁，所以在这里选择新建矩形梁，编辑梁名称，梁结构类型为楼层框架梁，然后按照平法标注信息编辑其余属性信息，如截面宽度、截面高度、箍筋、通长筋等信息。梁的属性信息如图 2-14 所示。

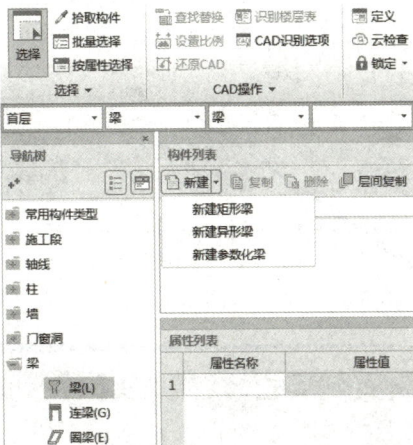

图 2-13   新建梁类型

17

图 2-14　梁的属性信息

（2）梁的绘制　梁的绘制是采用直线绘制方式，根据图纸找到梁的起点和终点，先选中起点，再点选终点，梁就绘制完成了，如图 2-15 所示。如果梁的起点或者终点不在轴线交点、柱中心点这些方便捕捉的点处，可通过"shift + 左键"的方式输入偏移值来选取点。绘制完梁，如需要对梁边和柱边进行对齐，可采用软件单对齐的功能键进行操作，如图 2-16 所示，绘制完梁后，把梁边跟柱边对齐。梁柱三维图如图 2-17 所示。

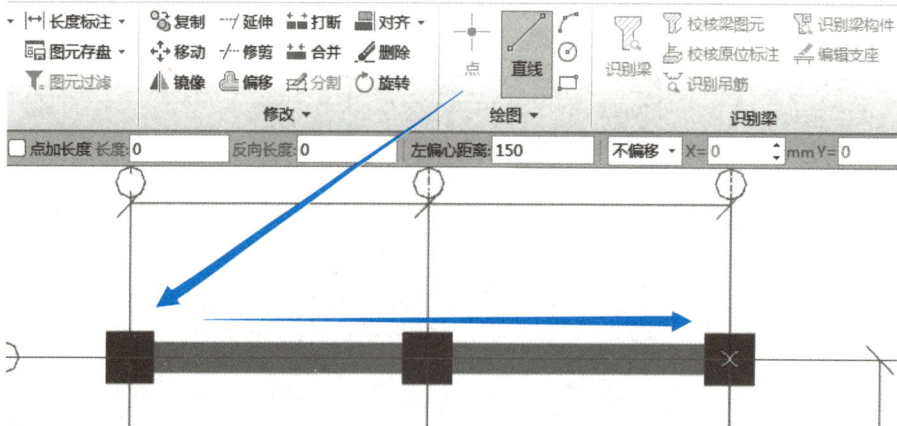

图 2-15　梁绘制

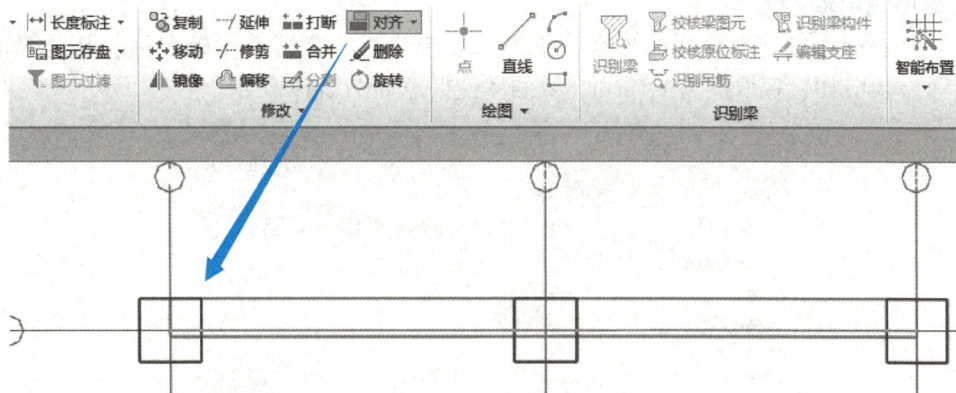

图 2-16　对齐

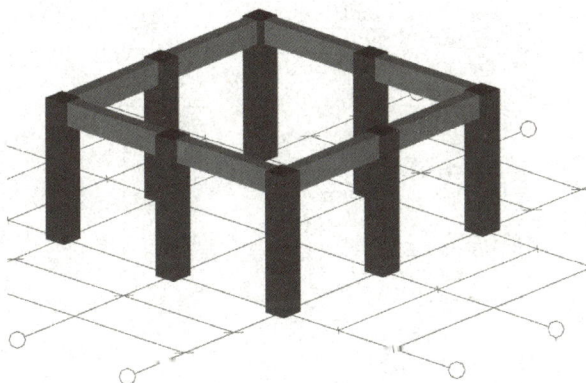

原位标注如何提取

图 2-17　梁柱三维图

（3）原位标注　梁绘制完成后软件中显示为粉红色，需要对梁进行原位标注后才会显示为绿色。原位标注是对梁平法施工图中的原位标注钢筋进行软件输入，比如 KL-1（1）原位标注为 1 跨右支座筋为 4Φ16，如图 2-18 所示。

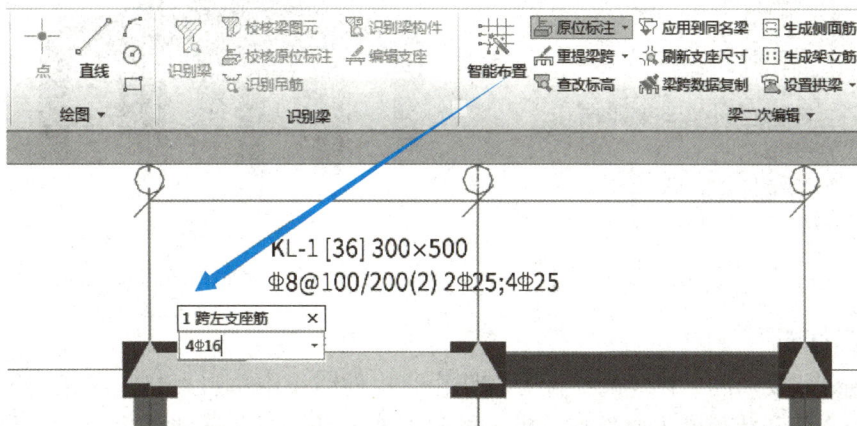

图 2-18　原位标注

5. 首层现浇板

（1）新建板　在导航栏板的界面，单击新建现浇板，然后编辑板名称、厚度等信息，如板名称为 B-h110，板厚度为 110mm，板的属性信息如图 2-19 所示。

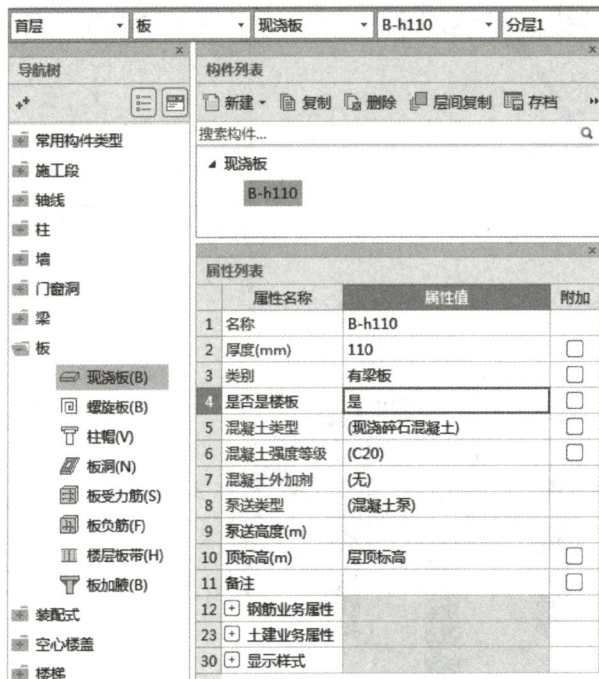

图 2-19　板的属性信息

（2）绘制板　板的绘制可以通过点、直线、矩形等方式，如果采用点的方式，必须是由梁或墙围成的封闭区间，否则就不能采用点绘制。若需要绘制弧形板可用两点大弧或两点小弧，如图 2-20 所示。B-h110 三维图如图 2-21 所示。

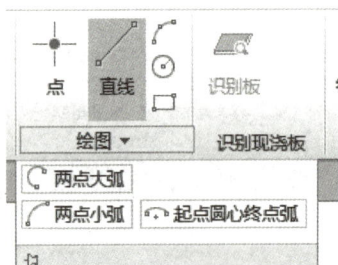

图 2-20　板的绘制方式　　　　　　　　图 2-21　B-h110 三维图

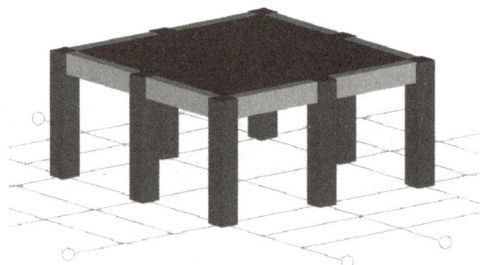

6. 板受力筋

（1）新建板受力筋　在导航栏板受力筋栏，构件列表中单击新建，新建类型有板受力筋和跨板受力筋两种，板平面施工图中显示板负筋和跨板受力筋，如板标注的钢筋均为 ⸦8@200，因此新建板受力筋即为 ⸦8@200，新建板受力筋属性信息如图 2-22 所示。

板受力筋与板负筋

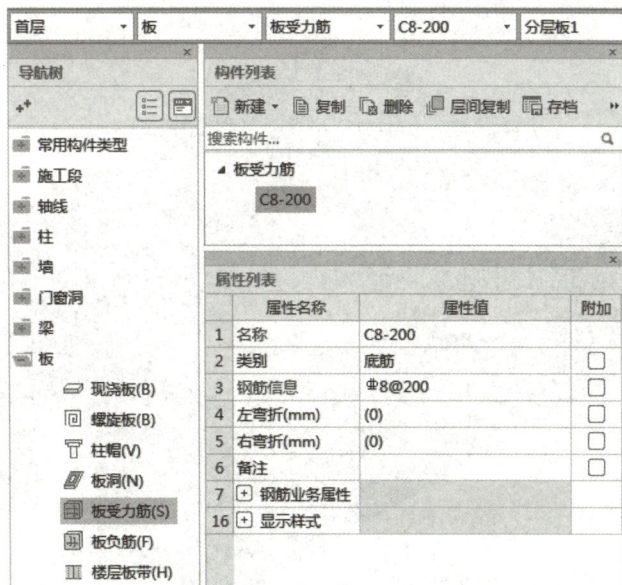

图 2-22　新建板受力筋属性信息

（2）板受力筋布置　板受力筋分为底筋和面筋，底筋是指板或基础的底层纵向和横向钢筋；面筋是指板或基础的上部（表皮）纵向和横向钢筋。板钢筋平法图中可用"左上底右下面"来判断底筋和面筋。软件中红色钢筋显示为面筋，黄色显示为底筋。

板受力筋布置范围可分为单板布置、多板布置等方式，布置方式有 XY 方向、水平方向、垂直方向等方式，如图 2-23 所示。采用 XY 方式布置板受力筋是指底筋或面筋水平方向和垂直方向均布置钢筋。B-h110 板受力筋钢筋三维图如图 2-24 所示。

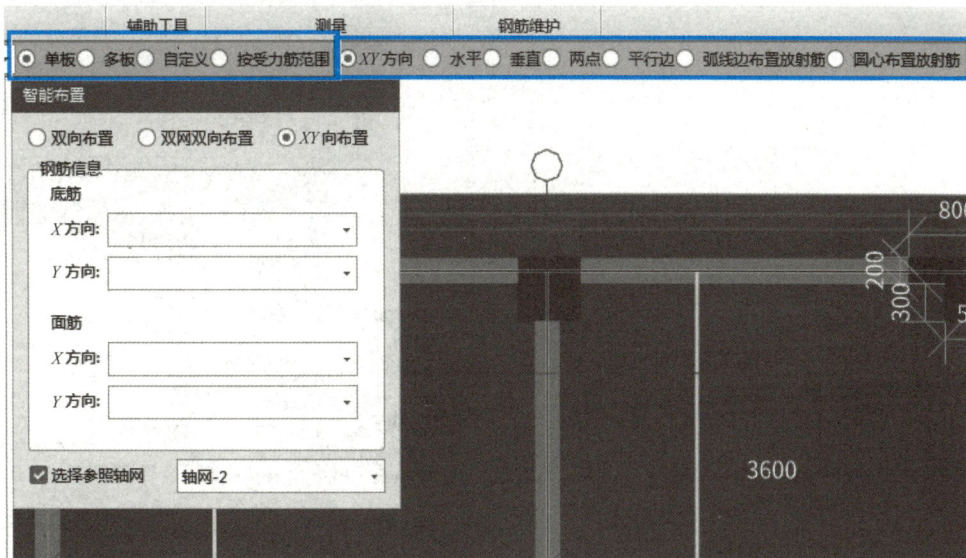

图 2-23　布置受力筋

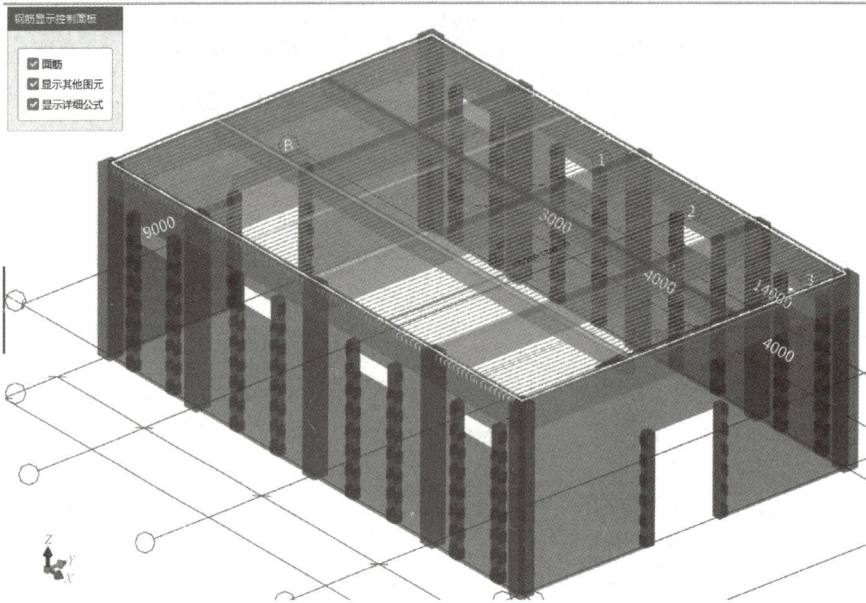

图 2-24　B-h110 板受力筋钢筋三维图

7. 板负筋

（1）新建板负筋　在板负筋导航栏中，构件列表界面单击新建，完成新建板负筋后，对板负筋的属性信息进行编辑，以板负筋Φ8@130 为例，板负筋平法图如图 2-25 所示，属性信息如图 2-26 所示。

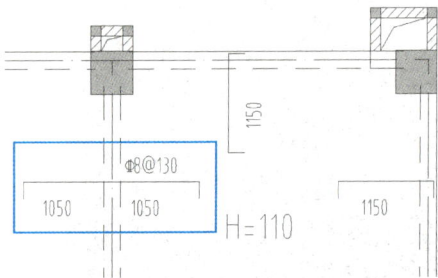

图 2-25　板负筋平法图

图 2-26　板负筋属性信息

（2）板负筋绘制　新建板负筋完成后，选择工具栏中的布置板负筋，在界面中选择布置方式，如按梁布置、按圈梁布置、按墙布置等方式，如图 2-27 所示，选择之后，直接通过鼠标即可布置板负筋。板负筋 Φ8@130 平面图如图 2-28 所示，钢筋三维图如图 2-29 所示。

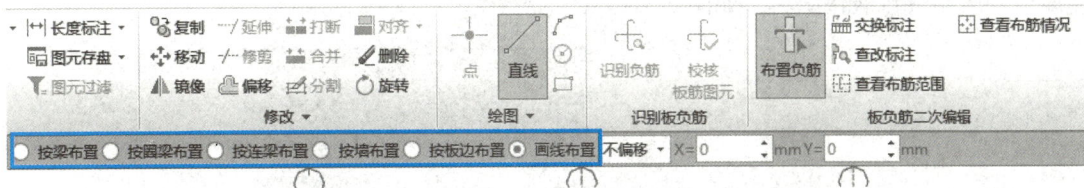

图 2-27　板负筋布置方式

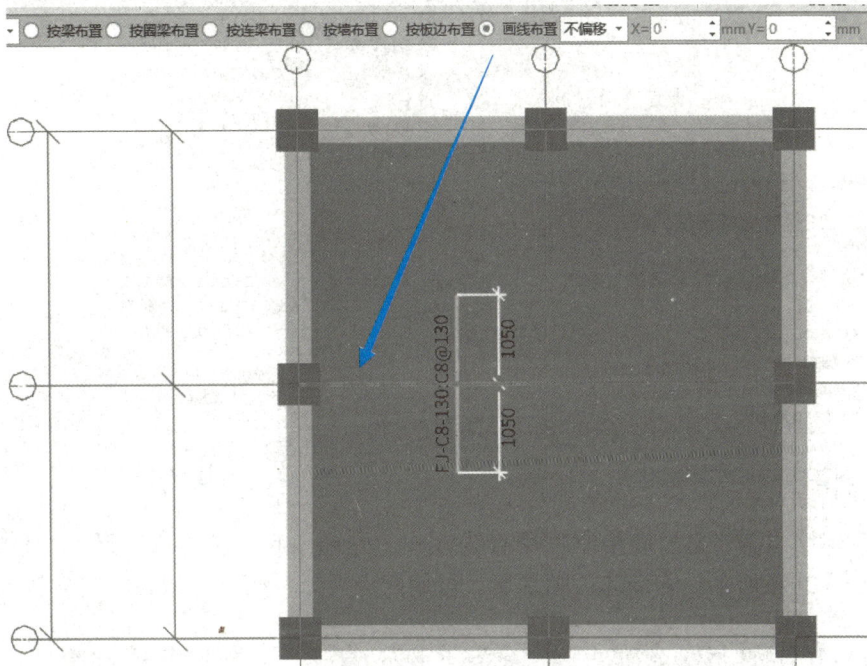

图 2-28　板负筋平面图

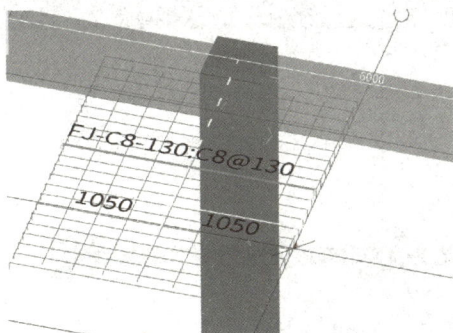

剪力墙绘制

图 2-29　板负筋钢筋三维图

8. 砌体墙绘制

（1）新建砌体墙　在导航栏砌体墙构件列表中，单击新建，新建墙体类型有新建内墙、外墙、虚墙、异形墙、参数化墙，如图 2-30 所示。内墙和外墙均为常规矩形截面墙体，虚墙在软件中只起分割作用，不算工程量。以外墙为例，外墙厚 200mm，因此选择新建外墙，在属性列表中进行属性编辑，如图 2-31 所示。

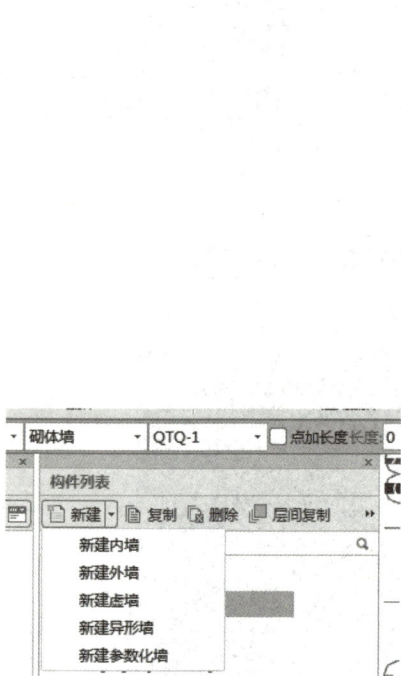

图 2-30　新建墙体类型

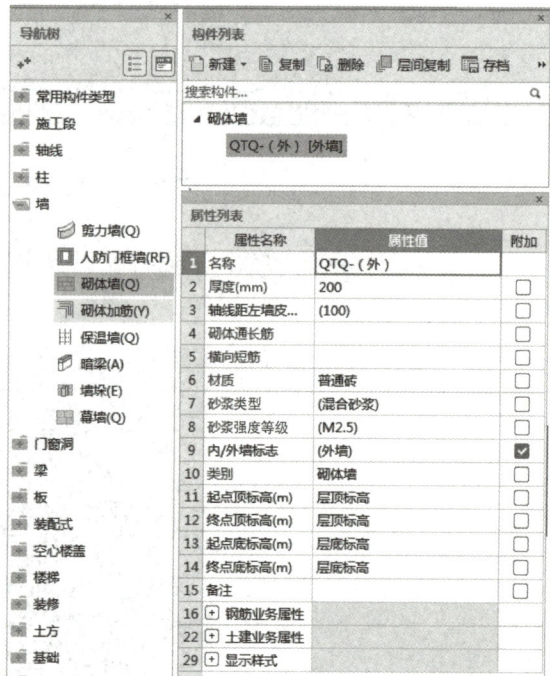

图 2-31　外墙属性编辑

（2）砌体墙绘制　直形墙绘制可用直线方式，先选中起点，再选中终点，直形墙就绘制好了，如图 2-32 所示。若墙体为弧形墙，可用两点大弧、两点小弧的方式绘制。

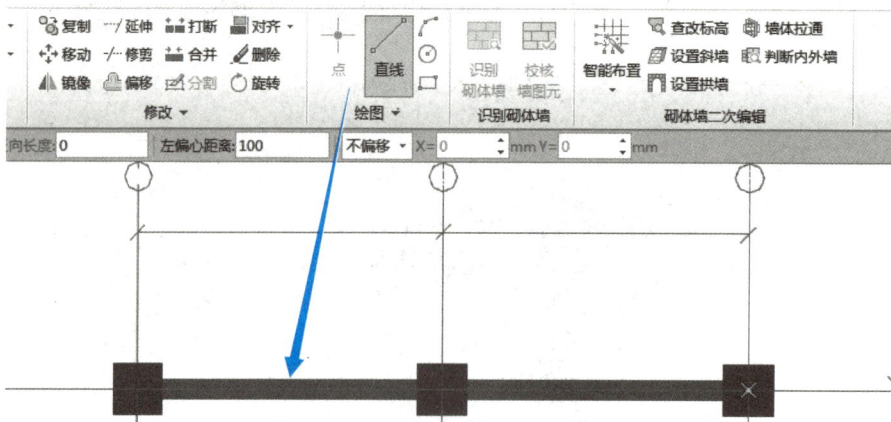

图 2-32　直形墙绘制

9. 首层门绘制

（1）新建门　在门导航栏的构件列表中单击新建，新建门的类型有矩形门、异形门、参数化门、标准门，如图 2-33 所示。然后在属性列表中编辑门的信息，比如门的名称、洞口宽度、洞口高度等。M-1 门属性信息如图 2-34 所示。

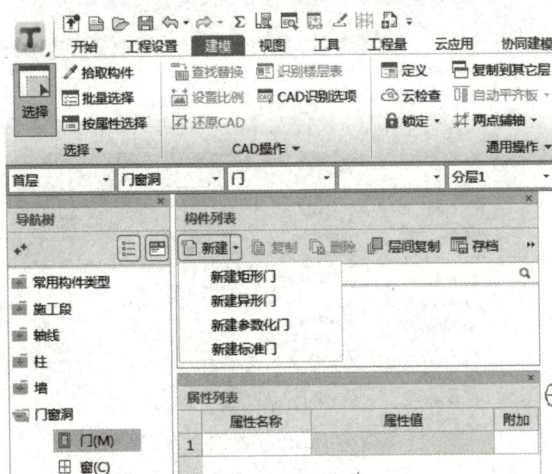

图 2-33　新建门的类型

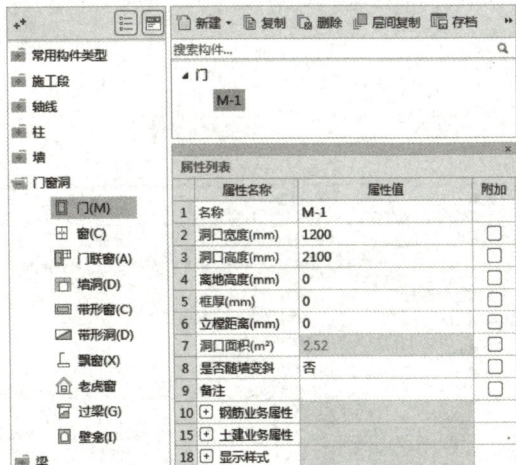

图 2-34　M-1 门属性信息

（2）绘制门　新建门完成后，通过绘图工具栏的点的绘制门，并可通过"shift + 左键"输入偏差值，调整门的位置，如图 2-35 所示。

自动生成门窗过梁

图 2-35　绘制门

10. 首层窗绘制

（1）新建窗　在窗导航栏构件列表中单击新建窗，新建窗类型有矩形窗、异形窗、参数化窗、标准窗等，如图 2-36 所示，新建完成后，在属性列表中输入窗信息，如名称、类别、洞口尺寸等，C-1 窗属性信息如图 2-37 所示。

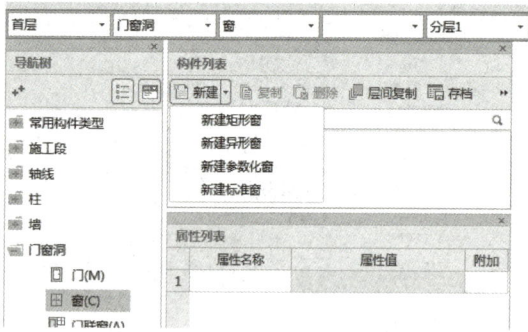

图 2-36　新建窗

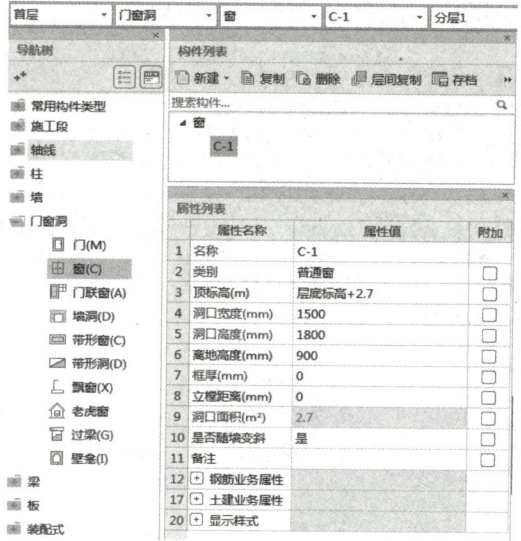

图 2-37　C-1 窗属性信息

（2）绘制窗　构件新建完成后，可通过绘图工具栏的点来进行绘制，当窗位置在中点、交点等能捕捉的点时，可直接布置，否则，需要采用"shift + 左键"进行调整，如图 2-38 所示。首层窗三维图如图 2-39 所示。

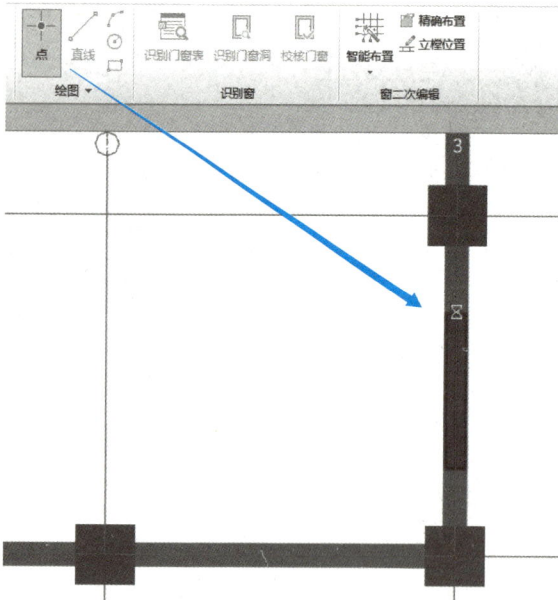

图 2-38　绘制窗

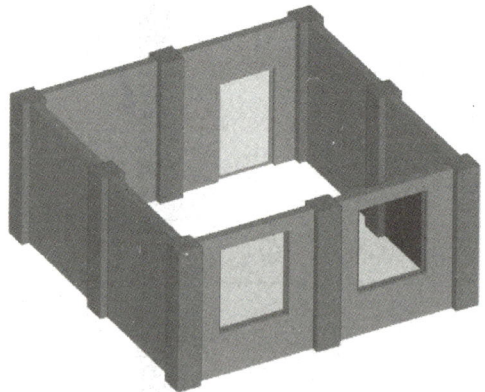

图 2-39　首层窗三维图

11. 楼梯绘制

（1）新建楼梯　常用楼梯分为两种，单跑楼梯和双跑楼梯，如图 2-40 所示，以首层单跑楼梯为例，单击楼梯构件列表中的新建，新建楼梯分为新建楼梯和新建参数化楼梯。选择新建参数化楼梯，在弹出的界面中选择直形单跑楼梯，然后图形中输入楼梯钢筋、平台宽等信息，如图 2-41 所示，输入完成后单击确定。单跑楼梯属性信息如图 2-42 所示。

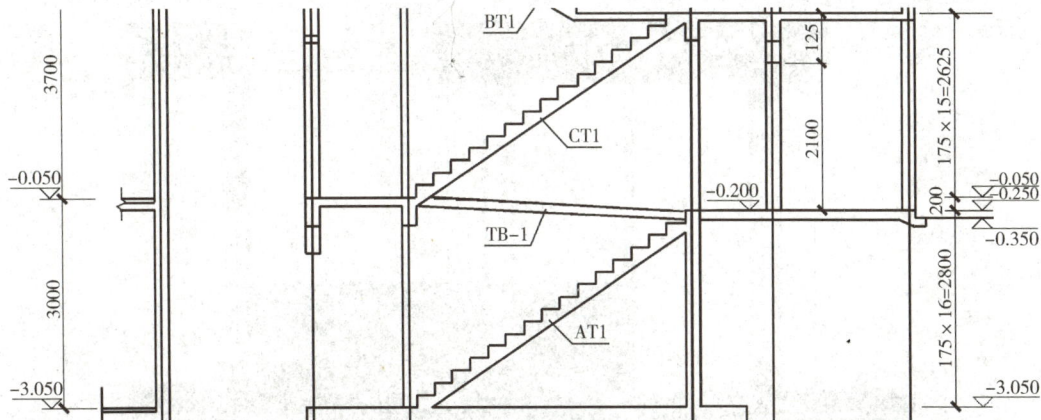

图 2-40　单跑楼梯剖面图

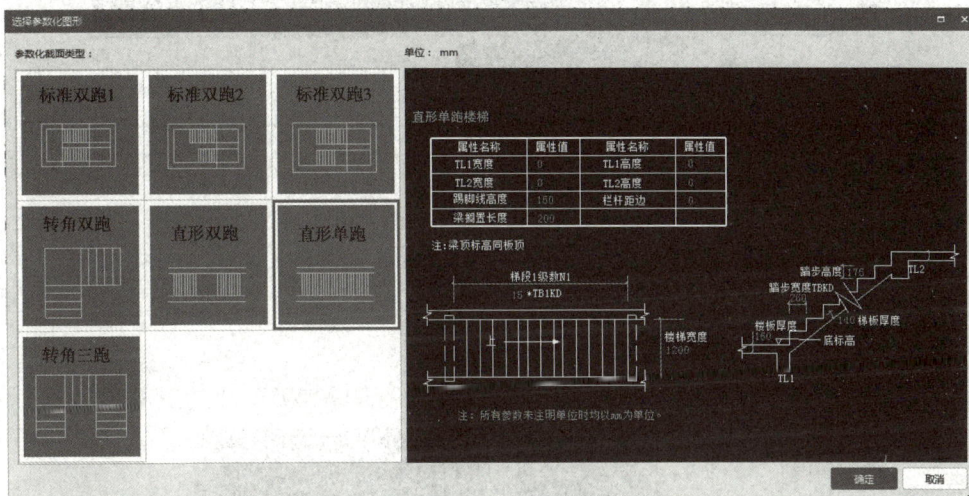

图 2-41　直形单跑楼梯

图 2-42　单跑楼梯属性信息

（2）楼梯绘制　楼梯绘制只能用点的方式，然后通过移动、镜像、旋转等方式进行调整，如图 2-43 所示。以首层楼梯为例，首先找准基点，以点的方式把楼梯固定，如图 2-44 所示，然后运用旋转功能把楼梯旋转 -90°，如图 2-45 所示，旋转之后再通过移动功能，把楼梯移动到相应位置，如图 2-46 所示，然后三维观察楼梯走向是否正确，如图 2-47 所示，若正确就绘制完成了，若不正确，再进行调整。

图 2-43　楼梯绘制

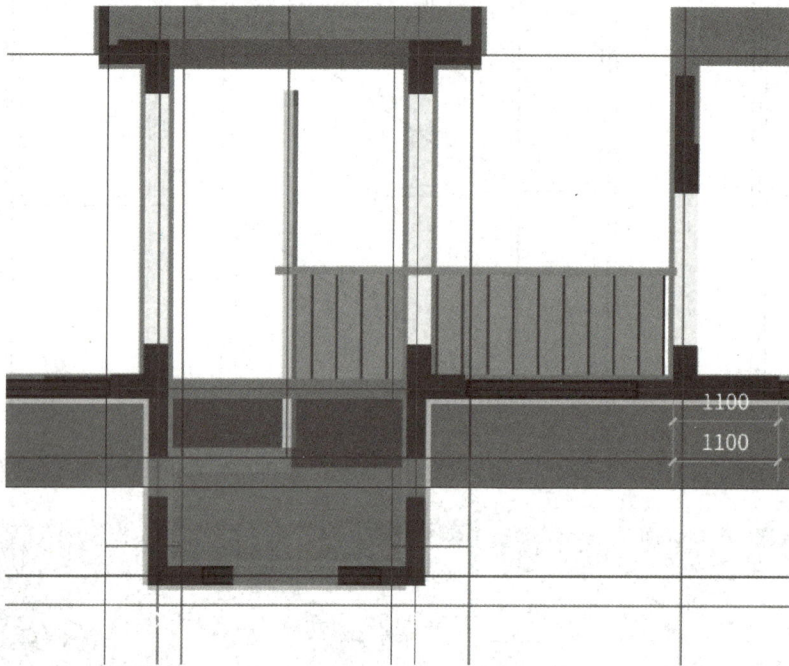

图 2-44 楼梯固定

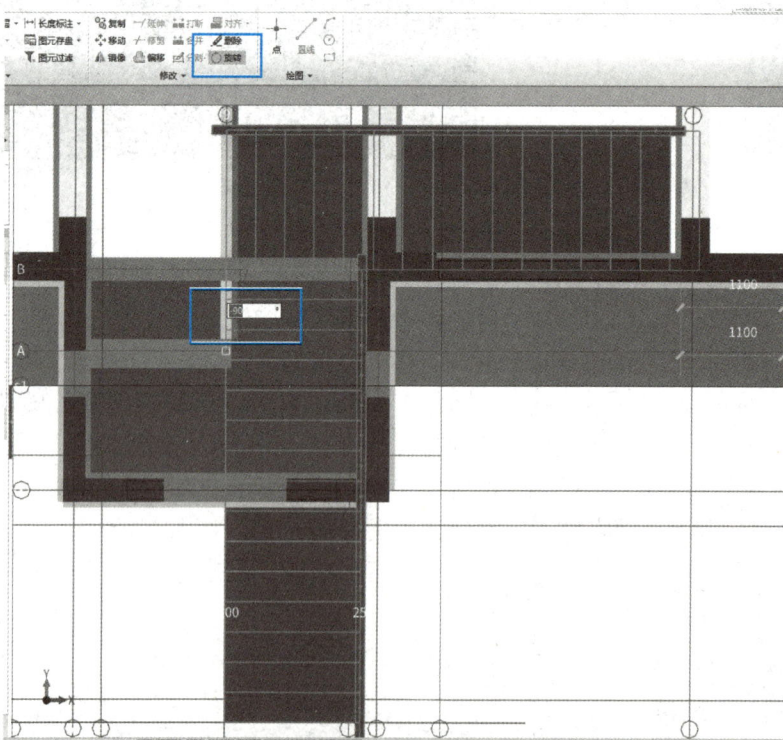

图 2-45 楼梯旋转

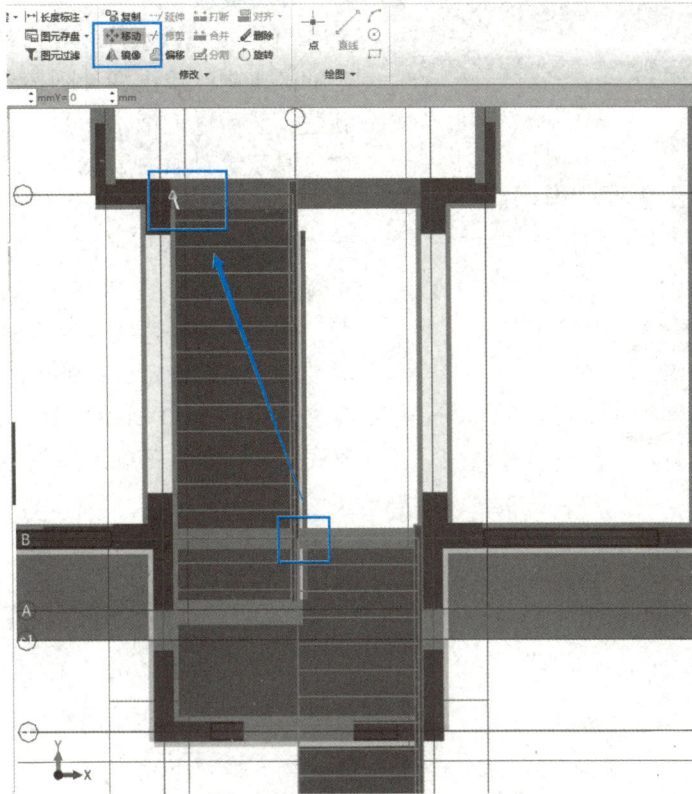

图 2-46　楼梯移动

图 2-47　三维观察楼梯走向

图 2-48　新建散水

12. 散水

（1）新建散水　在导航栏其他的散水中，单击构件列表中的新建，然后输入散水信息，如名称、厚度等，如图 2-48 所示。

（2）绘制散水　散水绘制一般用直线方式或者智能布置，如图 2-49 所示，如用智能布置，是以外墙外边线为基础，单击智能布置，选择外墙外边线，然后框选需要布置散水的图形，右键确定，在弹出的界面中输入散水宽度，如图 2-50 所示，然后确定，散水就布置完成了，散水三维图如图 2-51 所示。

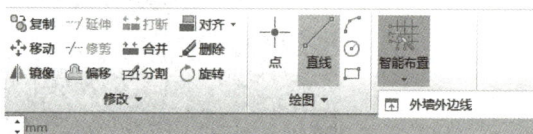

图 2-49　散水绘制

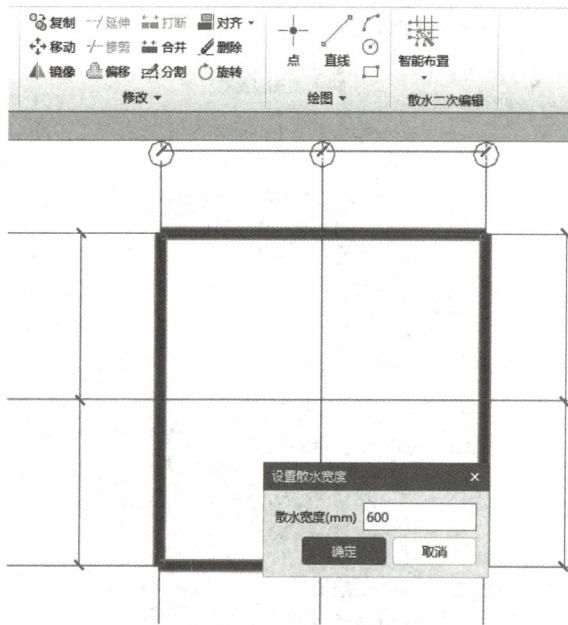

图 2-50　输入散水宽度

13. 台阶

（1）新建台阶　以如图 2-52 所示台阶为例，台阶尺寸为 1500mm × 2900mm，平台标高为 0.785m，室外地坪标高为 −0.300m，踏步数为 7，因此台阶高为 1.085m，踏步高为 $(0.785 + 0.3)/7 = 0.155$（m）。

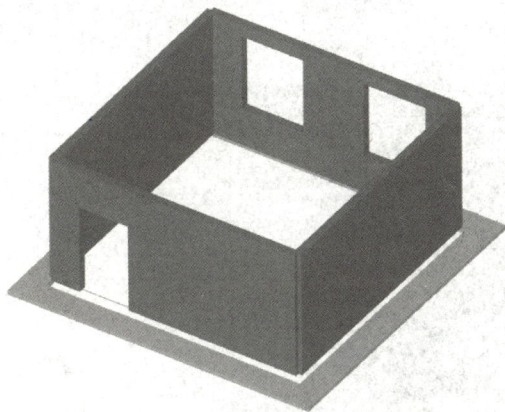

图 2-51　散水三维图

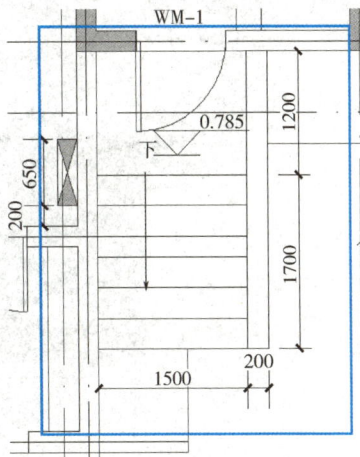

图 2-52　台阶平面图

新建台阶是在导航栏其他的台阶中，构件列表下单击新建，然后输入台阶高度 1085mm，如图 2-53 所示。

（2）绘制台阶　台阶新建完成后，可用直线、矩形等方式绘制，如以矩形绘制，单击矩形，选择起点后，使用快捷键"shift＋左键"，输入偏移值，如图 2-54 所示，然后单击确定。台阶外形绘制完成后，开始设置台阶踏步边，选中需要设置踏步边的台阶边线，单击设置踏步边，在弹出的界面输入踏步数和踏步宽，如图 2-55 所示，然后单击确定，台阶就绘制完成了，台阶三维图如图 2-56 所示。

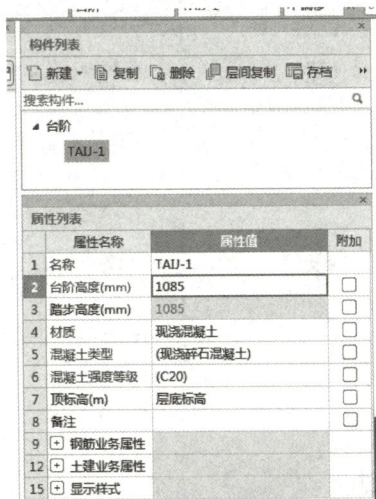

图 2-53　新建台阶

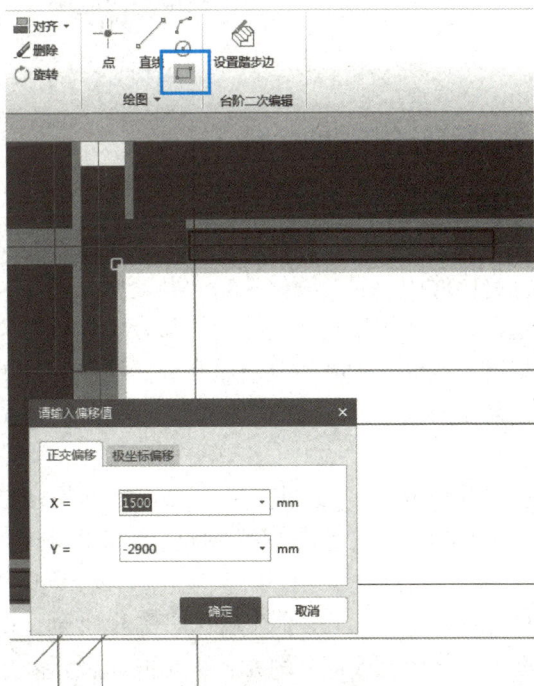

图 2-54　绘制台阶

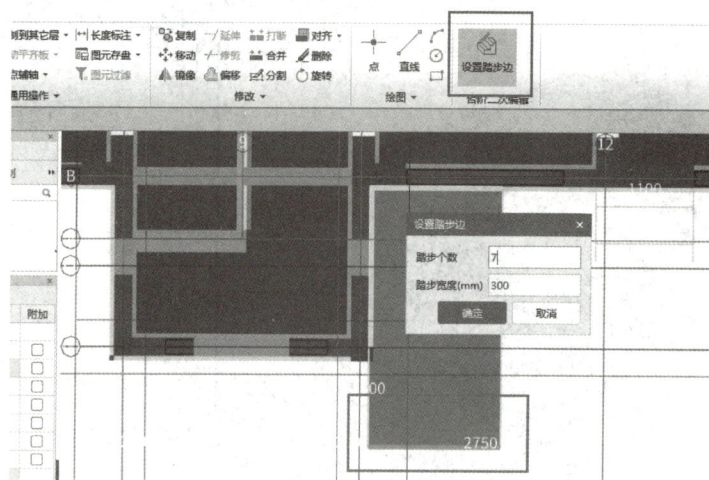

图 2-55　设置踏步边

图 2-56　台阶三维图

2.2.2　标准层图形的绘制

1. 复制首层构件到其他楼层

复制首层构件到其他楼层是指把首层已经定义和绘制好的构件图元通过软件复制到其他楼层的相同位置。这种方法适用于其他层的构件与首层构件基本相同的情况，能够节约时间，不需要重复绘制相同的构件。以复制首层框架柱到其他楼层为例，具体操作如下：

（1）选择构件　复制首层框架柱到其他楼层首先需要选择构件，选择构件有直接框选和批量选择两种方式。

1）直接框选。直接框选是在建模界面通过鼠标直接框选全部图元或部分图元，图元框选后颜色会发生变化，如图 2-57 所示。

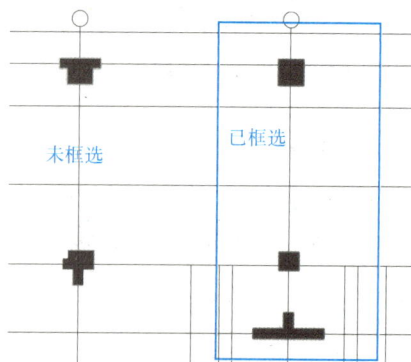

图 2-57　图元框选变化

2）批量选择。批量选择是通过软件中批量选择功能选中需要从首层复制到其他层的构件，如图 2-58 所示。复制首层的框架柱到其他楼层，需要选中首层中的框架柱下的所有框柱，然后单击确定，首层的框柱就被全部选中。

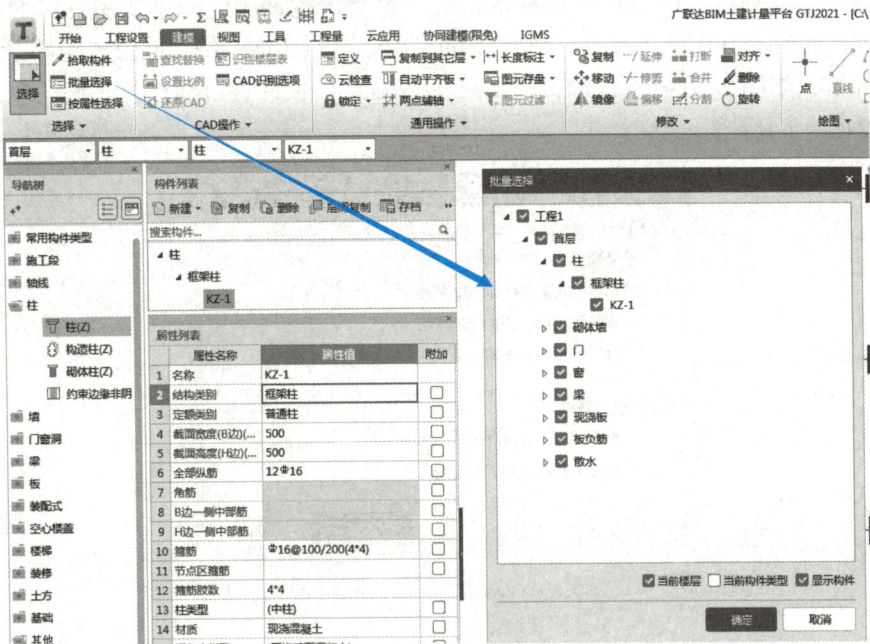

图 2-58　批量选择

（2）选择复制到其他层　选中图元后，单击通用操作栏的复制到其他层，然后在弹出的界面中选择目标层，需要复制到第几层，就在前面打钩，如图 2-59 所示，选择楼层后单

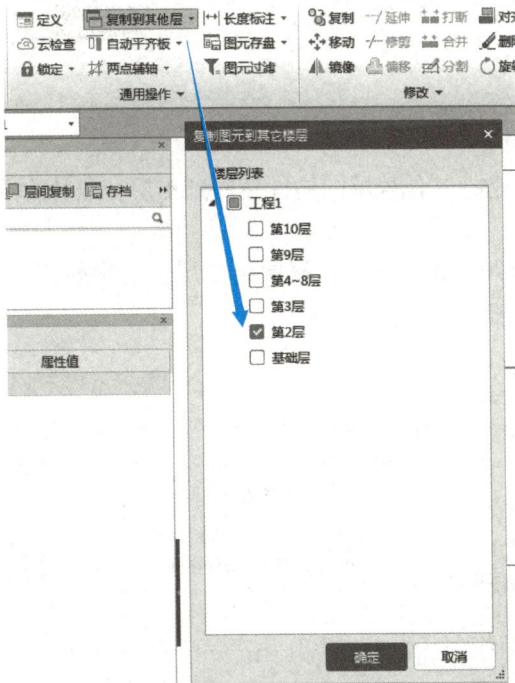

图 2-59　选择目标层

击确定，选择复制图元冲突处理方式，比如首层框柱复制到二层，但是二层存在与首层相同名称的柱或二层部分位置已经绘制过柱了，图元就会产生冲突，如果要用首层的柱覆盖二层，且二层已经存在的图元不保留，就选择覆盖目标层同名称构件和同位置构件，如果要保留就选择保留，如图 2-60 所示，选择完成后单击确定，软件将自动进行复制，复制完成会出现如图 2-61 所示界面。

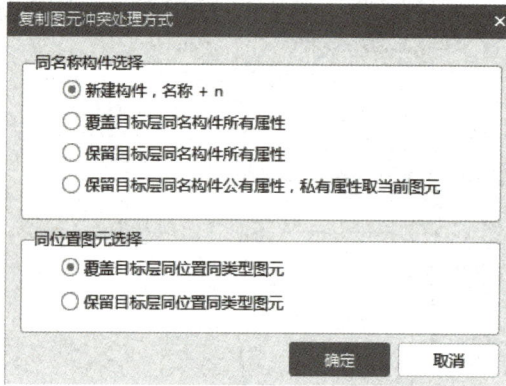

图 2-60　复制图元冲突处理方式

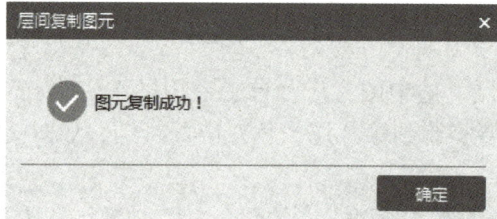

图 2-61　复制完成

2. 从其他楼层复制图元

从其他楼层复制图元是把其他楼层的构件复制到本层，以从首层复制柱到二层为例，具体操作如下：

（1）选择从其他层复制　首先选择在楼层第二层，在导航栏中选择柱（Z），然后在通用操作中选择从其他层复制，如图 2-62 所示。

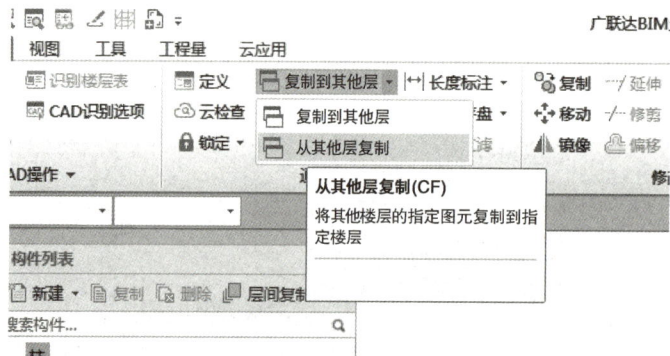

图 2-62　从其他层复制

（2）源楼层选择　单击从其他层复制，弹出源楼层选择界面。源楼层是指构件所在楼层，目标楼层为复制构件所在楼层，如在第二层，从首层复制柱，源楼层就是首层，目标楼层就是第二层，如图 2-63 所示。

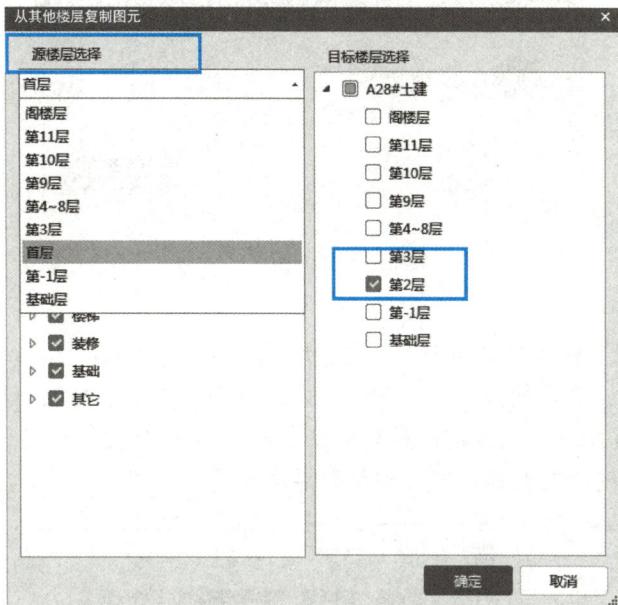

图 2-63　源楼层选择

（3）图元选择　选择完楼层后，在源楼层下的图元选择中选择要复制的图元，比如复制首层柱，点开柱左边的三角符号，把柱下面的图元全部显示出来，然后选择柱，如图 2-64 所示。

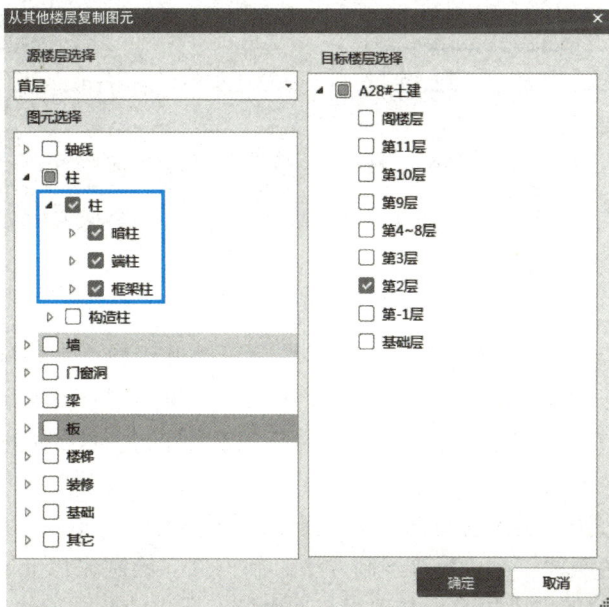

图 2-64　图元选择

（4）复制完成　选择完图元后，单击确定，软件将自动进行构件复制，复制完成后会出现完成界面，如图 2-65 所示，从首层复制柱图元就完成了。

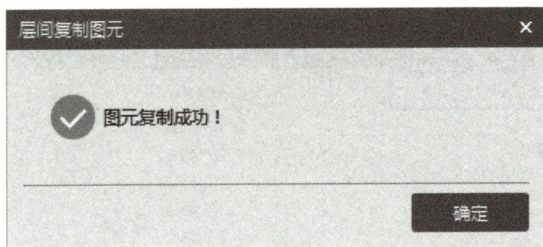

图 2-65　复制完成

3. 标准层的绘制

（1）设置标准层　如全楼层为地下 1 层，地上 11 层，标准层为 4~8 层，软件中设置标准层是在楼层设置时，把相同楼层设置为 4~8 层，相同层数写为 5，这样就等于设置了一个标准层，如图 2-66 所示，绘制构件是只需要在 4~8 层绘制构件即可。绘制完成后，查看当前楼层三维图显示时是分开显示的，也就是显示 5 层。

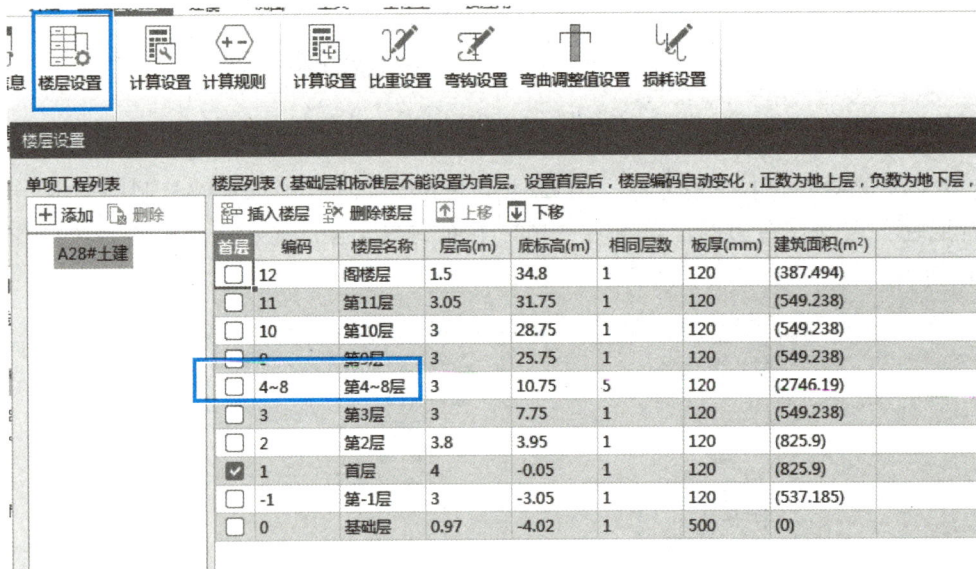

首层	编码	楼层名称	层高(m)	底标高(m)	相同层数	板厚(mm)	建筑面积(m²)	
☐	12	阁楼层	1.5	34.8	1	120	(387.494)	
☐	11	第11层	3.05	31.75	1	120	(549.238)	
☐	10	第10层	3	28.75	1	120	(549.238)	
☐	9	第9层	3	25.75	1	120	(549.238)	
☐	4~8	第4~8层	3	10.75	5	120	(2746.19)	
☐	3	第3层	3	7.75	1	120	(549.238)	
☐	2	第2层	3.8	3.95	1	120	(825.9)	
☑	1	首层	4	-0.05	1	120	(825.9)	
☐	-1	第-1层	3	-3.05	1	120	(537.185)	
☐	0	基础层	0.97	-4.02	1	500	(0)	

图 2-66　设置标准层

（2）不设置标准层　不设置标准层也就是把楼层分开设置，即把标准层分开设置，例如，4~8 层为标准层，设为第四层、第五层、第六层、第七层、第八层。构件绘制时绘制其中一层，如绘制第四层，然后通过复制构件把第四层的构件绘制到其他层，具体操作如下：

1）楼层设置。按照逐层命名的方式设置楼层，如图 2-67 所示。

2）批量选择。按照柱、梁、板等绘制方法绘制构件，绘制完标准层中某层构件，如绘制完第四层构件，在第四层中单击批量选择，选中第四层内的所有构件，如图 2-68 所示。

图 2-67　楼层设置

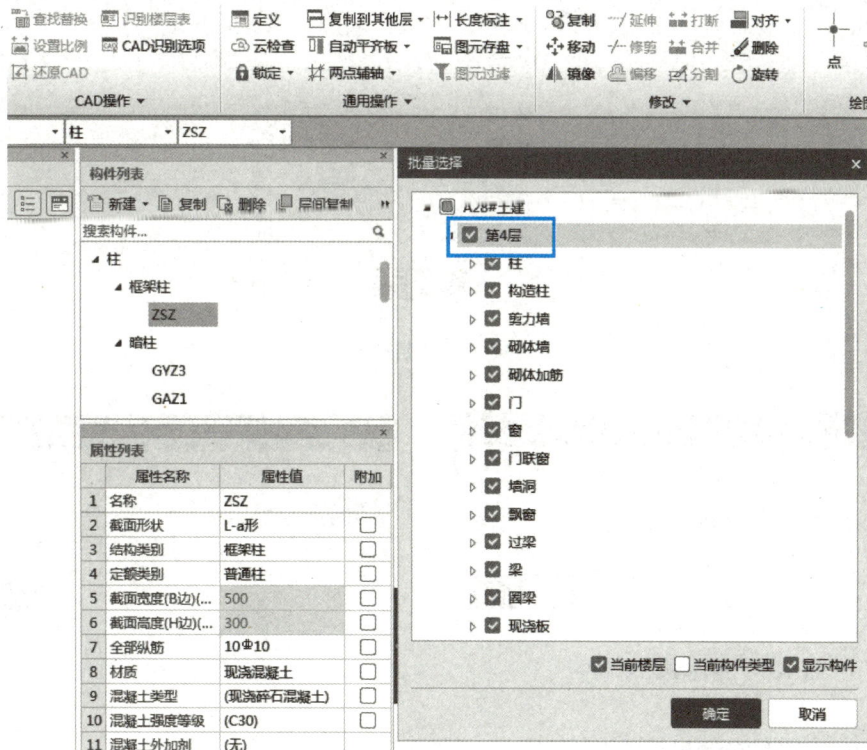

图 2-68　批量选择

3）复制到其他层。选中构件后，在通用操作中选择复制到其他层，如图 2-69 所示。在弹出的界面复制图元到其他楼层中选择目标楼层，也就是标准层中的其余楼层，即第五层、第六层、第七层、第八层，如图 2-70 所示，然后单击确定。软件将会自动进行构件复制，如图 2-71 所示，复制完成后会显示复制完成界面，如图 2-72 所示。

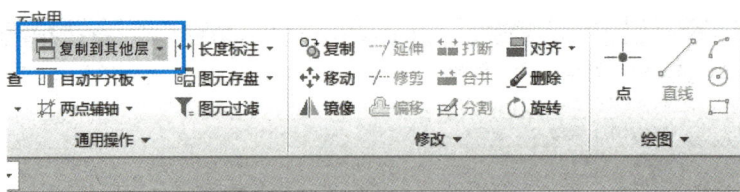

图 2-69　复制到其他层

图 2-70　选择目标楼层

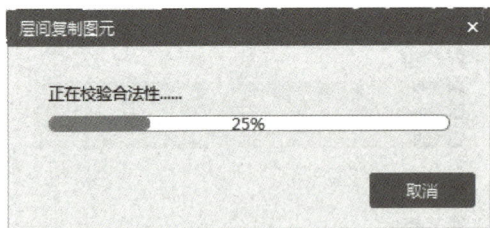

图 2-71　构件图元复制中

图 2-72　复制完成

2.2.3　基础层图形的绘制

1. 独立基础

（1）新建独立基础　单击新建，选择新建独立基础类型（包括独立基础、自定义独立基础、矩形独立基础单元、参数化独立基础单元、异形独立基础单元），然后编辑独立基础名称、结构类型、截面尺寸、钢筋等独立基础信息。基础层独立基础 DJ-1-1 信息如图 2-73 所示。

图 2-73　基础层独立基础 DJ-1-1 信息

（2）绘制独立基础　采用"点"绘制，如图 2-74 所示。

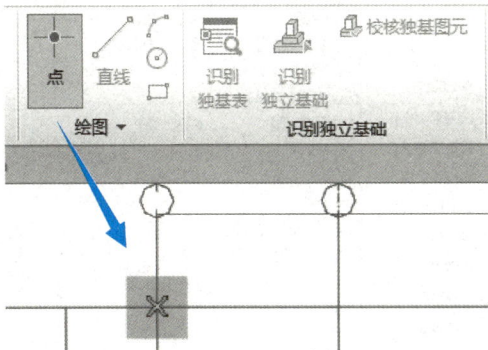

图 2-74　独立基础的绘制

2. 垫层

（1）新建垫层　在导航栏基础层中垫层的构件列表中单击新建，新建垫层类型有新建点式矩形垫层、新建线式矩形垫层、新建面式矩形垫层等，如图 2-75 所示，点式矩形垫层主要用于独立基础，线式矩形垫层主要用于条形基础，面式矩形垫层主要用于筏板基础。

DC-1 属性信息如图 2-76 所示。

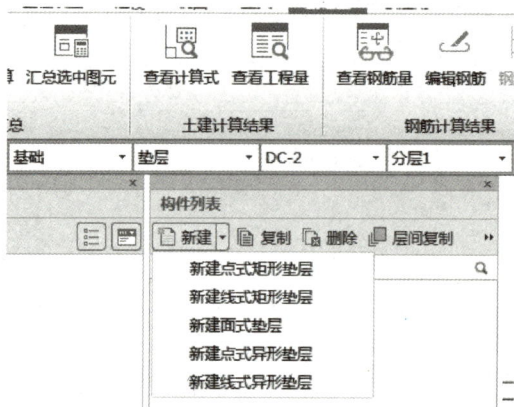

图 2-75　新建垫层类型

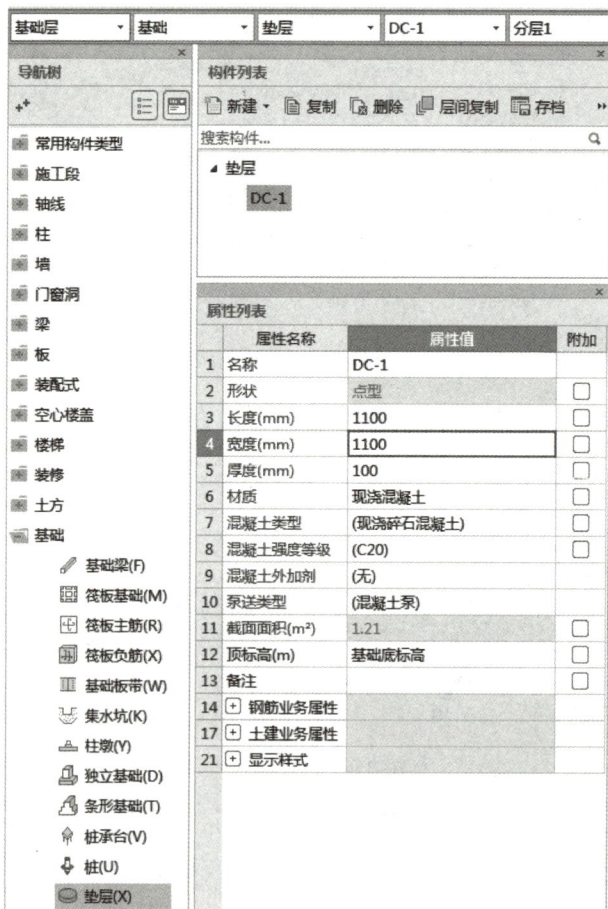

图 2-76　DC-1 属性信息

（2）绘制垫层　垫层绘制可通过点或直线的方式，也可以通过智能布置，如图 2-77 所示。智能布置根据选定的构件为基点，智能布置垫层。比如选定独基进行智能布置，如图 2-78 所示，然后框选需要布置垫层的独立基础，右键确定，软件会自动进行垫层布置，独基垫层三维图如图 2-79 所示。

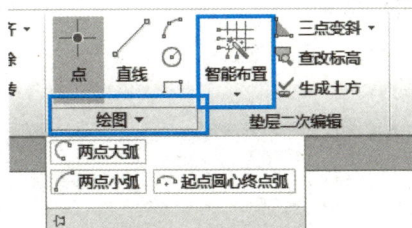

图 2-77　垫层绘制

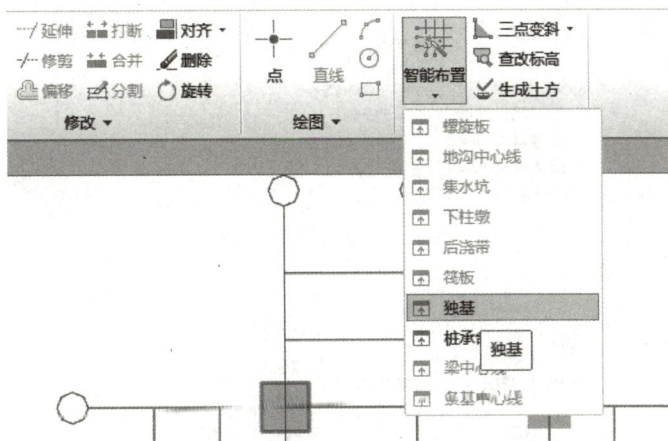

图 2-78　选定独基

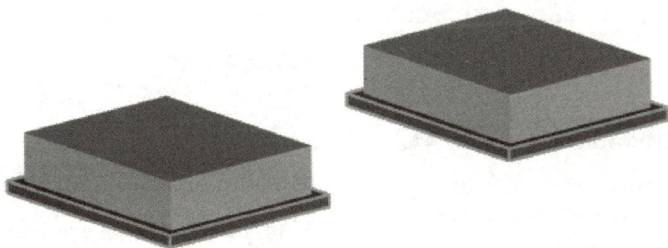

图 2-79　独基垫层三维图

3. 大开挖土方

（1）新建大开挖土方　在导航栏土方中打开大开挖土方，在构件列表中单击新建，然后新建大开挖土方，新建后编辑属性列表中的信息，如名称、土壤类别、挖土方式、顶标高和底标高等。大开挖土方 DKW-1 信息如图 2-80 所示。

（2）大开挖土方绘制　大开挖土方绘制方式有点或直线等方式，如图 2-81 所示，点布置必须在封闭图形内布置，否则会出现如图 2-82 所示界面，直线绘制需要绘制出多边形图形，图形必须是封闭图形，否则会出现如图 2-83 所示界面。

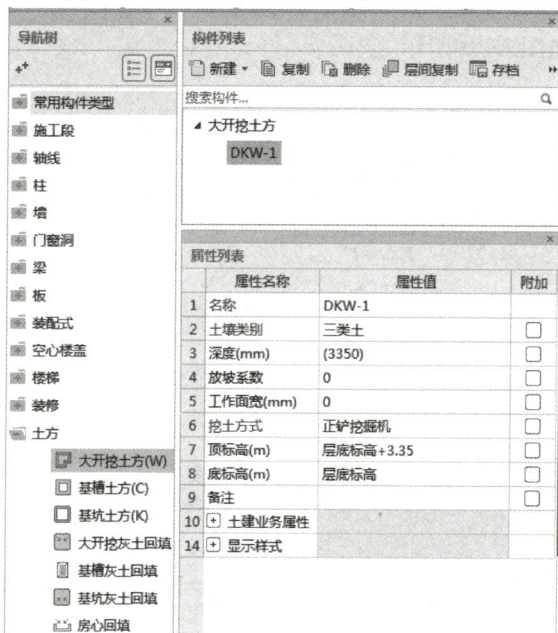

图 2-80　大开挖土方 DKW-1 信息

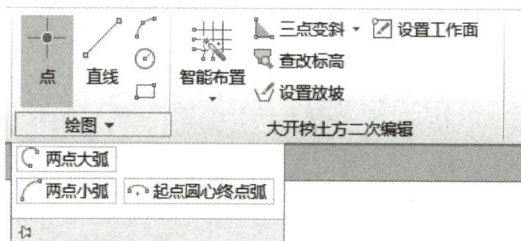

图 2-81　大开挖土方绘制方式

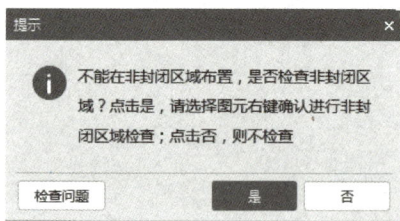

图 2-82　封闭图形提示

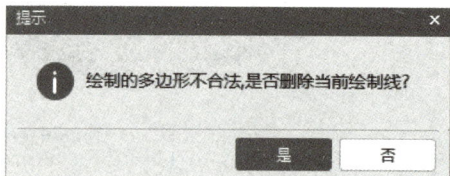

图 2-83　多边形不合法提示

（3）自动生成基坑土方　基坑土方一般是指独立基础土方，在导航栏基础中独立基础的界面，独立基础二次编辑界面中选择生成土方，如图 2-84 所示，在弹出的生成土方界面选择自动生成，生成范围选择大开挖土方，工作面和放坡系数按照规范选择，如图 2-85 所示，然后单击确定，软件将自动生成大开挖土方，并自动跳转到基坑土方界面。基坑土方三维图如图 2-86 所示。

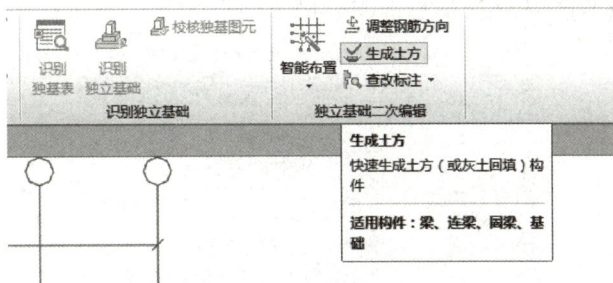

图2-84　生成土方

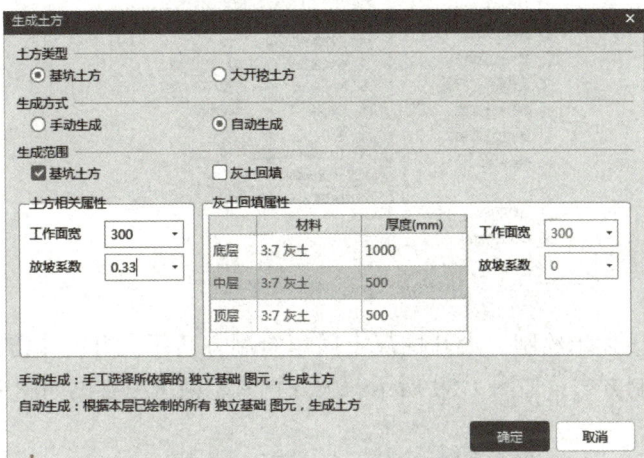

图2-85　生成方式、范围选择

图2-86　基坑土方三维图

4. 回填土方

（1）新建大开挖灰土回填　在导航栏土方中大开挖灰土回填界面，构件列表中选择新建，新建有两种形式，新建大开挖灰土回填和新建大开挖灰土回填单元。这两个构成一个完成的大开挖灰土回填，大开挖灰土回填单元是大开挖灰土回填的子项。新建时需要先新建大开挖灰土回填，然后在大开挖灰土回填的基础上新建大开挖灰土回填单元，如图2-87所示。之后编辑属性列表中的信息，

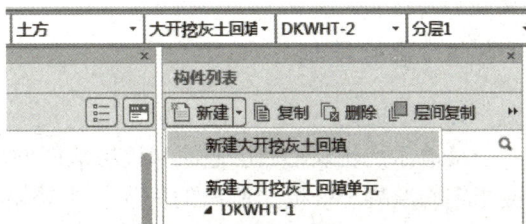

图2-87　新建大开挖土方

如名称、深度等。DKWHT-1 属性信息如图 2-88 所示。

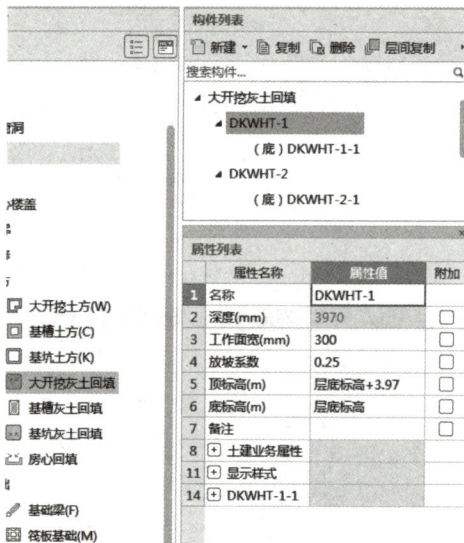

图 2-88　DKWHT-1 属性信息

（2）大开挖灰土回填绘制　大开挖灰土回填绘制方法跟大开挖土方类似，绘图工具栏中有点或直线等绘制方式，如图 2-89 所示，大开挖灰土回填三维图如图 2-90 所示。

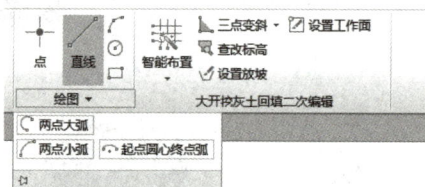

图 2-89　大开挖灰土回填绘制方式

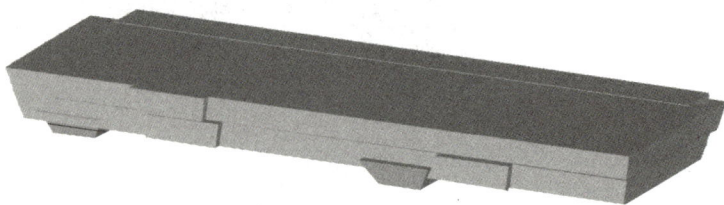

图 2-90　大开挖灰土回填三维图

2.2.4　装修绘制

1. 楼地面

楼地面是建筑物底层地面和楼层地面的总称，一般由基层、垫层和面层三部分组成。楼面指钢筋混凝土楼板上所做的面层，主要由找平层和面层组成。地面是指建筑物底层的地坪，即回填土之上的部分。

（1）新建楼地面　在导航栏装修楼地面的构件列表中单击新建，新建楼地面后，按照图纸修改楼地面名称，比如 DM-1 或 LM-1，如图 2-91 所示。

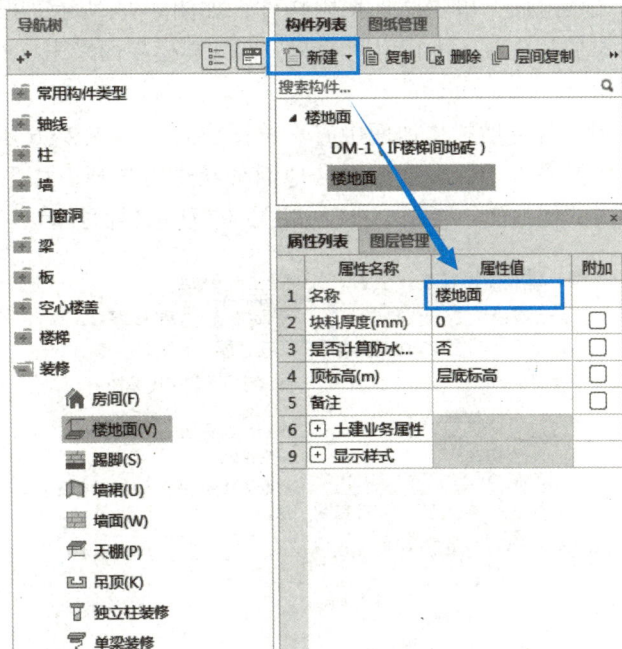

图 2-91　新建楼地面

（2）以房间的形式绘制　新建房间：绘制楼地面可以单独绘制，也可以依附在房间中进行布置；首先新建房间，在导航栏装饰中房间界面单击新建，然后按照图纸房间布置名称修改图元名称，如图2-92所示。

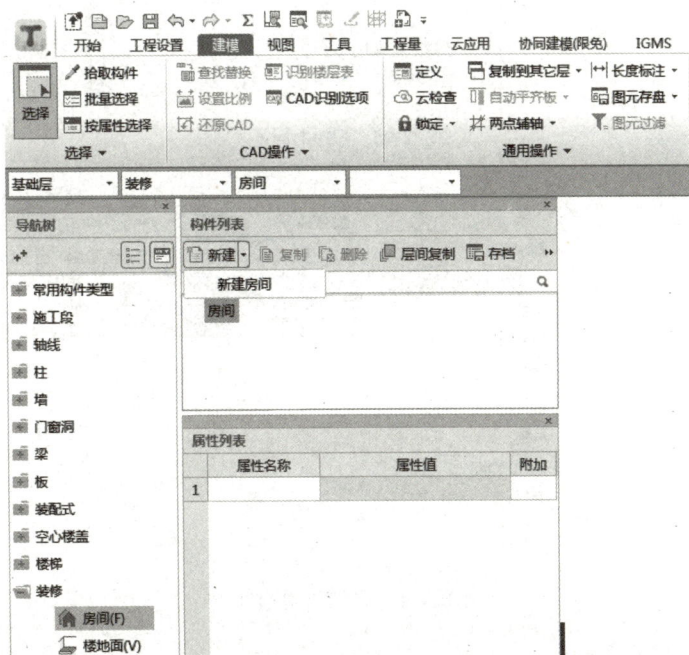

图 2-92　新建房间

　　房间新建完成后，单击工具栏通用操作中的定义，如图 2-93 所示，进入房间定义界面；然后选择构件类型中的楼地面，单击添加依附构件，如图 2-94 所示，根据图纸选择该房间的楼地面类型。构件添加完成后，进行房间绘制，回到建模界面采用点的方式进行绘制，如图 2-95 所示。

　　（3）以楼地面绘制　在导航栏楼地面中查看绘图方式，如图 2-96 所示，直接绘制楼地面有点、直线、矩形、弧等方式，根据图纸楼地面形状进行选择。如采用点的方式进行绘制，需要是封闭图形内的楼地面，否则会出现如图 2-97 所示界面提示。

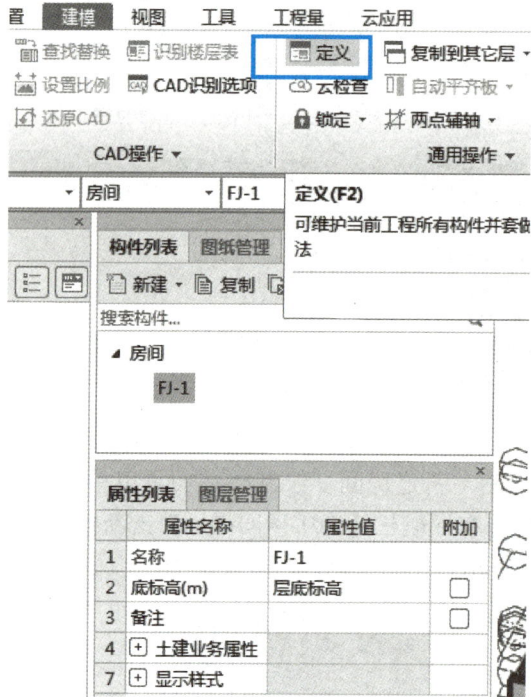

图 2-93　房间定义

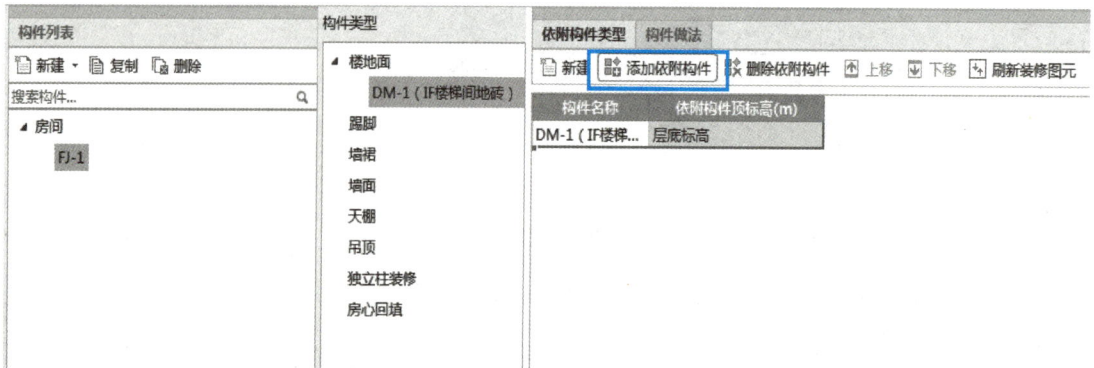

图 2-94　添加依附构件

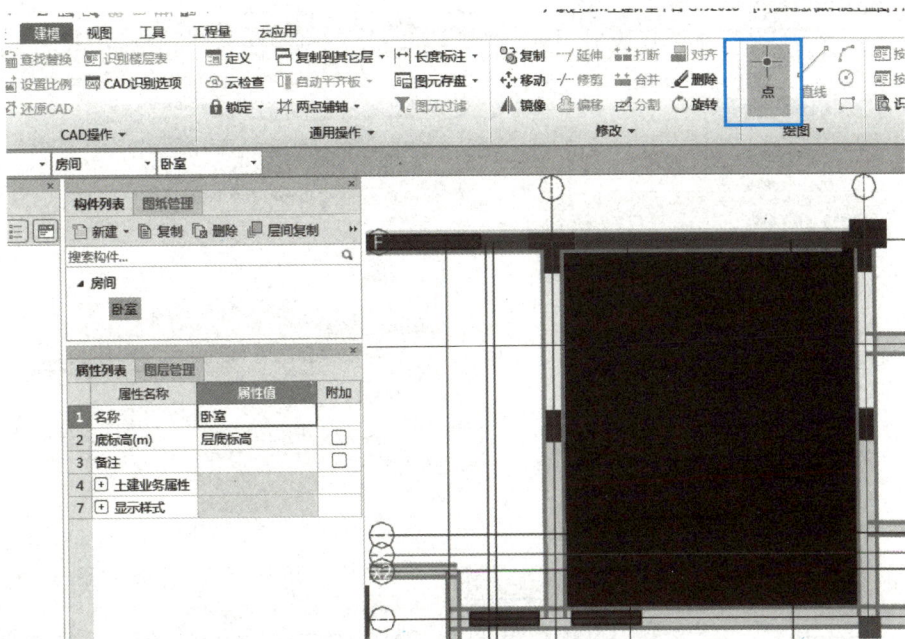

图 2-95　房间绘制方式

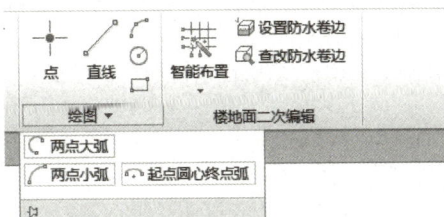

图 2-96　绘图方式

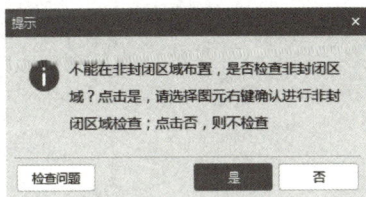

图 2-97　界面提示

2. 墙面

（1）新建墙面　墙面分为内墙面和外墙面，外墙面是指外墙外侧墙面，外墙内侧墙面和内墙两侧墙面均为内墙面。新建墙面时要注意区分内墙面和外墙面，两种墙面在软件中显示颜色不同。在导航栏墙面中单击新建，比如单击新建外墙面，如图 2-98 所示，然后在属性列表中进行墙面信息编辑，比如名称、标高等。

（2）以房间为单位绘制　首先新建房间。绘制墙面可以单独绘制，也可以依附在房间中进行布置，首先新建房间，在导航栏装饰中房间界面单击新建，然后按照图纸房间布置名称进行修改图元名称，如图 2-99 所示。

房间新建完成后，单击工具栏通用操作中的定义，进入房间定义界面，然后选择构件类型中的墙面，单击添加依附构件，如图 2-100 所示，根据图纸选择该房间的墙面类型，如内墙面或外墙面。构件添加完成后，进行房间绘制，回到建模界面采用点的方式进行绘制。

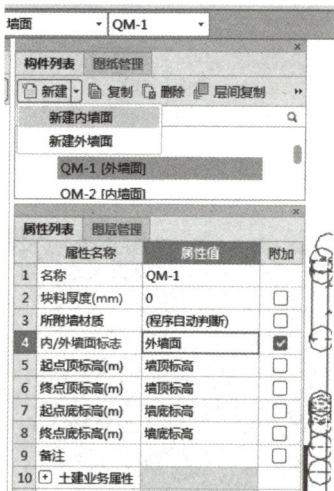

图 2-98　新建外墙面

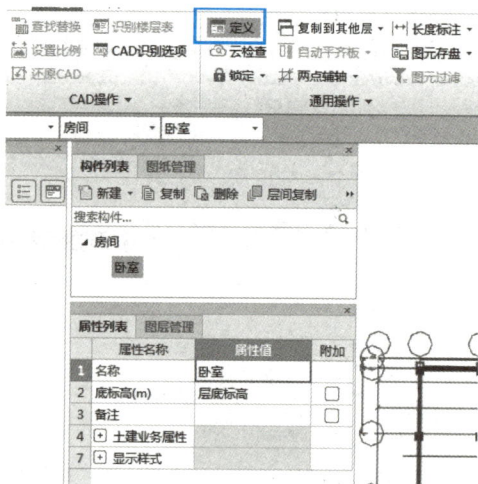

图 2-99　新建房间

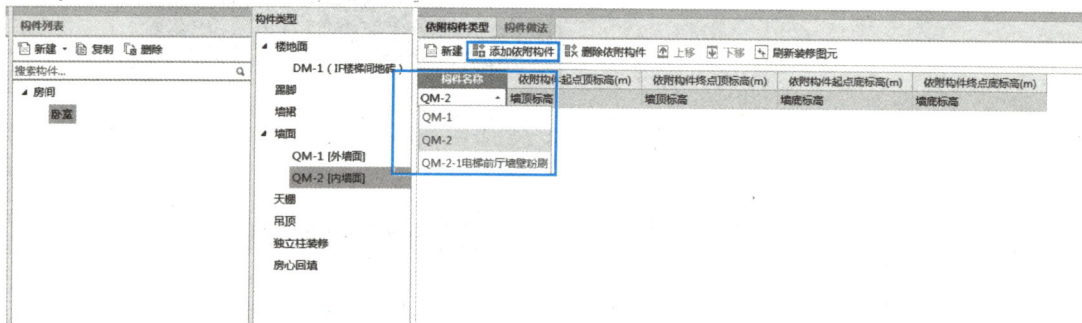

图 2-100　添加依附构件

（3）直接绘制墙面　在导航栏墙面中查看绘图方式，如图 2-101 所示，直接绘制楼地面有点、直线等方式，根据图纸墙面进行选择。绘制时要注意外墙的内外侧墙面类型不同，如图 2-102 所示。

图 2-101　绘图方式

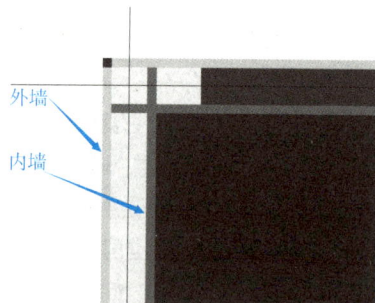

图 2-102　外墙的内外侧

2.2.5　单构件输入

1. 楼梯钢筋输入

楼梯在 GTJ2021 中楼梯的钢筋工程量可以通过单构件输入的方法进行，在工程量界面选择表格输入，然后选择钢筋，单击构件，然后选择参数输入，如图 2-103 所示，在出现的图形列表中选择楼梯类型，如图 2-104 所示，选择 AT 型楼梯，在右边的界面输入楼梯钢筋信息，选择计算保存，就完成楼梯钢筋的输入。

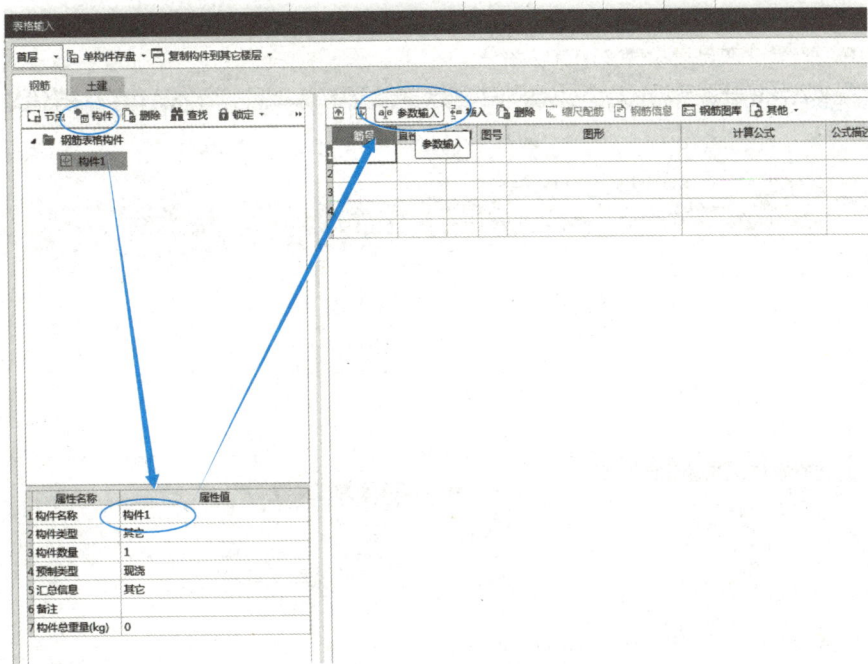

楼梯形式

图 2-103   楼梯钢筋单构件

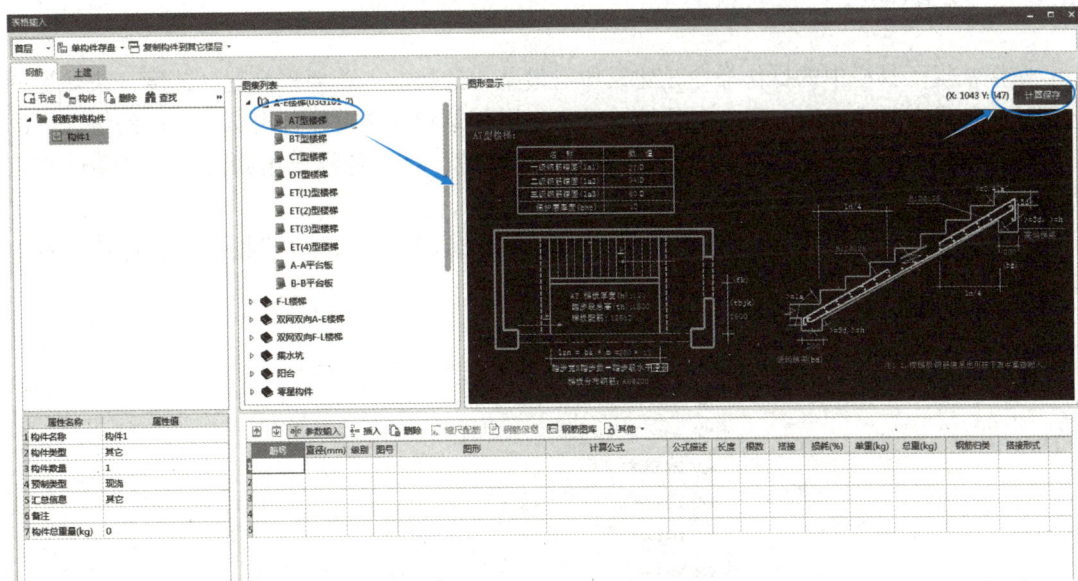

图 2-104   楼梯钢筋信息编辑

2. 雨篷土建输入

土建工程量的输入是在工程量界面选择表格输入，然后选择土建，如图 2-105 所示，单击构件，编辑构件名称和数量，如名称为雨篷，数量为1个，在右边截面选择添加清单，按照构件选择具体清单，把构件信息填写清楚，工程量结果填写准确，就完成了土建工程量的输入。

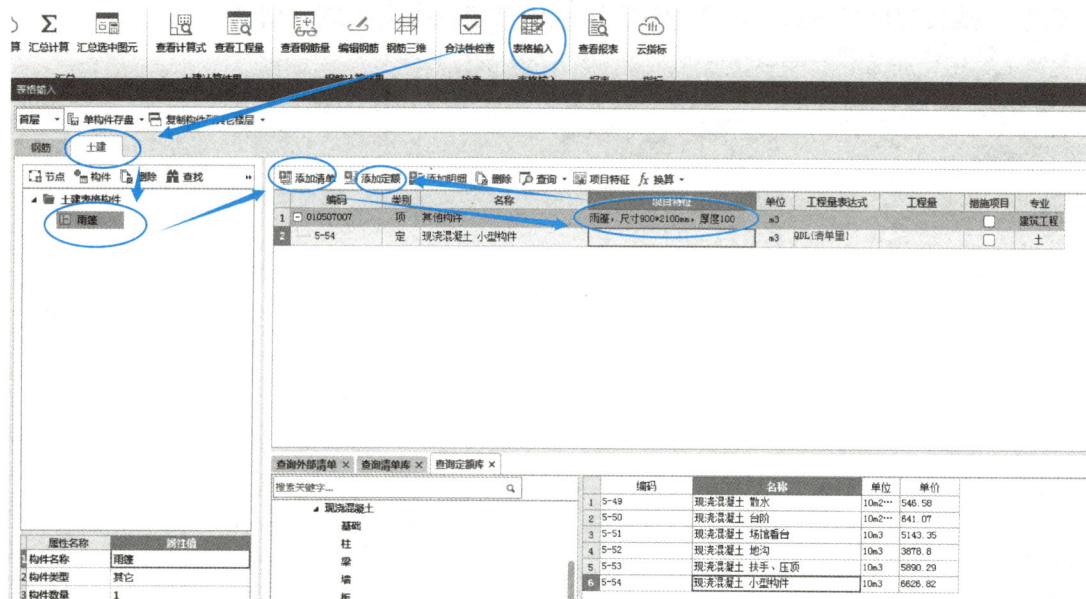

图 2-105　雨篷工程量输入

2.3　计量软件应用技巧

　　掌握常规工具栏中的操作命令是建模所需最基本的技能，若要提高建模速度，快捷键的运用是一种最有效的方式，所有的快捷键及组合键都是建立在对软件有深入了解的情况下的一种灵活应用，下面介绍软件里面的一些常用快捷键，对一些频繁用到的快捷键会做重点介绍。

　　F1：打开"帮助"系统，里面有软件的基本介绍以及操作的一些技巧，适合新学者查看，如图 2-106 所示。

图 2-106　帮助

F2：构件"定义"与"绘图"切换，掌握这个快捷键就不用再单击工具栏中的［定义］与［绘图］按钮，如图2-107所示。

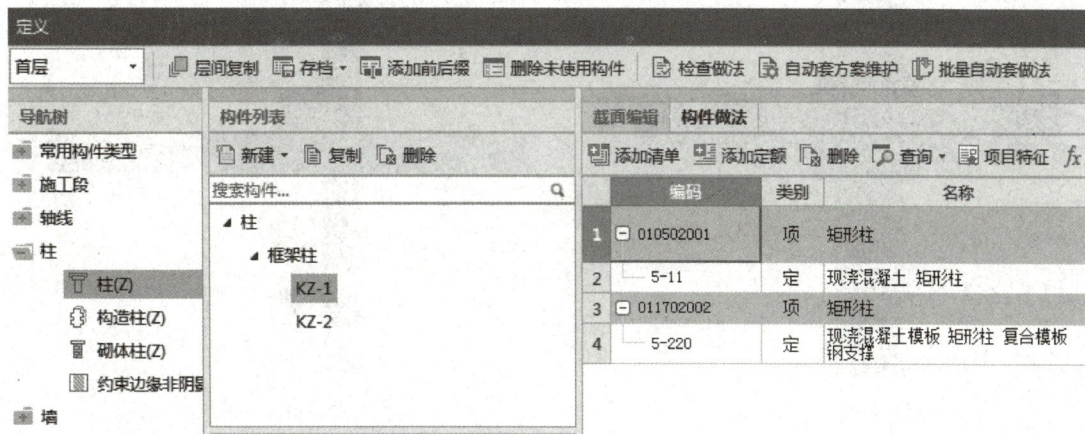

图2-107　定义

F3：批量选择，在绘图界面快速切换出批量选择界面，如图2-108所示。

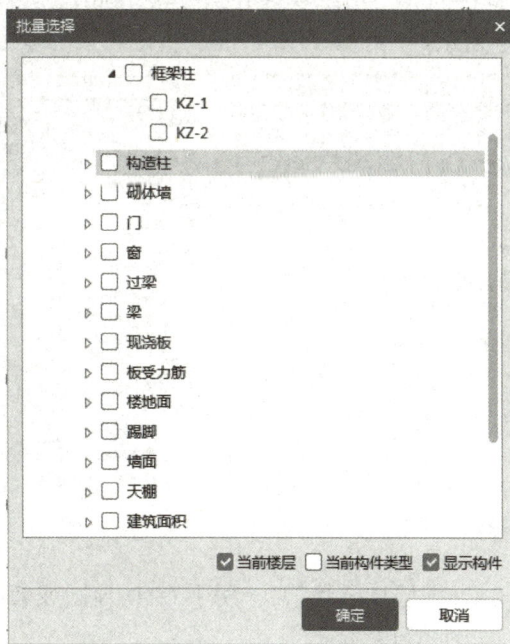

图2-108　批量选择

F4：在绘图时改变点式构件或者线式图元的插入点位置，适用于柱、独立基础、承台、梁、墙等构件。

如图2-109所示柱构件，在绘图时单击F4，插入点会在图中的捕捉点之间切换，如图2-110所示。

图 2-109　交点绘制

图 2-110　偏移

F5：合法性检查。在构件绘制完成后在汇总计算前查看构件是否合法，比如构件是否重叠、超出标高等。

F6：隐藏图纸管理，构件列表与图纸管理并列分布，如图 2-111 所示，单击 F6 可隐藏图纸管理界面，如图 2-112 所示。

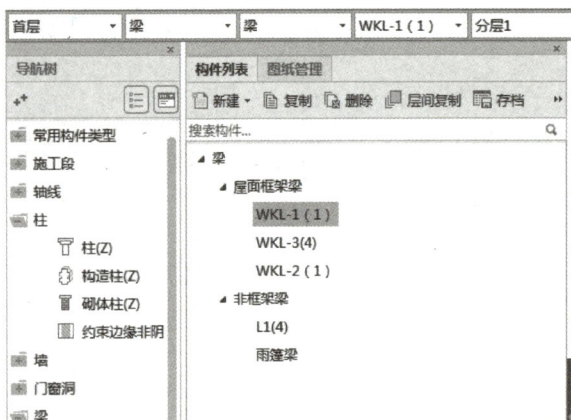

图 2-111　图纸管理栏

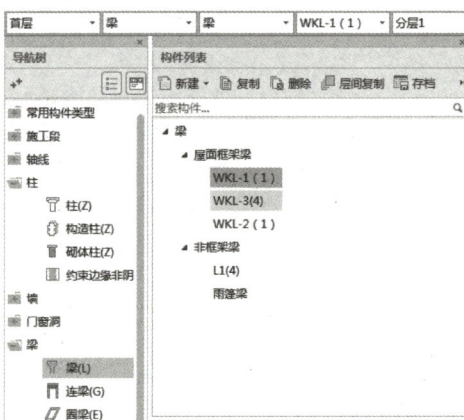

图 2-112　隐藏图纸管理

F7：设置是否显示"CAD 图层显示状态"，用于 CAD 导图或者以 CAD 做底图绘图时设置 CAD 图元图层的显示，如图 2-113 所示。

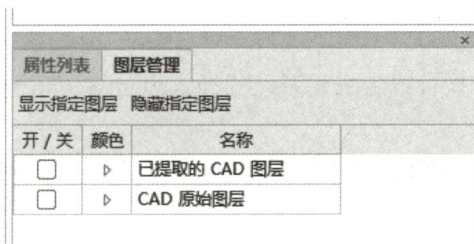

图 2-113　CAD 图层显示状态

F8：检查做法，使用 F8 可快速检测绘图构件哪些没有进行做法套取，如图 2-114 所示。

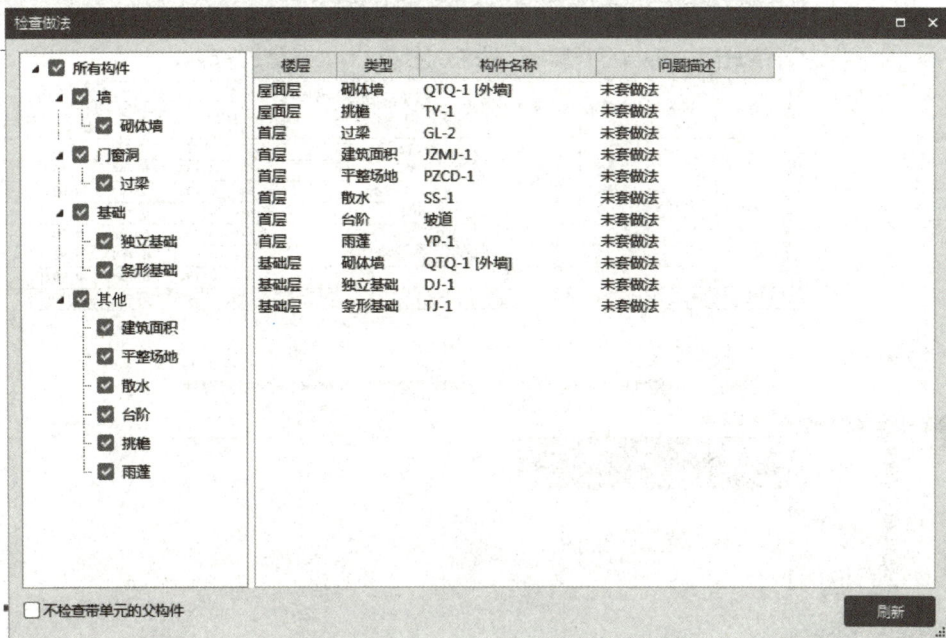

图 2-114　检查做法

F9：打开"汇总计算"对话框，用于绘图结束后软件进入自动计算，如图 2-115 所示。

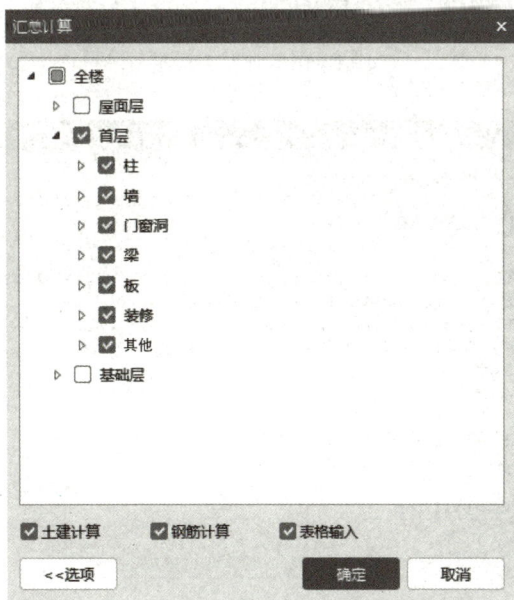

图 2-115　汇总计算

F10：查看工程量，选择构件然后按 F10，可以快速查看构件工程量，如图 2-116 所示。

F11：查看工程量计算式，选择构件然后按 F11，可以快速查看构件工程量详细计算式，如图 2-117 所示。

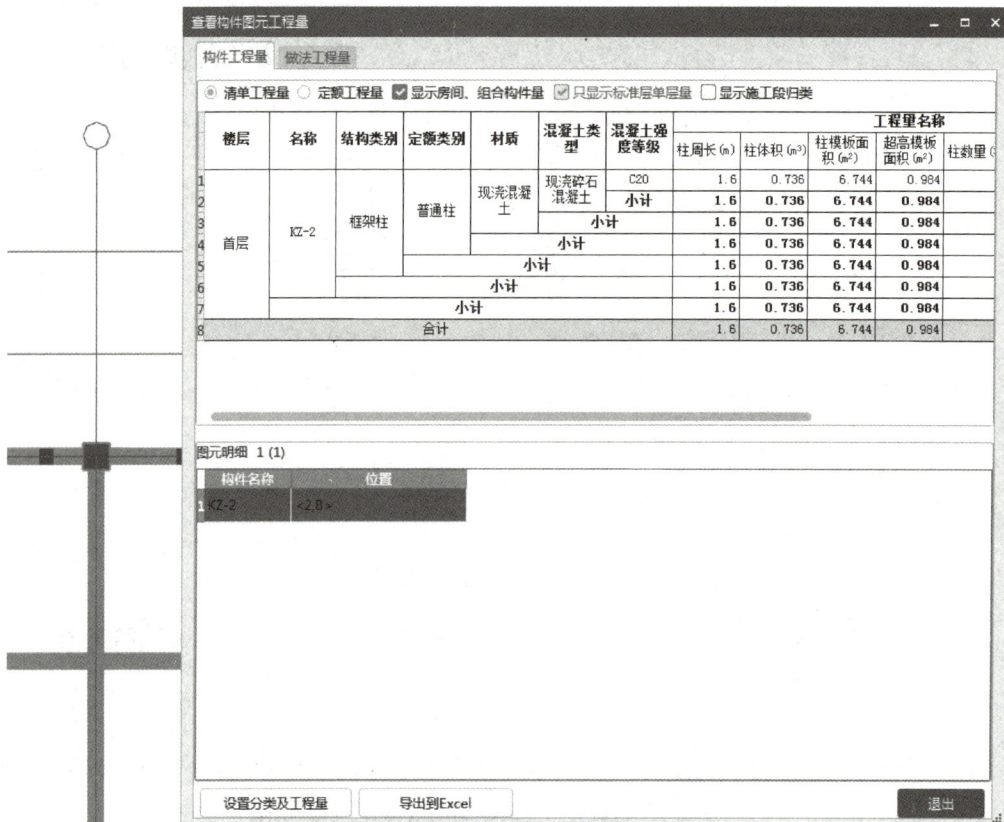

图 2-116　查看工程量

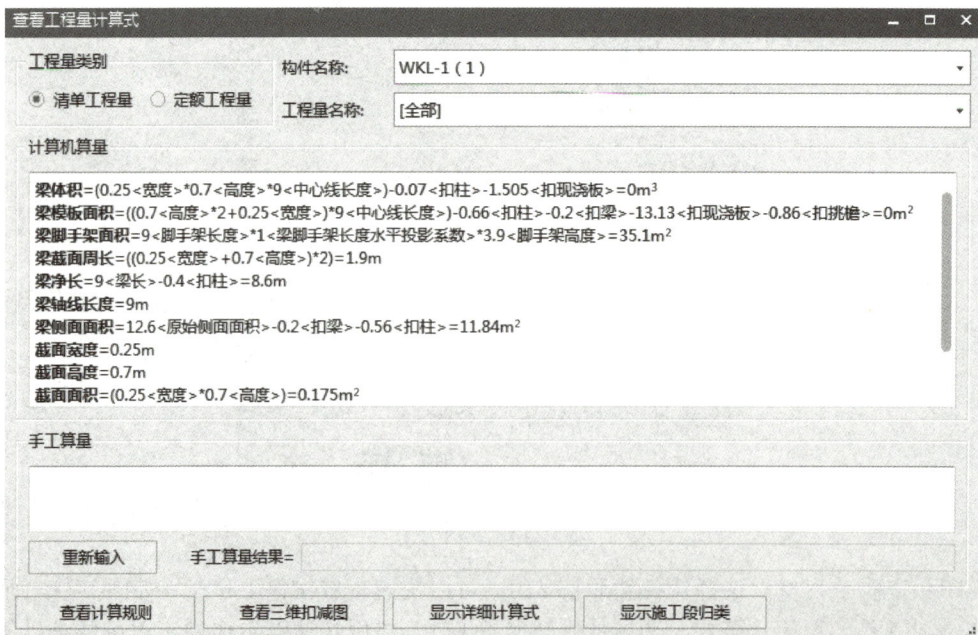

图 2-117　查看工程量详细计算式

F12：打开"构件图元显示设置"对话框，在对话框中勾选需要在绘图区域显示的图元与图元名称，如图 2-118 所示。

图 2-118　构件图元显示设置

Ctrl＋左键：柱偏移命令，比如绘制偏心柱子，用于偏心点式构件（如柱、承台等都可），如图 2-119 所示。在 CAD 导图的情况下，"Ctrl＋左键"是选择同一图层的快捷键。

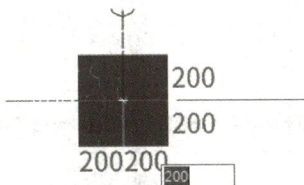

图 2-119　柱偏移命令

Shift＋左键：正交偏移命令，此功能为广联达软件应用的"万能偏移键"，适用于绘制不在轴网上面的任何构件，如图 2-120 所示，绘制不在轴网上面的 L-1，在对话框中输入对应的偏移数值，XY 数值参照 XY 坐标系的数值输入即可。

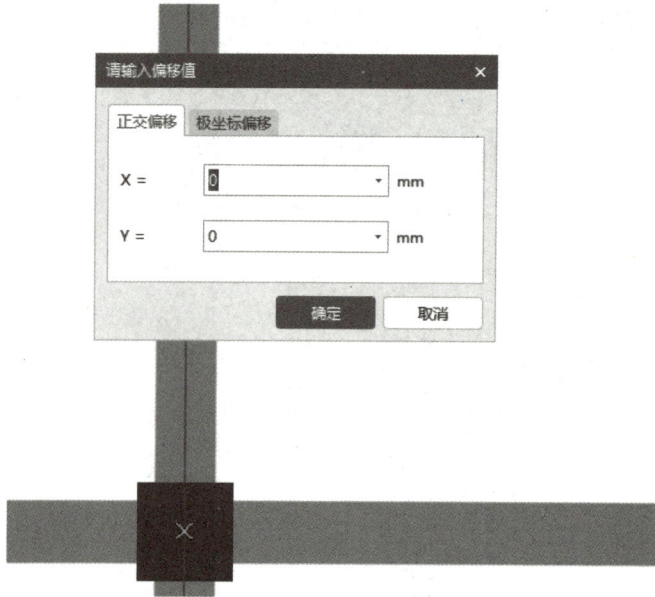

图 2-120　正交偏移

　　构件字母快捷键：导航栏中构件名称后面括号内的字母为对应构件的快捷键，绘图区域选择状态下，点键盘上的构件快捷字母，可以显示或隐藏构件。例如点 Z，隐藏柱子，在点一下即显示，再次点则隐藏；"Shift + 构件"的快捷字母，可以显示出构件属性，比如"Shift + Z"，会显示柱的属性，再次点则隐藏属性。

　　"～"：显示线性图元绘图方向，如梁、墙的方向，便于调整线性构件的起点和终点标高，如图 2-121 所示。

图 2-121　线性图元绘图方向

当然，现在软件的快捷键越来越丰富，还可以支持使用者去修改快捷键。单击菜单栏中的［工具］→［选项］→［快捷键定义］，在对话框中修改对应的快捷键。另外还可以单击右边的添加常用命令增设快捷键，对于已经修改好的快捷键可以用"导出"进行保存，下次需要用到可以"导入"进来。

Ctrl + F "查找图元"功能：对量和查找图元进一步修改更加方便和快捷。使用的情形主要有以下两点。

1) 在查看报表时，发现某个柱子的钢筋计算结果中钢筋信息有问题，例如：整个工程中都没有出现过箍筋信息为 "A6@300"（A 表示一级钢筋）的钢筋信息，需要快速查找该钢筋信息具体在哪个柱子上。

2) 在查看报表时，发现某个梁图元的钢筋量特别大，需要快速定位到该图元上。

［查找图元］界面介绍说明：

①查找构件类型：通过下拉列表进行选择，选择到底需要在哪类构件下进行查找，软件默认显示的是当前图层下的构件类型。

②按图元属性查找：即需要查找的信息在构件的属性中，通过该信息来定位到底是哪个构件图元。

③按图元 ID 查找：在软件中，每个构件图元本身都有一个唯一的 ID 编号，类似于身份证编码，根据报表中的图元 ID 信息，快速进行查找。

④选项：仅当"按图元属性查找"时才能使用，右侧会显示出选中的构件类型的所有属性，勾选属性后，查找的内容就会在被选中的属性中进行查找。

⑤按属性信息完整匹配：即所查找的内容是某个属性值的一部分还是全部内容，例如·不勾选时，查找内容为 "A8@100"，那么 "A8@100/200" 的信息也会被查找到；勾选时，软件会查找属性值为 "A8@100" 的所有构件图元。

⑥双击图元的名称，可以在绘图区域快速定位图元的位置。

以上介绍了软件的一些常用快捷键，熟练掌握能提高建模效率，当然在使用时要结合工程实际情况选择合适的功能快捷键进行操作。

2.4　计量软件出量分析和计量数据文件的整理

1. 汇总计算

汇总计算是项目构件绘制完成后，通过软件对工程量进行计算，所有构件的钢筋和土建工程量的查看和计算式的查看都必须建立在已经汇总计算的前提下，也就是说如果只绘制构件不进行汇总计算，软件是无法进行提取工程量的。具体汇总计算操作如下：

单击工程量界面中汇总工具栏中的汇总计算，如图 2-122 所示，在弹出的界面中选择汇总计算的范围，如全楼汇总，就在全楼前面勾选，如部分汇总就只勾选部分，然后界面下方选择计算钢筋量或者土建量，如土建和钢筋都计算，就全部打钩，如图 2-123 所示。计算范围选择完成后，单击确定，会出现自动校核构件，如出现错误或警告信息，双击错误构件查看修改，也可忽略警告信息继续计算，如图 2-124 所示。汇总计算时间根据工程规模大小而定，计算完成后会出现如图 2-125 所示界面。

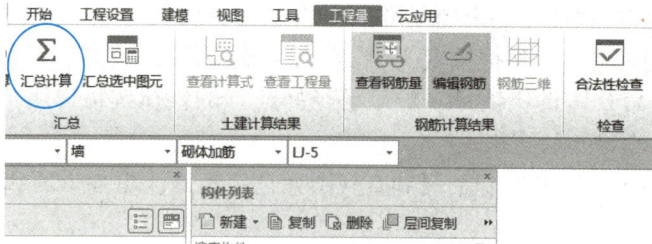

图 2-122　汇总计算

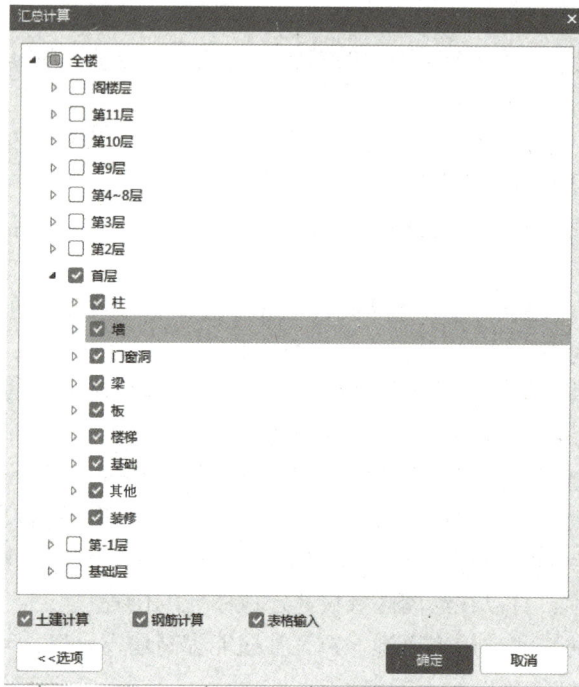

图 2-123　选择汇总计算的范围

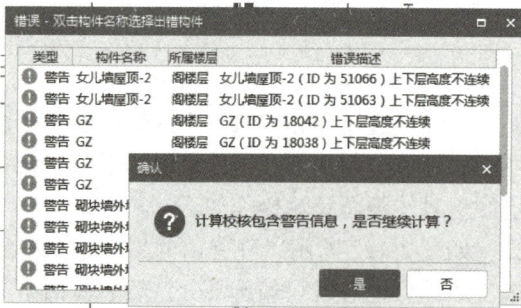

图 2-124　警告信息

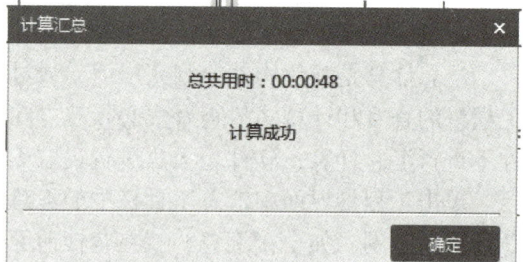

图 2-125　计算成功

2. 工程量报表导出

汇总计算后单击查看报表，如图 2-126 所示，进入报表查看界面，报表查看主要分为土建报表和钢筋报表，钢筋报表主要分为定额指标、明细表、汇总表三部分，如图 2-127 所示。土建报表分为做法汇总分析和构件汇总分析两部分，如图2-128所示。

图 2-126　查看报表

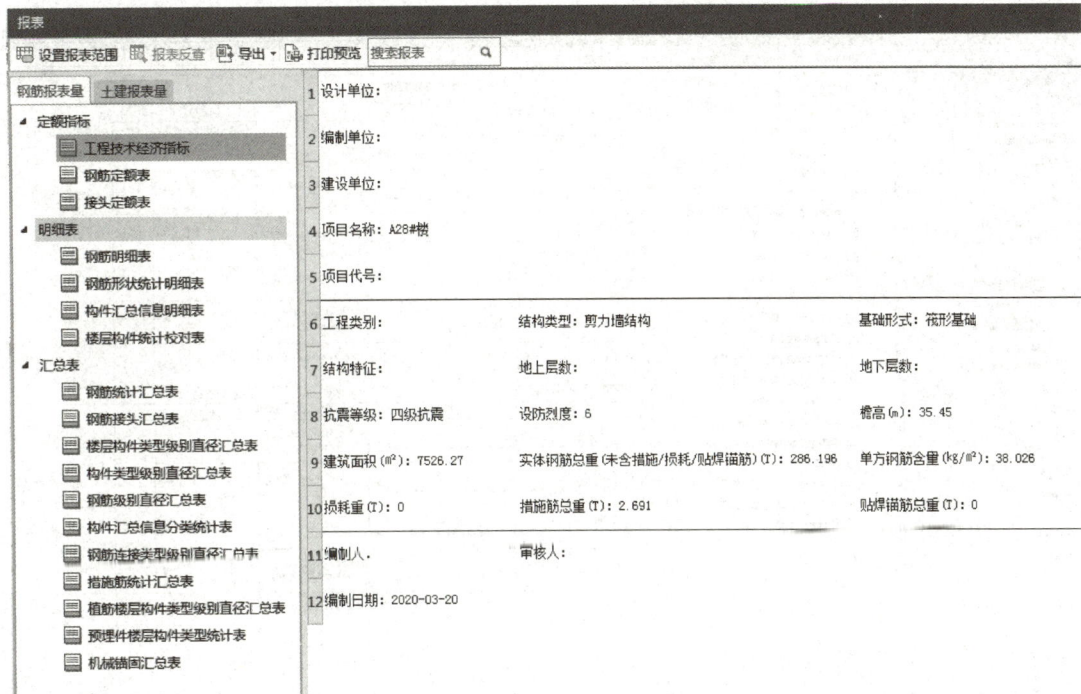

图 2-127　钢筋报表

图 2-128　土建报表

报表导出需要先在左边导航栏中单击该表，如导出钢筋明细表操作为：选择钢筋报表量，单击明细表中的钢筋明细表，然后单击导出，导出分为导出到 Excel 和导出到 Excel 文件两种，根据需要进行选择即可，如图 2-129 所示。选择后软件将自动导出，如选择的是导出到 Excel 将会自动打开钢筋明细表 Excel 文件，如选择导出到 Excel 文件，将出现位置浏览界面，选择导出的文件存放的文件夹，然后单击保存，保存成功将出现如图 2-130 所示界面。

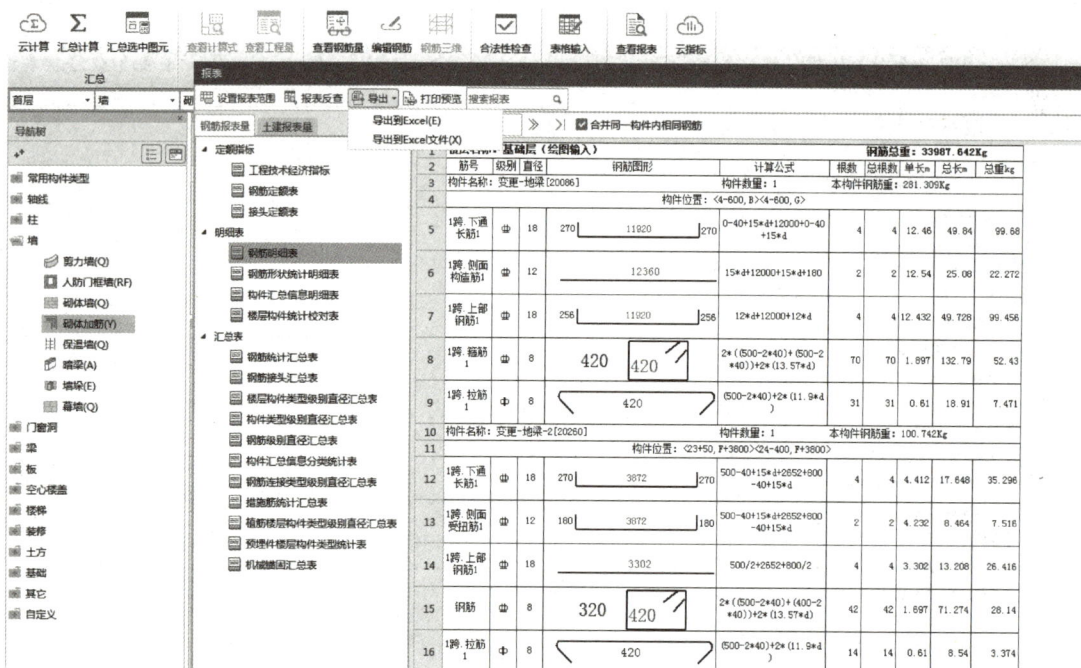

图 2-129　选择导出位置

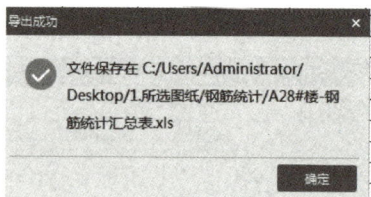

图 2-130　保存完成

3. 报表反查

报表反查就是可以查看报表中的项目是在图形的哪个位置，选择反查构件，然后单击报表反查，软件会移动到构件具体位置，并弹出该构件工程量。

报表反查作用是在用报表进行对量时，如发现某一处工程量对不上，可以执行报表反查功能查出此工程量来源，这样可以方便用户对量、查量及修改。

（1）土建工程量反查　如对基础层垫层 DC-1 进行报表反查，操作为：选择土建报表量，打开清单汇总表，选择基础层 DC-1，单击报表反查，如图 2-131 所示，软件就会自动进入如图 2-132 所示界面，显示 DC-1 的位置和工程量计算式。

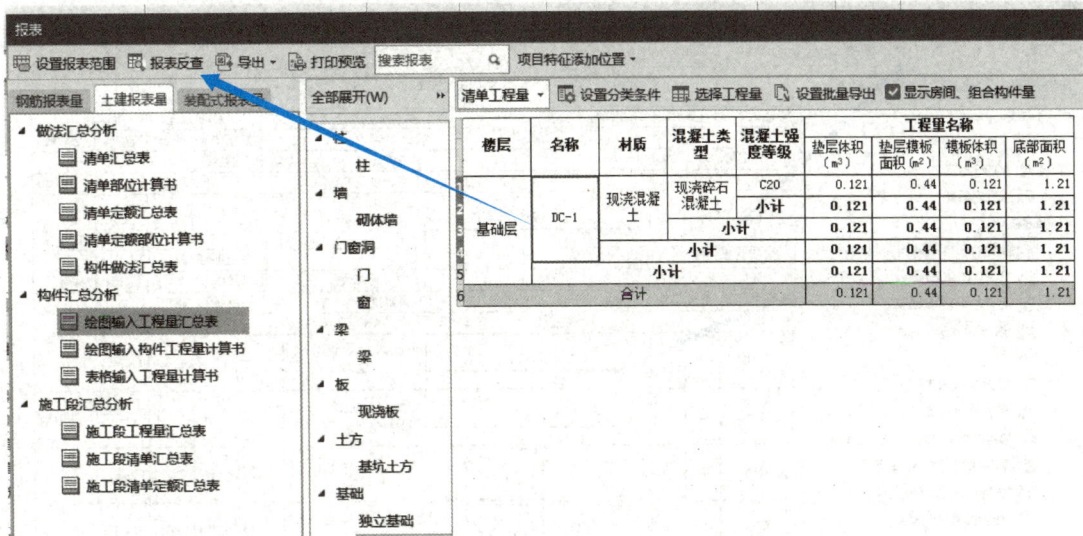

图 2-131   基础层 DC-1 报表反查

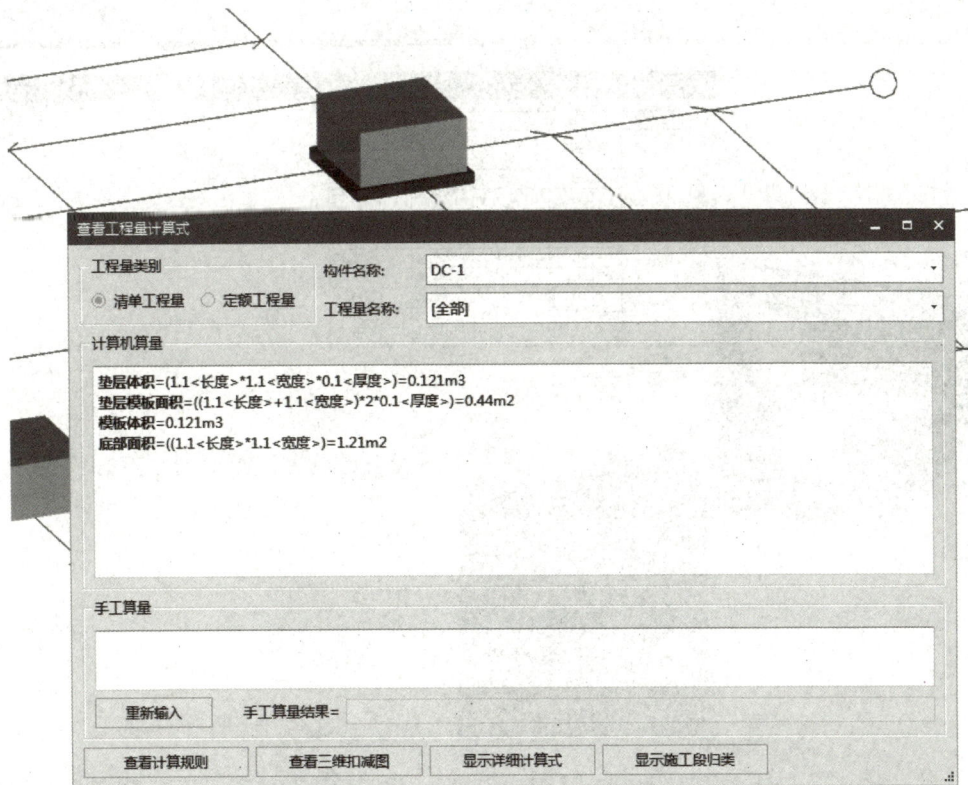

图 2-132   DC-1 的位置和工程量计算式

（2）钢筋工程量反查   如对地梁中某根钢筋进行工程量反查，操作为：选择钢筋报表量，在明细表中打开钢筋明细表，选择地梁中的钢筋，单击报表反查，如图 2-133 所示。之后软件将会自动显示钢筋所在梁的位置和钢筋计算式，如图 2-134 所示。

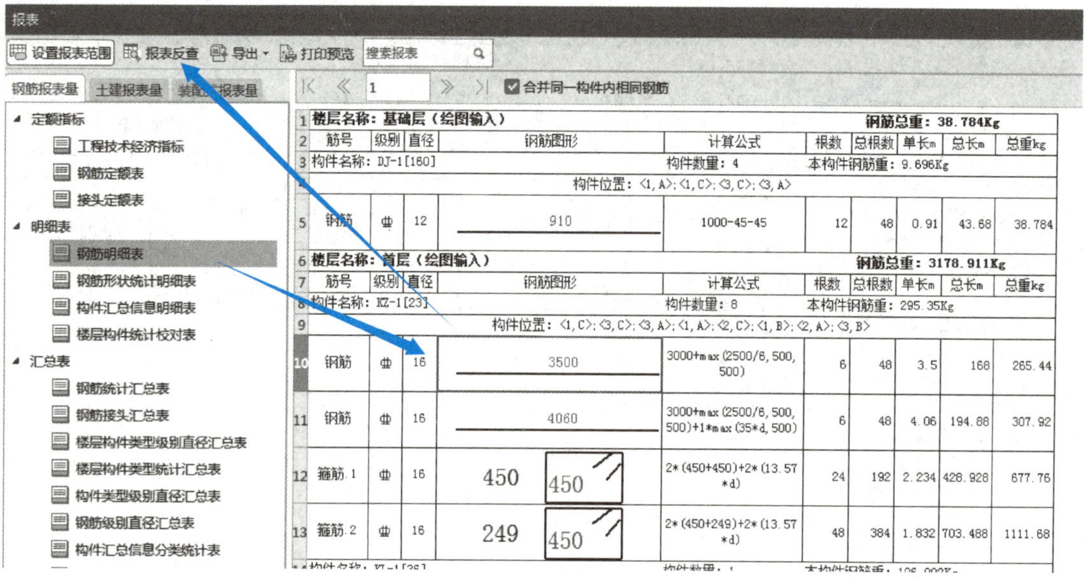

图 2-133　地梁钢筋报表反查

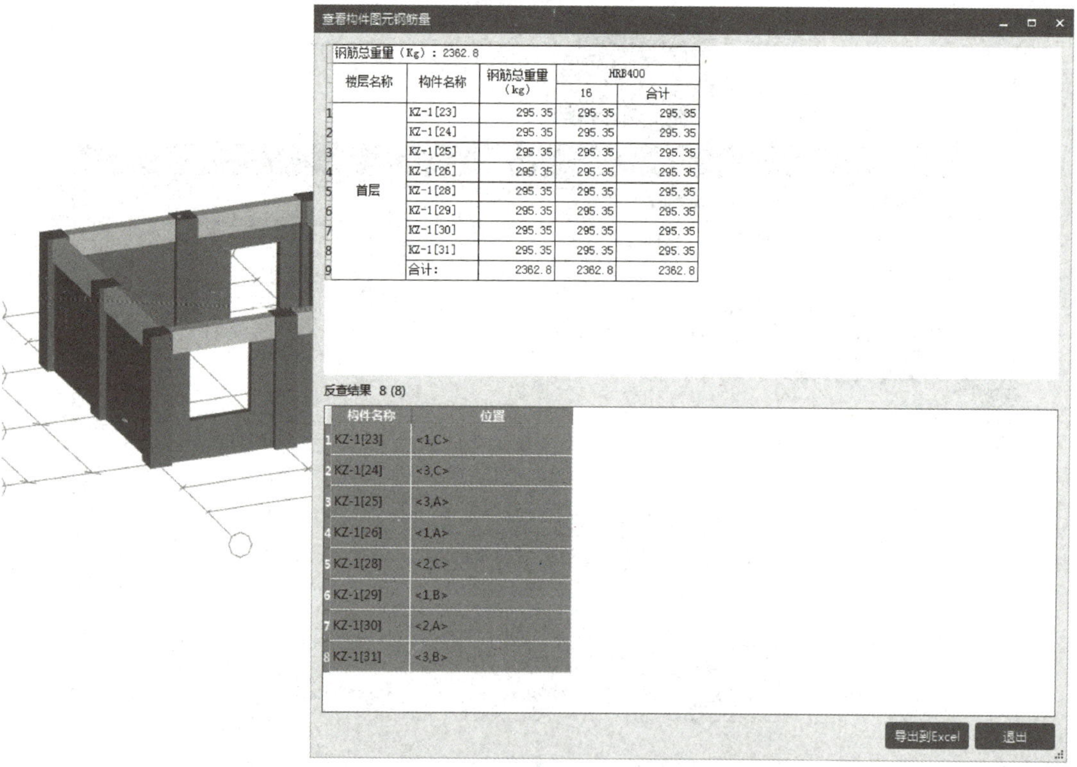

图 2-134　梁的位置和钢筋计算式

素质拓展案例

建筑工程造价软件的应用现状

1. 有效提高计算速度

在工程造价中，数据的收集、计算与分析是十分重要的，在传统的工程造价中，一般采用手工计算的方法，需要使用非常复杂的公式，计算量非常大，一旦在计算的某个环节出现错误，将会影响整个计算结果，造价人员必须按照公式重新计算，使得造价控制的全过程非常烦琐、复杂。而工程造价软件的应用，能够在软件中内置计算公式，造价人员只需要将数据输入进去，就可以得到相应的结果，使得计算速度大大提升。

2. 计算精确度更高

我国建筑工程造价管理经过很长时间的发展，当前在计算精确度和准确度上都有了一定程度的提升，并且造价人员的工作能力更加提升、操作流程也更加规范，如果优秀的造价人员与高新造价软件相结合，将使计算精确度进一步提高。尤其是在钢筋计算软件中，造价人员只要按照图纸的标注输入钢筋信息，并合理布置节点构造模式，软件就能完成高精度的计算。

3. 实现造价信息化管理

传统的工程造价有很多数据都是纸质的文档，不利于保存，而信息技术的使用将造价信息实现电子化，能够更加便捷地储存、修改和编辑。当前，也有很多造价软件能够进行网上询价，从而使计价更加快速、便于管理。

本章小结

通过学习本章的内容，使同学们了解计量软件的基本原理，掌握计量软件操作流程，了解计量软件应用技巧，掌握计量软件出量分析和计量数据文件的整理，对广联达 BIM 土建计量平台应用有一定的认识，为以后继续学习工程造价软件应用相关知识打下基础。

实训练习

简答题

1. 新建工程操作中的工程信息填写界面必填项有哪些？
2. 简述复制首层构件到其他楼层的操作步骤。
3. 列举五个计量软件的快捷操作。

实训工作单

班级		姓名		日期	
教学项目		广联达 BIM 土建计量平台应用			
学习项目	广联达 BIM 土建计量平台应用	学习要求		1. 了解计量软件的基本原理 2. 掌握计量软件操作流程 3. 了解计量软件应用技巧 4. 掌握计量软件出量分析和计量数据文件的整理	
相关知识		广联达土建计量软件操作			
其他内容					
学习记录					
评语				指导老师	

第3章

广联达计价软件应用

【学习目标】

掌握广联达计价软件的操作方法

【素质目标】

把握当下，展望未来，技术的发展带动了行业的发展，只有不断探索和不断挖掘，才能实现更好的发展前景。

【教学目标】

本章要点	掌握层次	相关知识点
计价软件的介绍	了解计价软件	导航区，文件管理区，微社区
编辑计价项目结构界面	熟悉计价项目结构界面	新建项目，项目结构，项目树的调整
操作分部分项工程量清单及组价界面	掌握分部分项工程量清单及组价的操作	工程量导入，清单定额子目、项目特征、补充清单、定额的输入及存档
操作措施项目、其他项目清单及组价界面	掌握措施项目、其他项目清单及组价的操作	插入、删除、载入模板，取费基数和费率查询
编辑人材机汇总界面	掌握人材机汇总的操作	批量载价，载入 Excel 市场价文件
费用汇总界面、报表的编辑与打印	掌握费用汇总、报表的编辑与打印	费用查看，导出文件
计价软件整体操作功能的应用	熟悉计价软件整体操作功能	生成电子招标书

【项目案例导入】

某一项建筑工程需要根据其工程量来计算其工程的总费用，试运用 GCCP6.0 相应操作完成其价格的套定。

3.1 计价软件的介绍

广联达 GCCP6.0

云计价平台是一个利用云 + 大数据 + 人工智能技术，集成多种应用功能的平台，可进行文件管理，并能支持用户与用户之间，用户与产品研发之间进行沟通。它包含个人空间和企业空间，并对业务进行整合，支持概算、预算、结算、审核业务，建立统一入口，各阶段的数据自由流转。

云计价平台主界面主要划分成三个区域：导航区、文件管理区和微社区。

新建
新建概算
新建预算
新建结算
新建审核
打开
用户中心
最近文件
本地文件
云空间
造价小助手
市场化计价平台
概算小助手
造价云管理平台
找回历史工程

图 3-1　导航区

1. 导航区

导航区包括三部分：新建区、打开区和造价小助手区三部分，如图 3-1 所示。

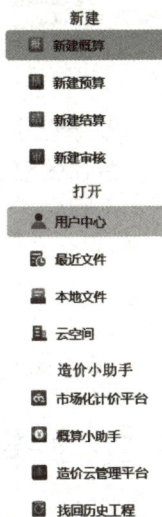

（1）新建区　可以新建概算、新建预算、新建结算和新建审核。

（2）打开区

1）用户中心：账号管理以及账号相关信息。

2）最近文件：显示最近编辑过的工程文件。

3）本地文件：可以查找放在其他路径下的工程文件。

4）云空间：显示个人存储在云空间的工程文件。

（3）造价小助手区

1）市场化计价平台：相关造价计价市场的各种信息。

2）概算小助手：可以快速查阅各地概算依据以及相关政策文件。

3）造价云管理平台：个人数据管理平台，造价数据管理应用专家。

4）找回历史工程：历史文件的删除找回。

2. 文件管理区

主要包括以下功能：通过输入关键字搜索文件，如图 3-2 所示。

图 3-2　文件的搜索

选定文件预览、打开文件位置、从当前列表删除，如图 3-3 所示。

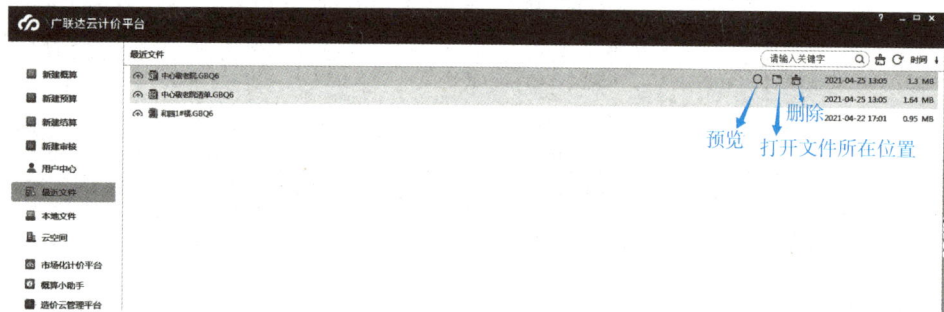

图 3-3　文件预览位置

3. 微社区

微社区包含个人信息、学习中心、资讯中心和问题及反馈，如图 3-4 所示。

1）个人信息：体现自己的账号和经验值、云空间容量。

2）学习中心：在线学习、直播课堂等。

3）资讯中心：当地或全国相关资讯。

4）问题及反馈：可去服务新干线中提问寻找答案。

3.2　编辑计价项目结构界面

1. 新建项目

新建招标、投标工程的步骤

工厂、小区、开发区等项目进行招标投标时，需要新建项目并根据项目组成划分单项、单位工程。

图 3-4　微社区

软件操作:

1) 新建项目, 注意区分地区和清单计价、定额计价; 确定好需要制作的文件类型, 如图 3-5 所示。

2) 根据角色选择新建招标项目, 然后输入【项目名称】、【项目编码】; 【地区标准】中选择项目所使用的接口标准;【定额标准】中选择项目所使用的定额序列, 单击【立即新建】, 如图 3-6 所示。

新建项目

图 3-5　新建预算

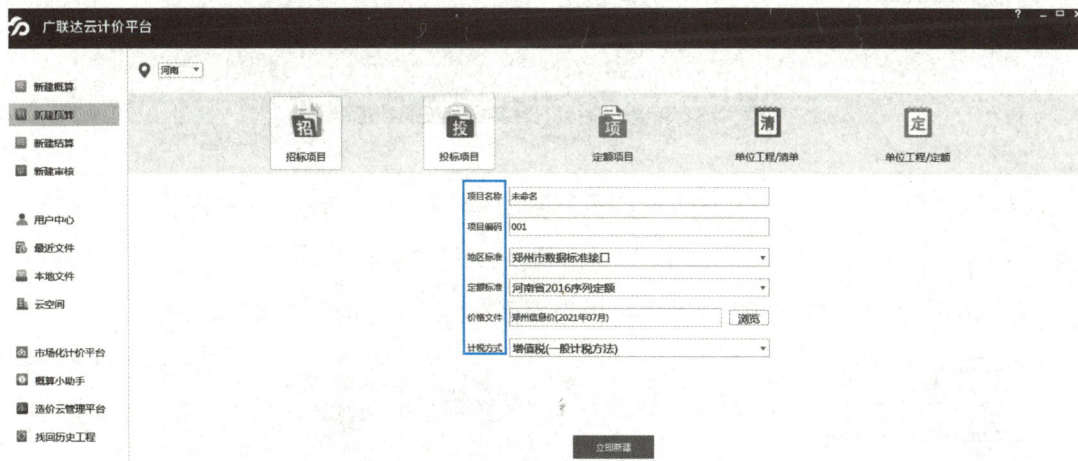

图 3-6　立即新建

3) 新建单位工程, 单位工程中右键选择新建单位工程, 如图 3-7a 所示, 选择对应专业完成新建, 如图 3-7b 所示。

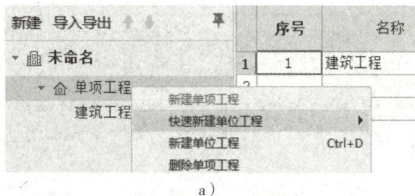

a)

图 3-7　建筑工程的新建

a) 新建工程选项

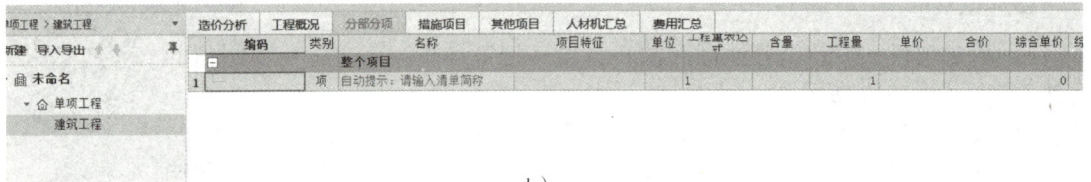

b）

图 3-7　建筑工程的新建（续）

b）建筑工程新建界面

2．项目结构

一般一个工程建设项目，可分为若干个单项工程，一个单项工程又可以分为若干个单位工程，一个单位工程又可分为若干个分部工程，这样便于分类计价。

1）一级导航栏选择【编制】，软件默认显示【项目结构树】，单击如图 3-8 所示的【解除锁定项目结构】即可将其隐藏，扩大操作区。

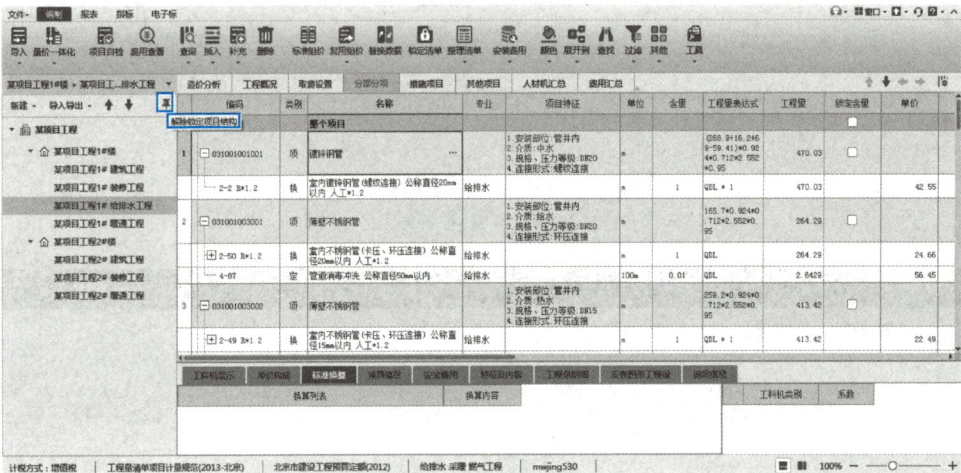

图 3-8　解除锁定项目结构

单击如图 3-9 所示的方框内（蓝色）的选项可以弹出相应的整个项目名称。

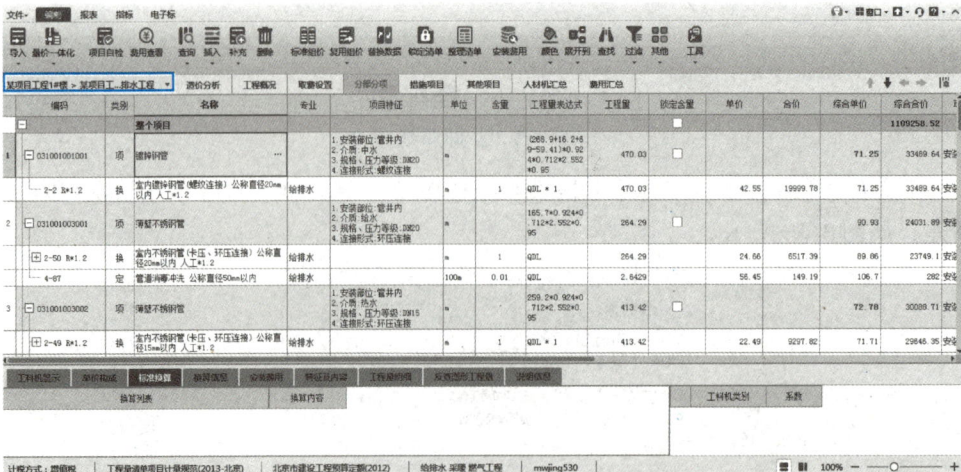

图 3-9　整个项目名称的弹出

2）当前状态下，可以直接单击如图 3-10 所示的方框（蓝色）中的内容，弹出下拉窗口，选择其他单位工程直接切换。

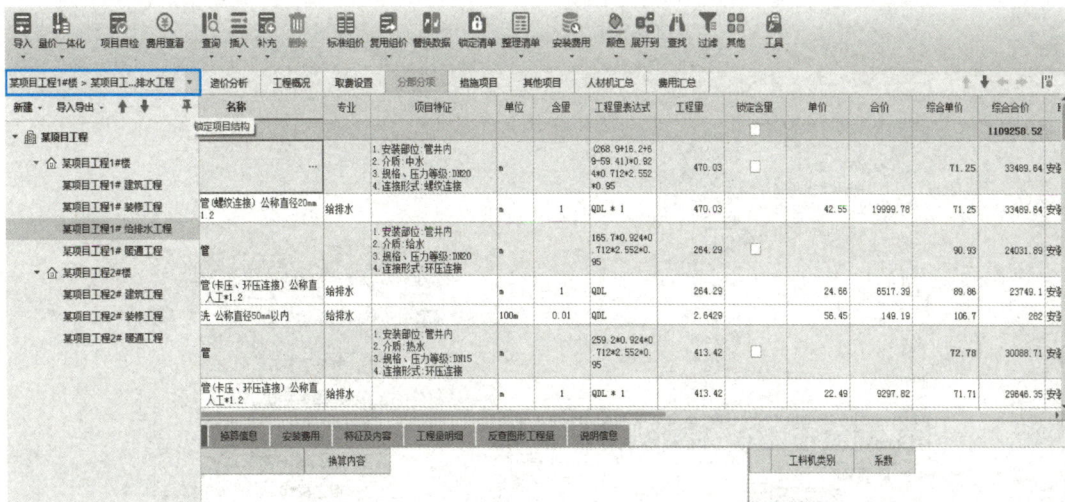

图 3-10　单位工程的切换

项目编码的查看如图 3-11 所示。

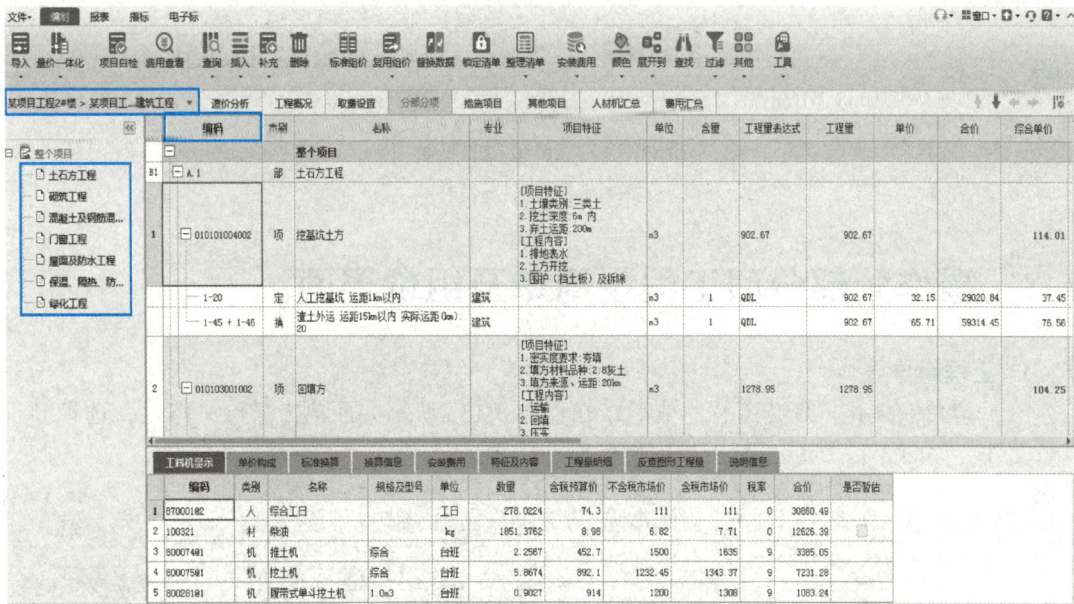

图 3-11　项目编码的查看

3. 项目树的调整

在编制招标投标文件时，特别是多人分工进行编制，再将每个人编制的单位工程进行汇总，需要对单位工程进行上下移动，调整为项目结构要求顺序。

复制单位工程：在【项目结构树】，选中需要复制的单位工程名称，单击右键选择"复制到"，如图 3-12a 所示，在弹出的对话框中选择需要复制到的单项工程中，单击【确定】，该单位工程即复制到目标单项工程中，如图 3-12b 所示，且该单位工程仍保留在原位置。

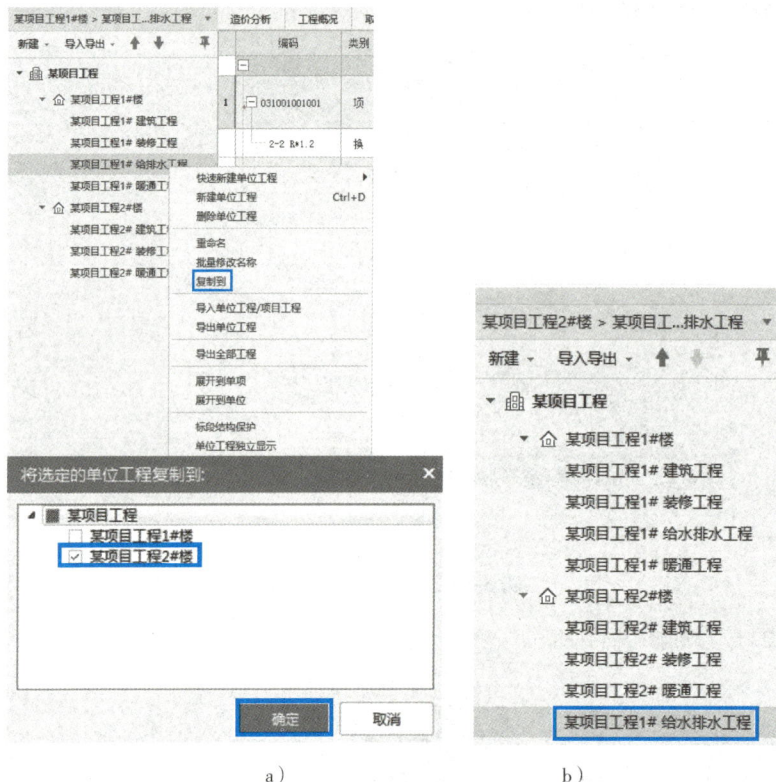

a)   b)

图 3-12   单位工程的复制
a）复制过程   b）复制结果

3.3   操作分部分项工程量清单及组价界面

1. 工程量导入

（1）量价一体化   新建工程完成后，在如图 3-13a 所示界面单击量价一体化，选择导入算量文件，如图 3-13 所示，然后找到文件所在位置。

a)

图 3-13   量价一体化
a）步骤 1

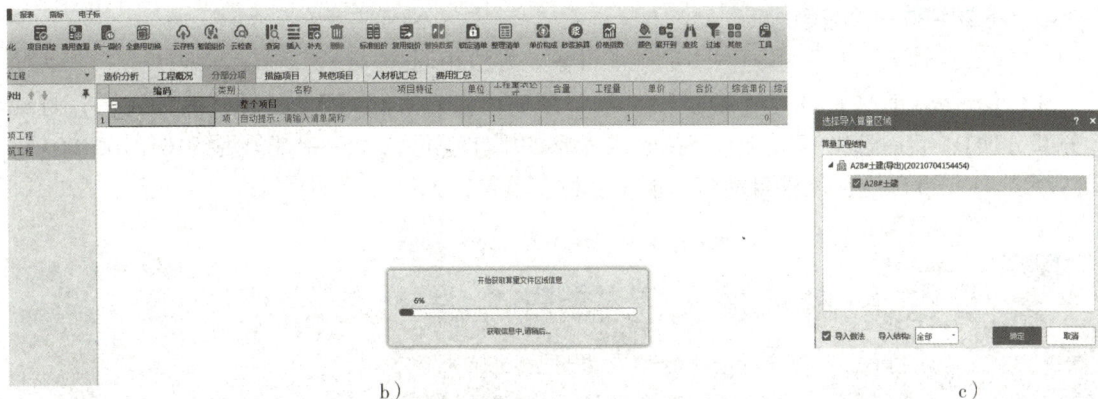

图 3-13　量价一体化（续）
b）步骤 2　c）步骤 3

（2）手动算量　【一级导航栏】选择【编制】，【项目结构树】选工程，【二级导航栏】选择【分部分项】，选中一清单项，然后单击属性的【工程量明细】；然后在根据手算的计算式填入到软件中的方框（蓝色）计算式中，如图 3-14 所示。

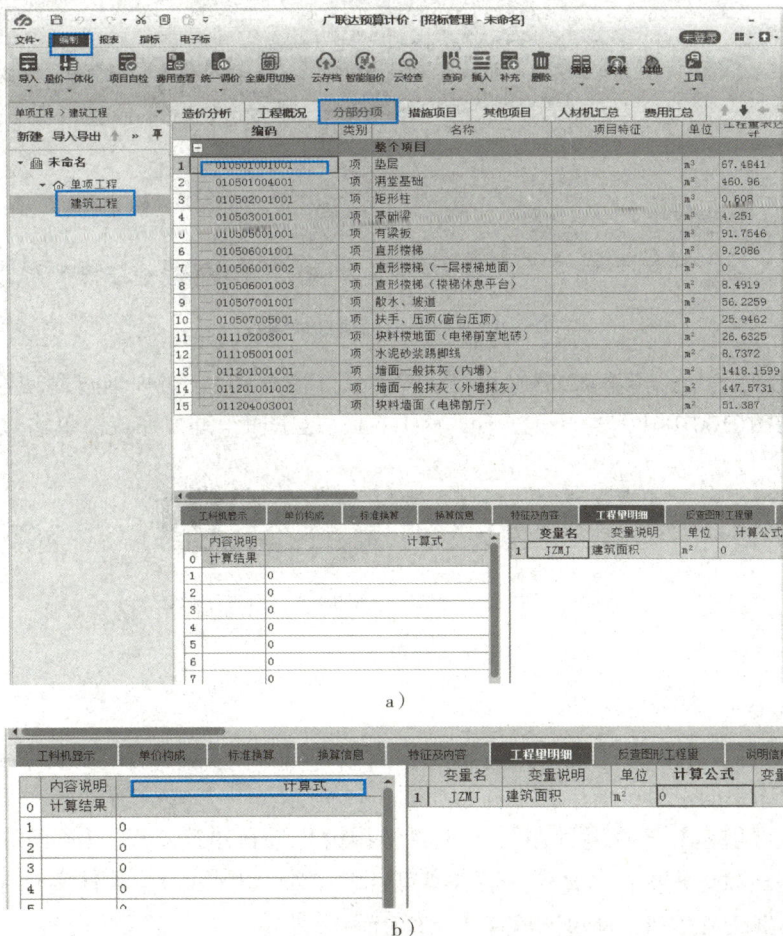

a）

b）

图 3-14　手动算量
a）步骤 1　b）步骤 2

2. 清单定额子目的输入

（1）直接输入（以清单为例，定额子目输入方法相同）

1）【一级导航栏】选择【编制】，【项目结构树】选择建筑工程，【二级导航栏】选择【分部分项】，然后选中编码列，直接输入完整的清单编码（如：平整场地010101001001），然后敲击回车键确定，软件自动带出清单名称、单位，如图3-15所示。

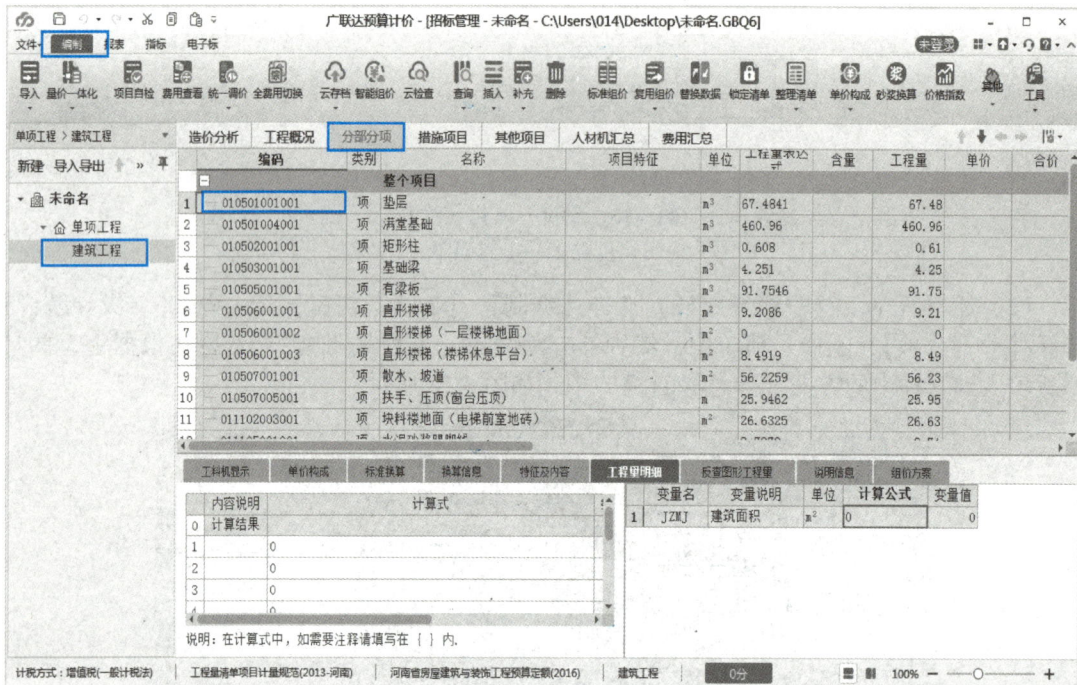

图3-15　清单编码的直接输入

2）使用技巧：根据清单12编码各表示的含义（图3-16），可以通过简便输入来快速完成编制，如010101001001平整场地，输入1-1-1-1，敲击回车键，完成清单输入。

图3-16　清单编码的含义

（2）关联输入

1）在【文件】中找到【选项】，【选项】设置中【输入选项】下勾选【输入名称时可查询当前定额库中的子目或清单】选项，如图3-17所示。

2）【一级导航栏】选择【编制】，【项目结构树】选择建筑工程，【二级导航栏】选择【分部分项】，然后选择项目名称列，输入清单名称（如：矩形柱），软件实时检索出相应的清单项，鼠标点选清单项，即可完成输入，如图3-18所示。

图 3-17　输入选项的设置

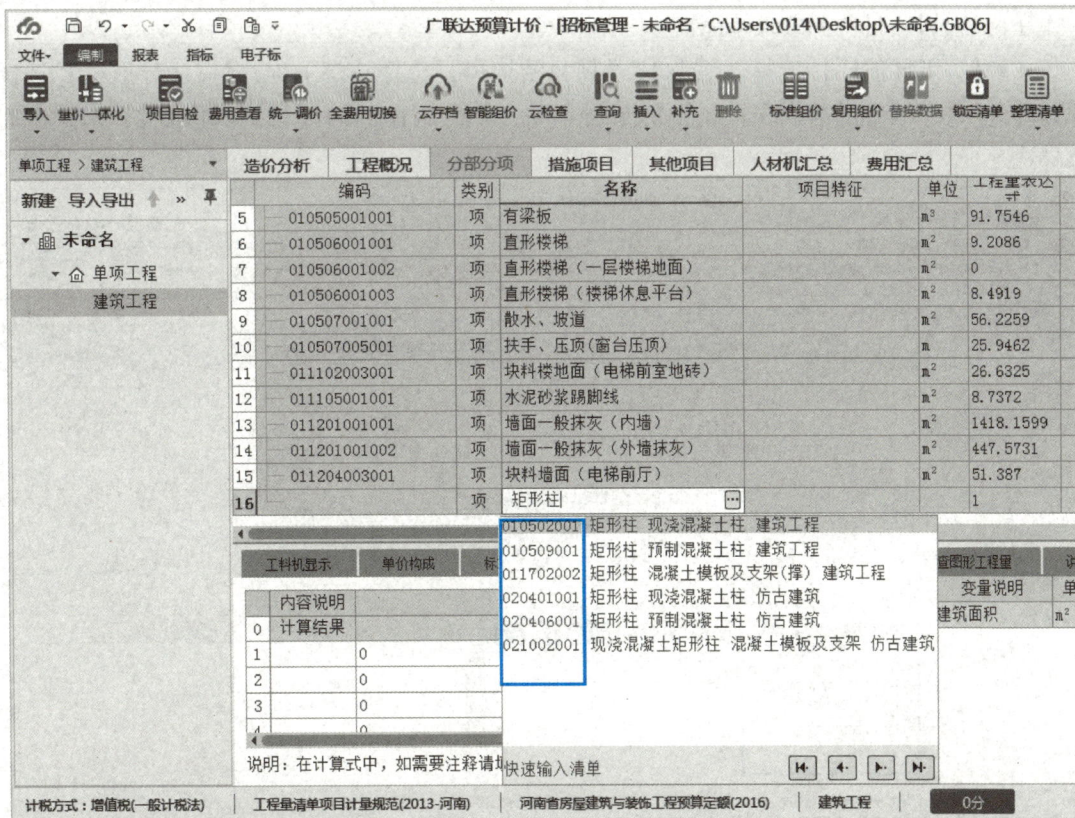

图 3-18　清单名称的输入

在清单编制时，如果不知道清单项的完整名称，只知道关键字，也可以直接输入关键字，软件也会自动检索，如图 3-18 所示，从中挑选自己需要的、符合要求的清单名称，自动弹出方框（蓝色）中的项目编码。

（3）查询输入

在【功能区】的【查询】中选择【查询清单】，在【查询】窗

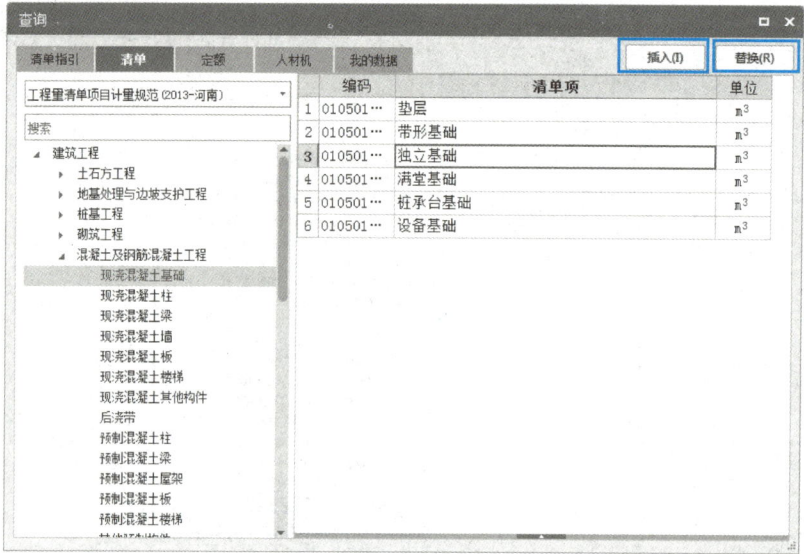

图 3-19　查询输入

口，按照章节查询清单，找到目标清单选项后选中，然后单击【插入】或【替换】，完成输入，如图 3-19 所示。

3. 项目特征的输入及存档应用

（1）根据项目特征录入特征值

1）【一级导航栏】选择【编制】，【项目结构树】选择建筑工程，【二级导航栏】选择【分部分项】，选中【数据编辑区】的某清单项，单击属性区的【特征及内容】，如图 3-20 所示。

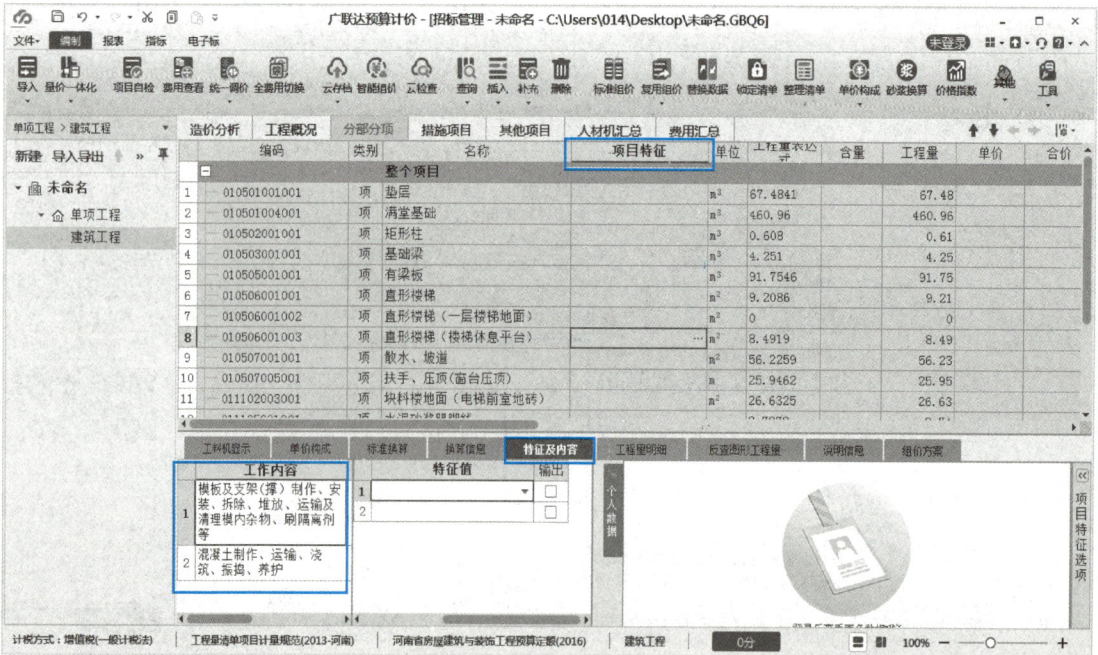

图 3-20　特征及内容

2）在属性【特征及内容】中，根据工程实际选择或输入项目特征值。选择完成后，软件会自动同步到清单项的项目特征框，如图 3-21 所示。

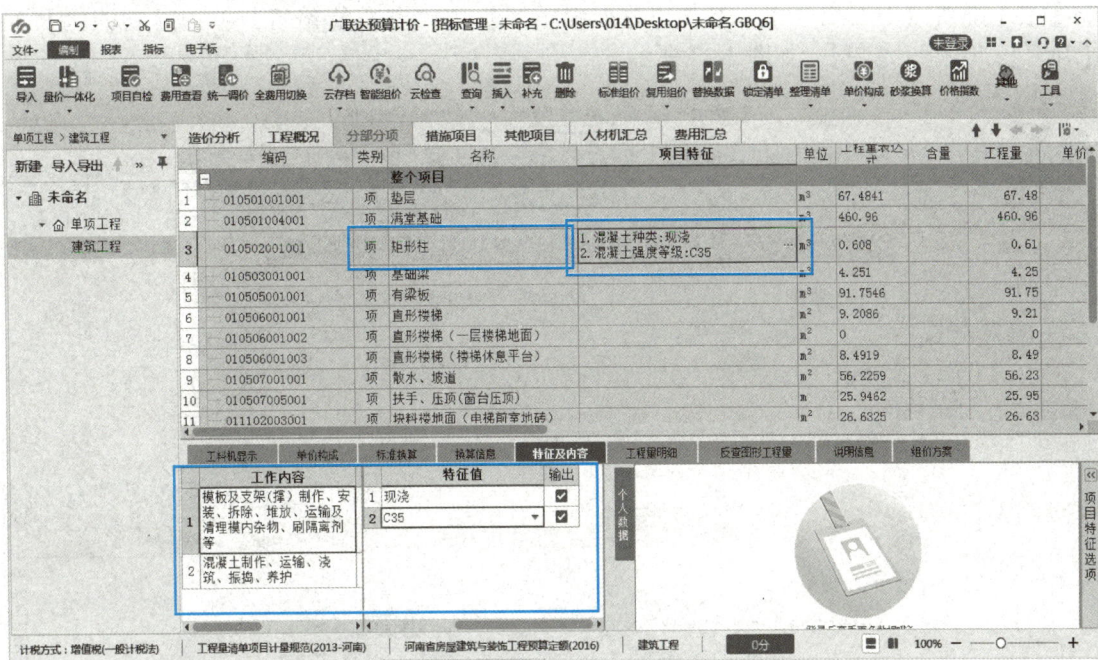

图 3-21　项目特征的添加

3）在属性【特征及内容】中或编制窗口项目特征列中，均可直接修改清单项目特征内容。

（2）项目特征存档　【一级导航栏】选择【编制】，【项目结构树】选择建筑工程，【二级导航栏】选择【分部分项】，选中【数据编辑区】的某清单项的项目特征，单击鼠标右键选择【云存档】，选择【组价方案】，即完成该项目特征的存档，如图 3-22 所示。

图 3-22　项目特征的存档

4. 补充清单、定额输入及存档应用

（1）补充清单　【一级导航栏】选择【编制】，【项目结构树】选择建筑工程，【二级导航栏】选择【分部分项】，选中【数据编辑区】中一空白清单行，单击【功能区】的【补充】，选择【清单】，如图 3-23 所示。

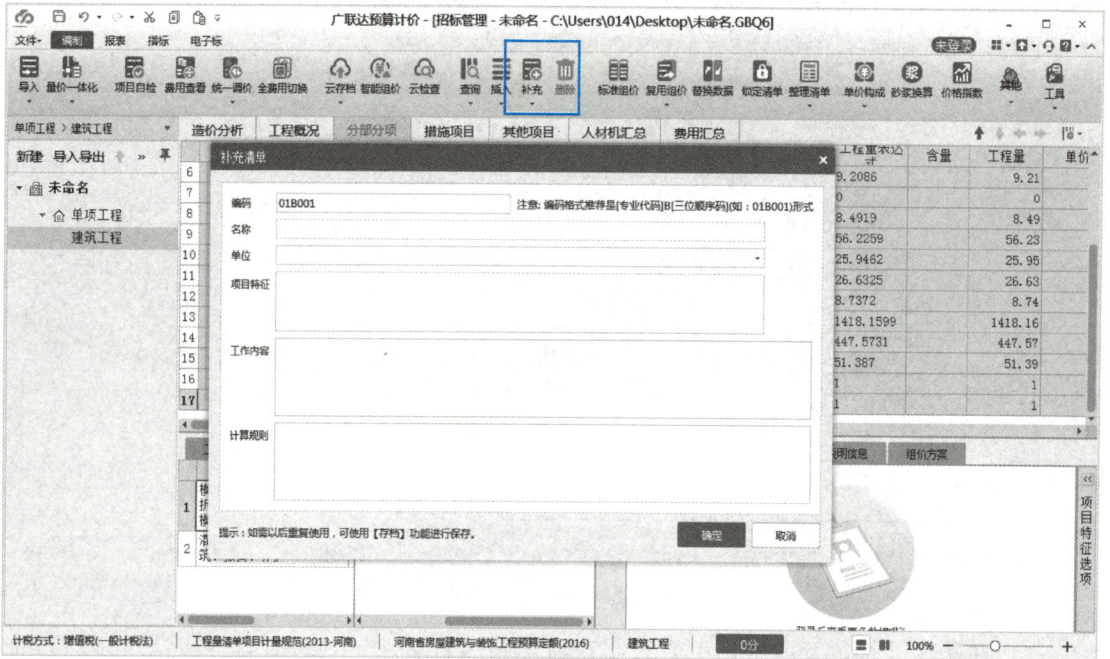

图 3-23　补充清单

在如图 3-23 所示的窗口，根据实际情况填写补充清单项目编码（默认按 13 清单规则）、名称、单位、项目特征、工作内容及计算规则。

（2）补充定额　和补充清单步骤一样，在最后【补充】界面选择子目，在补充子目窗口，根据实际情况填写编码、专业章节、名称、单位及人材机单价，如图 3-24 所示。

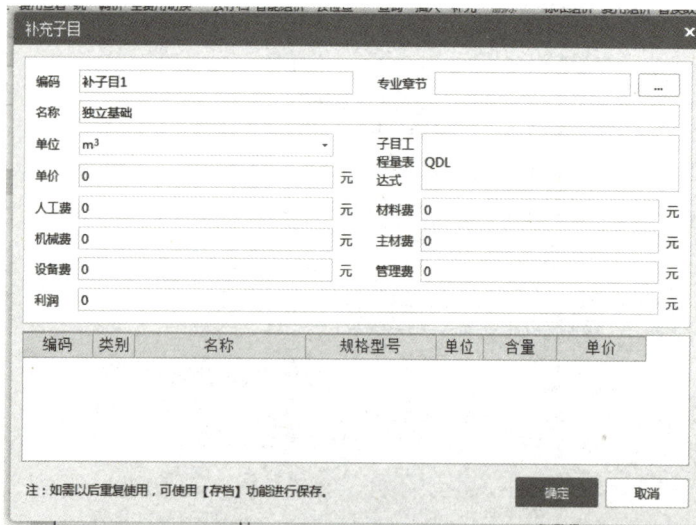

图 3-24　补充定额

（3）补充人材机　和补充清单步骤一样，在最后【补充】界面选择人材机，在【补充人材机】窗口，根据工程情况，输入补充人材机的编码、类别、名称、规格、单位、单价、含量，然后单击插入，即完成补充，如图 3-25 所示。

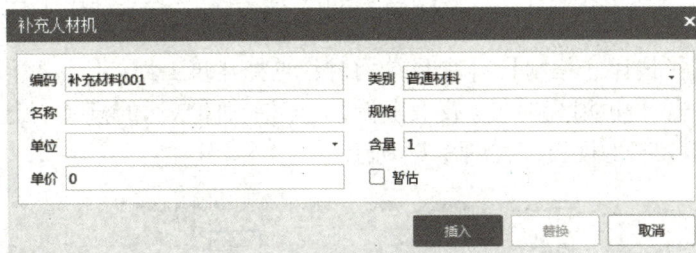

图 3-25　补充人材机

3.4　操作措施项目、其他项目清单及组价界面

为完成工程项目施工，需要完成发生于该工程施工前和施工过程中技术、生活、安全等方面的非工程实体项目。一般分为施工技术措施费、施工组织措施费和综合措施费（或者称工程安全防护、文明施工费）。

施工技术措施费包括脚手架搭拆费、模板工程费、垂直运输费、超高费等；施工组织措施费包括成品保护费、生产工具用具使用费、检验试验费、室内空气污染测试费、冬雨期施工增加费、夜间施工增加费、场地清理费、二次搬运费、临时停水停电费等，也可以将这两类费用统称施工措施费。

综合措施费包括文明施工费、安全施工费、环境保护费、临时设施费。此类费用一般按照各省的计费文件要求参照费率形式计取。

软件为提高工作效率已经内置了常用的措施项。措施项目清单的套用：一种是以"项"计价（无定额可套）的措施项目，在这个界面下只需要根据工程实际情况进行增加和删除即可完成；另一种是以综合单价形式计价的措施项目，其输入方法同分部分项界面。"安全文明施工费"在此窗口界面中自动形成。

1. 插入

在所选择行的上方插入一行。单击鼠标右键。插入标题：先选中一行（标题行、措施项等），然后选择【插入】，选择【标题】即完成。插入子项：需选中标题行才能插入子项，选择【插入】，选择【子项】即完成。插入措施项：选中一行，然后选择【插入】，选择【措施项】即完成，如图 3-26 所示。

项目措施费的内容

建筑超高增加费计算规则（定额）

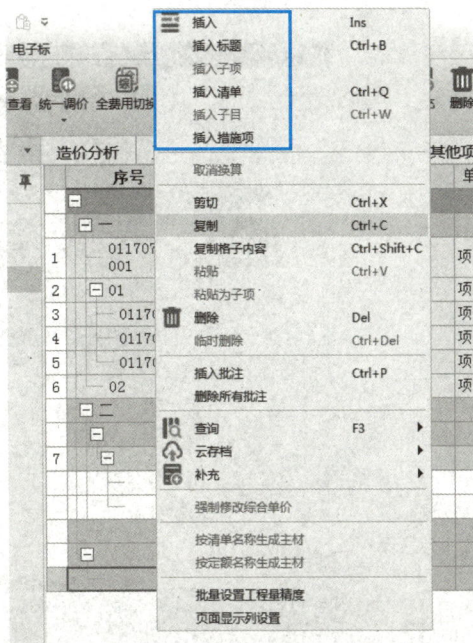

图 3-26　措施项目的添加

2. 删除措施项

光标移至编辑行，单击删除按钮或者单击鼠标右键，选择【删除】，即可删除此标题行及标题行下的子项和措施项。

3. 载入模板

【一级导航栏】选择【编制】，【项目结构树】选择建筑工程，【二级导航栏】选择【措施项目】，然后单击【功能区】的【载入模板】，如果软件默认的模板不是你所需要的，可以从软件后台去载入新的模板，如图 3-27 所示。

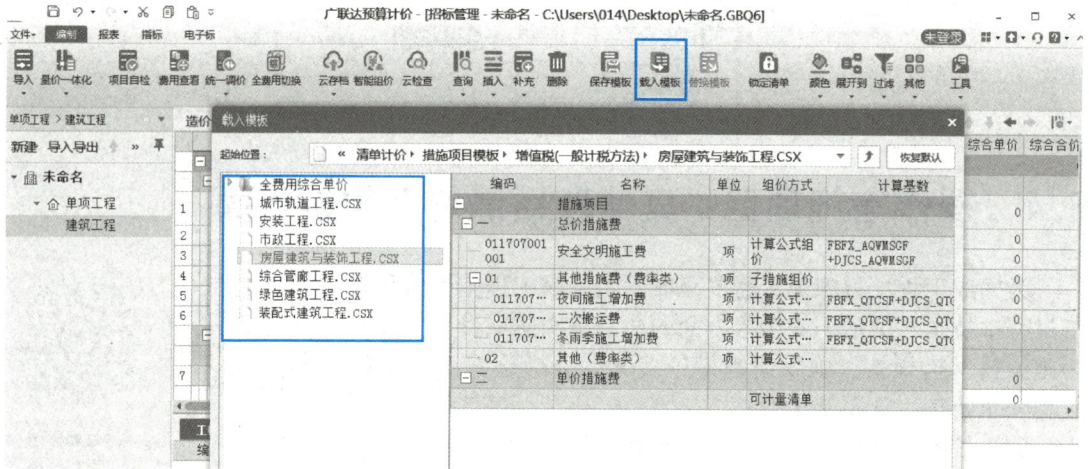

图 3-27　载入模板

当一个单位工程中包含多个专业时，需要多个措施项目，可通过【追加载入】模板来实现，如图 3-28 所示。

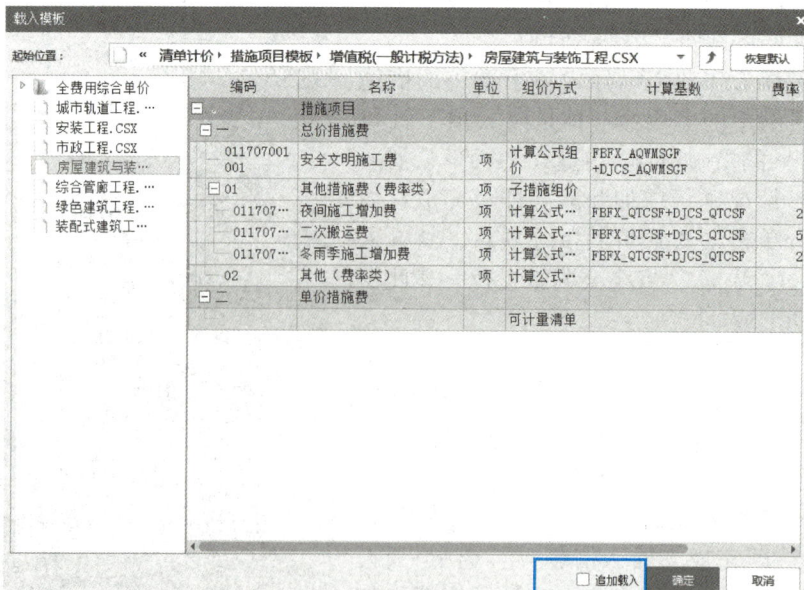

图 3-28　追加载入

措施的组价方式分为计算公式组价、定额组价、实物量组价、清单组价、子措施组价。

1）计算公式组价：措施项目费用是由计费基础×费率来计算的。例如：夜间施工增加费（缩短工期措施费）的计价方式是人工费（由计算基数选择而来）×费率（2%，自行输入）计算出来的。

2）定额组价：措施项目费用是由套入的定额来计算的。例如：矩形柱模板是套定额和输入对应的工程量计算得出的。

3）实物量组价：措施项目费是由具体的实物单价与数量计算出来的。例如：施工降水费是由具体的人工、机械、材料组成。

4）清单组价：措施项目费是由措施清单综合单价与工程量计算出来的。例如：将综合脚手架作为一条措施清单，我们需要描述清单五要素后，套定额，得出其综合单价，并由综合单价乘以工程量得到措施清单合价，即为措施清单的费用。

清单整理

5）子措施组价：措施项目费是由子措施的费用汇总而来，子措施的费用由以上四种方式组价而来。

4. 取费基数和费率查询

（1）取费基数　【一级导航栏】选择【编制】，【项目结构树】选择建筑工程，【二级导航栏】选择【措施项目】，然后选择需要修改的清单项，单击【计算基数】，在【费用代码】窗口中双击选择需要的费用代码，然后添加到计算基数中，如图3-29所示。

图3-29　计算基数

（2）费率查询　【一级导航栏】选择【编制】，【项目结构树】选择单位工程，【二级导航栏】选择【措施项目】，选中需要修改的清单项，单击【费率】，软件会自动弹出汇率查询框，然后可根据需要查询相应的费率值。

3.5　编辑人材机汇总界面

人材机适用场景

1. 批量载价

1）【一级导航栏】选择【编制】，【项目结构树】选择建筑工程，【二级导航栏】选择【人材机汇总】，单击【载价】，选择【批量载价】，如图3-30所示。载价前需对工程进行定额的套用。

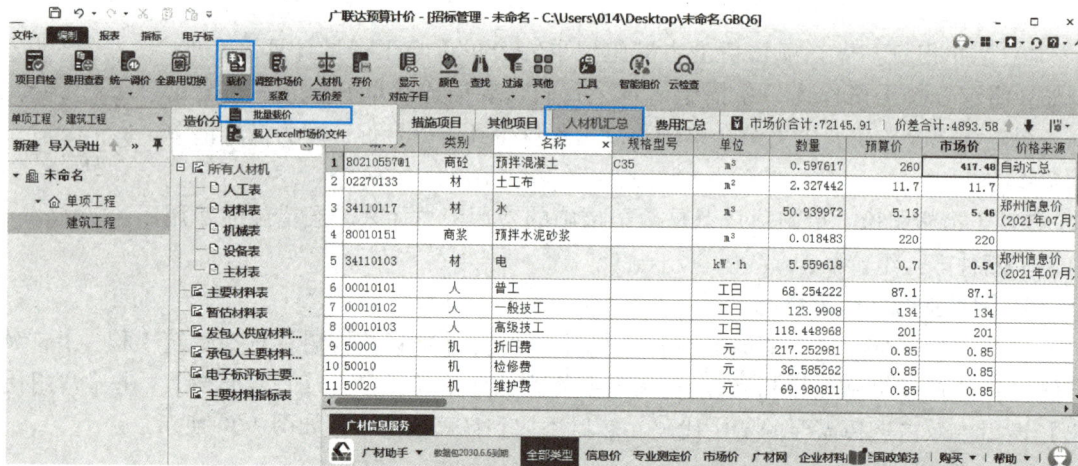

图3-30　批量载价

2）在弹出的窗口中，根据工程实际选择需要载入的某一期信息价，如图3-31所示。

图3-31　信息价导入

3）在【载价结果预览】窗口，可以看到待载价格和信息价，根据实际情况也可以手动更改待载价，如图3-32所示。

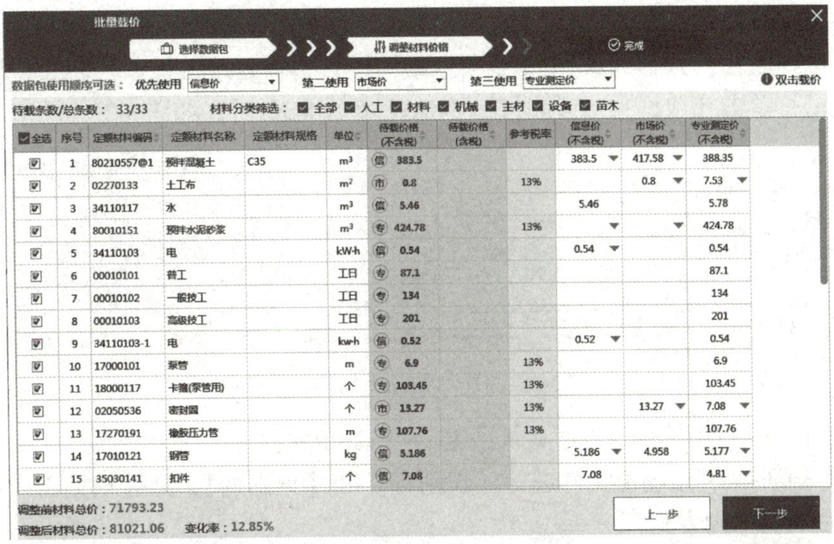

a)

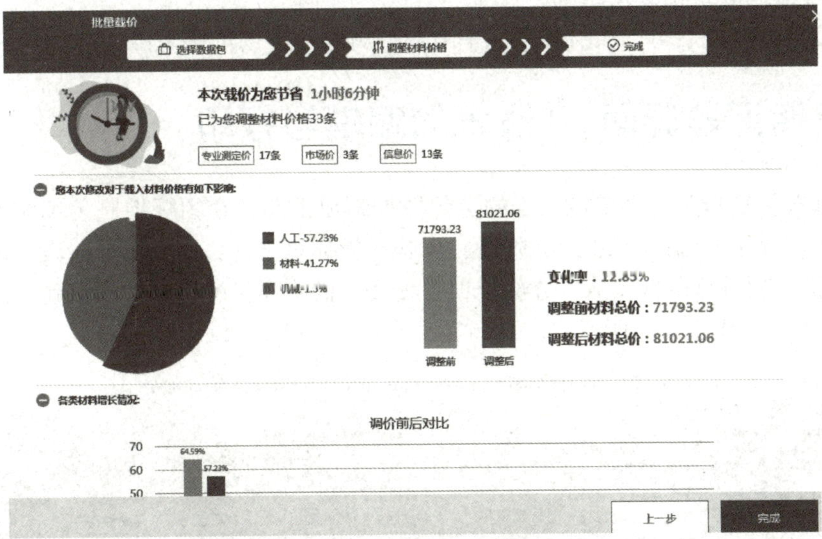

b)

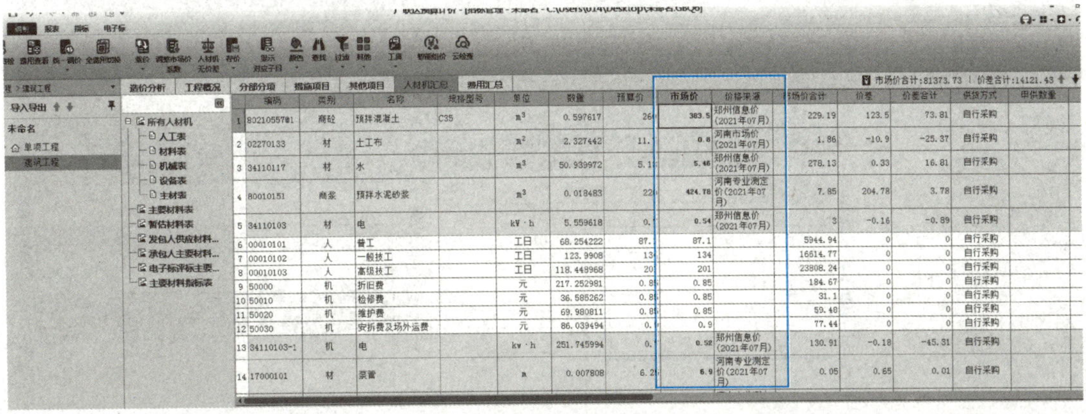

c)

图 3-32　载价结果预览图

a）载价价格明细图　b）载价成功图　c）价格市场变化图及价格的来源

2. 载入 Excel 市场价文件

1）【一级导航栏】选择【编制】，【项目结构树】选择建筑工程，【二级导航栏】选择【人材机汇总】，单击【载价】，选择【载入 Excel 市场价文件】，如图 3-33 所示。

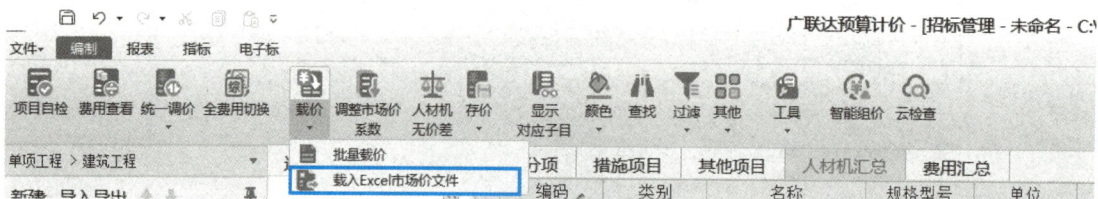

图 3-33　载入 Excel 市场价文件

2）在弹出的窗口中，选择需要载入的 Excel 市场价文件。

3）对载入的 Excel 市场价文件进行【识别行】和【识别列】，然后根据需要选择 Excel 表材料与工程材料匹配方式。

4）Excel 表材料价格载入完成。

5）价格导入完成后可以在材料来源中看出该材料的市场价格来源。

3.6　费用汇总界面、报表的编辑与打印

【费用查看】窗口是整个单位工程的造价数据组成汇总，在招标控制价编制阶段，反映的是当前单位工程的控制价；在投标阶段，反映是投标总报价；而在结算阶段，反映的是结算工程的总价。项目总造价包括了分部分项工程费、措施项目费、其他项目费、规费与增值税五大清单总价，如图 3-34 所示。

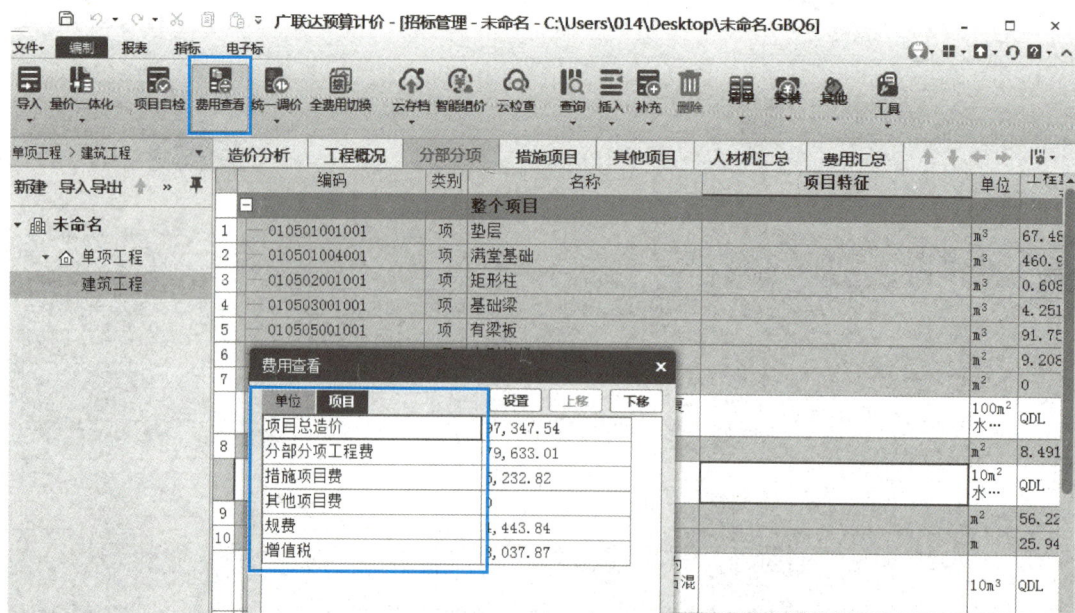

图 3-34　费用查看

编辑完成后可以在任意标签栏状态下单击工具栏的【报表】，进入查看本工程的所有报表，单张报表可以导出为 Excel 文件，单击右上角的"导出 Excel"，在保存界面输入文件名，单击保存。也可以把所有报表批量导出到 Excel，单击"批量导出 Excel"，在弹出对话框内进行选择即可，如图 3-35 所示。

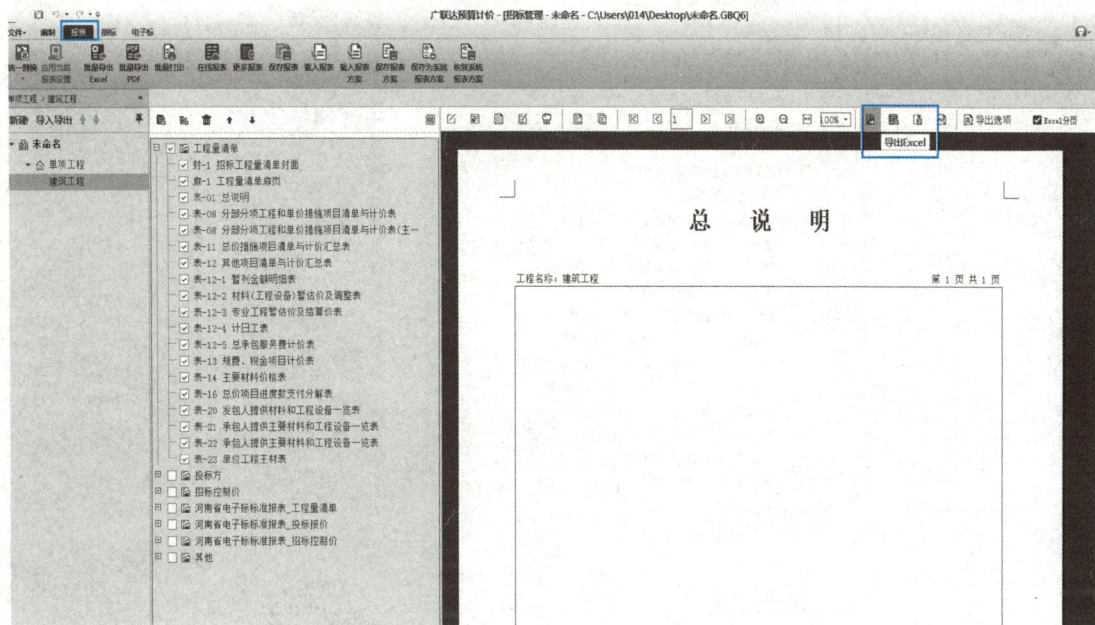

a）

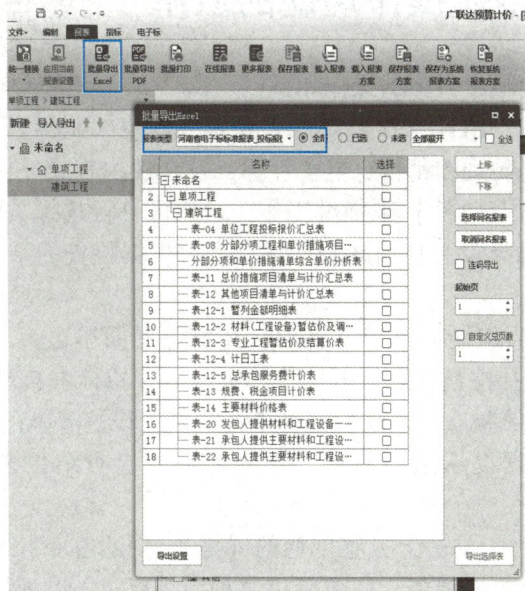

b）

图 3-35　导出 Excel

a）单个导出　b）批量导出

在批量导出的选项中可以根据需求的不同来选择不同的报表，如图 3-36 所示。

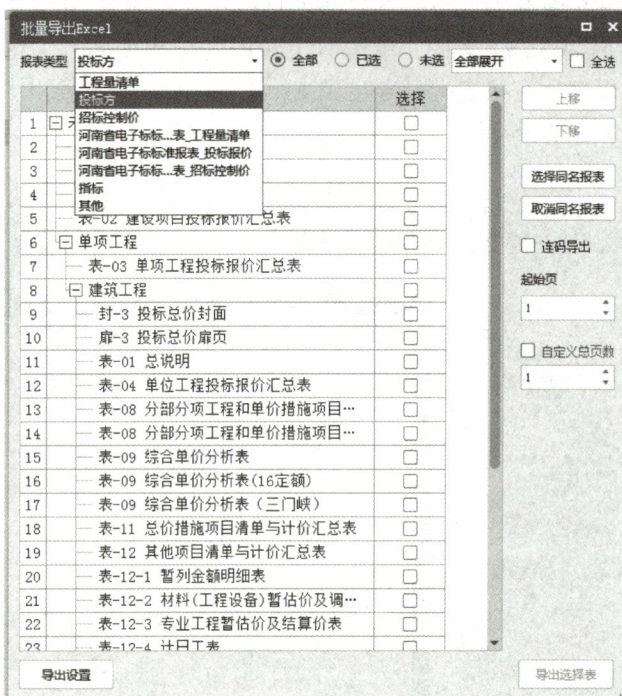

图 3-36　报表的选择

3.7　计价软件整体操作功能的应用

云检查的项目自检

以生成电子招标书为例，具体的操作如下：

用清单招标投标工程，招标方要按"五大要素"规范编制标书，编制过程中难免遗漏或出现重码等问题，且各地现在都推行电子评标，符合性检查或评标打分时对此要求严格。编制过程中充分利用【项目自检】来辅助工作，当然可自行选择关注的项，检查的结果也只是提醒，对于标书的结果没有任何影响，编制人可根据检查的结果视工程情况决定是否调整。

（1）招标书自检　当编制好清单文件后，在任意界面单击上方快捷键按钮【项目自检】，在弹出对话框"选择检查方案"下拉菜单中单击【招标书自检选项】，选择自检项目后按下方的【执行检查】，检查后出现检查结果，如果工程量清单存在错漏、重复项，软件显示检查结果出来，根据提示进行修改，直至出现"检查结果未发现异常"即可，如图 3-37 所示。

（2）生成电子招标书　单击上方菜单栏的【电子标】，在下拉菜单中选择"生成招标书"，出现询问对话框"友情提醒：生成标书之前，最好进行自检，以免出现不必要的错误"，如图 3-38a 所示，已检查则选择"取消"，进行下一步"导出标书"，如图 3-38b 所示，选择存储路径后，出现招标控制价和电子标书文件标识。如果多次生成招标书，则此界面会保留多个电子招标文件，注意文件的整理。

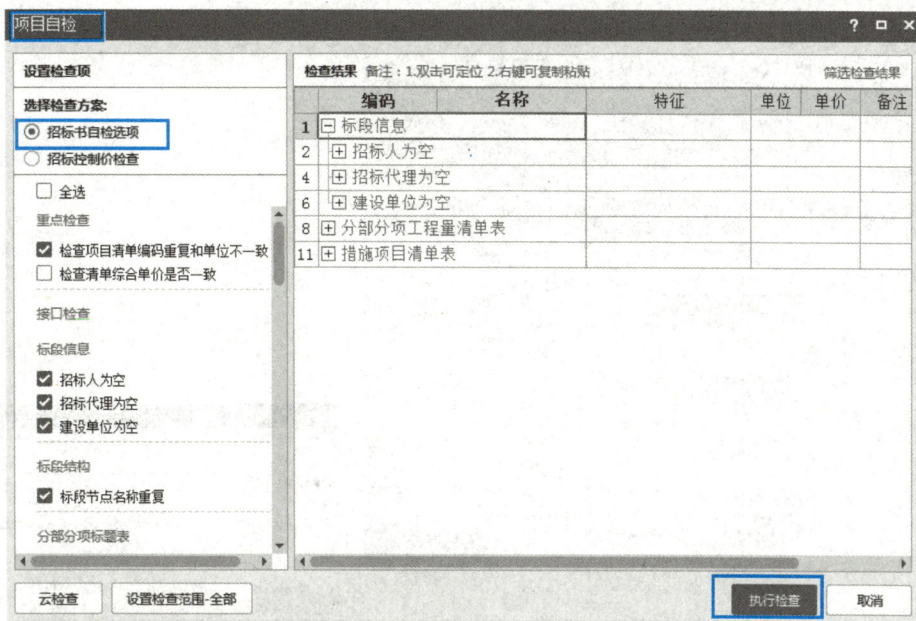

图 3-37　招标书自检

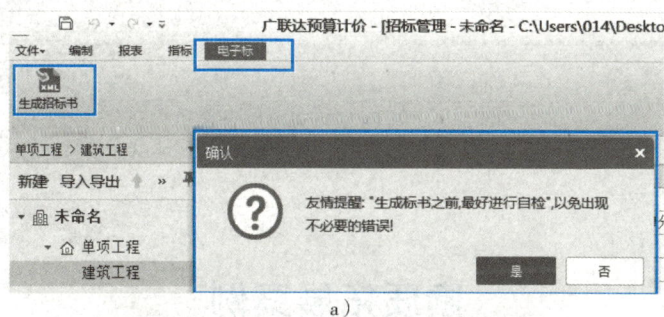

a）

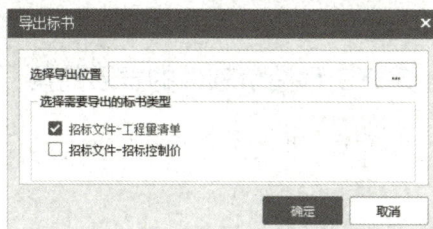

b）

图 3-38　生成电子招标书
a）生成招标书　b）导出标书

（3）强制调整清单综合单价　操作步骤如图 3-39a 所示，在特定的情况下，补充清单项不套定额，直接给出综合单价。操作如下：选中补充清单项的综合单价列，单击鼠标右键【强制修改综合单价】，在弹出的对话框中输入综合单价，软件自动计算即可，如图 3-39b 所示。

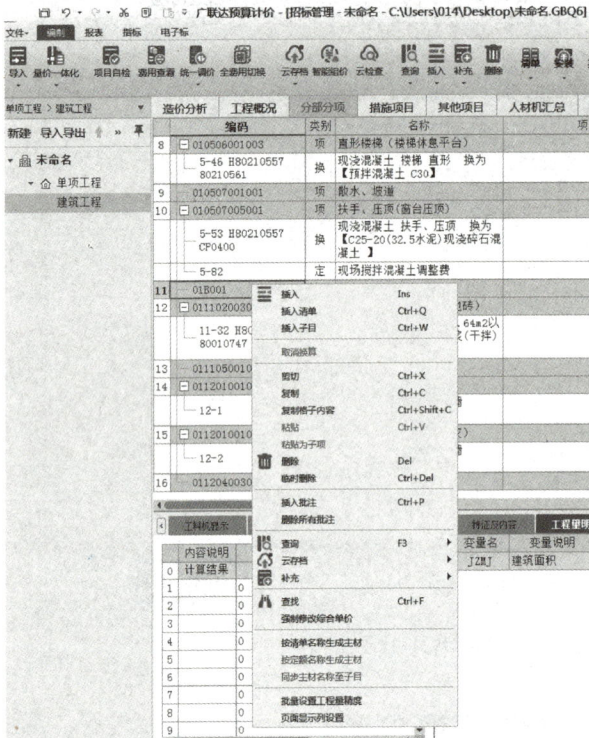

a）   b）

图 3-39 强制调整清单综合单价
a）操作步骤 b）修改综合单价

素质拓展案例

建筑工程造价软件的发展前景

造价软件在当前得到了广泛应用，并且不断升级和进步，其未来发展趋势主要有如下几个方面：

1. 向着网络化方向发展

在信息技术快速发展的今天，很多建筑工程造价管理中都应用了网络技术，并且工程造价软件的特征也逐步向着网络化、平台化、多元化的方向发展，与网络技术的特征越来越接近，能够满足日益发展的工程造价管理需求。很多城市和地区已经开始建立网络信息管理平台，使得造价软件的工作范围进一步扩大，使其能够渗透在工程项目的评估、预决算、造价管理等多个环节之中，确保信息和资源的质量，使项目造价管理的整体水平得到提升，为项目建设提供科学的依据。

2. 向着系统审核的方向发展

从当前造价软件应用的实际情况来看，通过计算机来进行造价管理已经十分成熟，并且能够借助工具的力量实现对工程项目的预算与调整。但是，当前的造价软件系统中，依然无法实现自动对工程造价的预算和调整，因此，审核功能将是工程造价软件系统未来发展的重中之重。对于造价系统本身来说，审核功能有利于系统对各种项目信息的处理，能够在保障运行质量的基础上，实现正向和逆向的推理，从而对工程造价出现问题的解决对策进行探索，能够实现更有具针对性的工程造价管理。

3. 向着信息集成的方向发展

在造价软件使用的过程中，能够实现对各类信息的搜集和整合，使得造价人员通过对软件的使用就可以对建筑市场进行深入分析，能够对人才市场进行了解，更能够对工程建设项目的各类资源进行整合，从而有效提高工程造价的效率。在未来，造价软件的集成化将更加突出，解决造价管理中存在的各种问题。

工程造价软件的出现，大大提高了工程造价管理的效率，也为造价人员提供了得力工具。可以相信，在未来工程造价软件将得到更加广泛的应用，实现更好的发展前景。

本章小结

通过学习本章的内容，使同学们掌握了广联达计价软件的操作流程，可以对计价有一定的认识，为以后继续学习建筑计价相关知识打下基础。

实训练习

一、单项选择题

1. 广联达计价软件刚打开时不包括（　　）。

    A. 新建概算　　　　B. 新建预算　　　　C. 新建决算　　　　D. 新建审核

2. 新建预算界面不包括（　　）。

    A. 分部工程　　　　B. 单位工程　　　　C. 招标项目　　　　D. 投标项目

3. 将广联达算量软件导入到计价软件中的是（　　）。

    A. 导入工程量　　　B. 插入清单　　　　C. 量价一体化　　　D. 插入定额

4. 在查询清单的界面中，不包括（　　）。

    A. 编码　　　　　　B. 单位工程　　　　C. 清单项　　　　　D. 单位

5. 下列不属于补充界面选项的是（　　）。

    A. 清单　　　　　　B. 子目　　　　　　C. 人材机　　　　　D. 项目措施

二、简答题

1. 简述项目特征存档的操作步骤。

2. 简述措施项目费的组价方式。

实训工作单

班级		姓名		日期	
教学项目		广联达计价软件应用			
学习项目	广联达计价软件的操作流程	学习要求	掌握广联达计价软件的操作流程		
相关知识		广联达计价软件的操作流程、广联达算量软件的操作流程			
其他内容					
学习记录					
评语				指导老师	

第4章

智多星和斯维尔计价软件应用

【学习目标】

1. 熟悉编制流程
2. 认识编辑计价项目管理界面
3. 掌握操作分部分项工程量清单及组价界面
4. 掌握操作措施项目、其他项目清单及组价的界面
5. 掌握编辑工料机汇总界面
6. 掌握单位工程取费界面、报表的编辑与打印

【素质目标】

培养学生对职业岗位的认同感、责任感、幸福感。
培养学生的创新精神以及奋斗、奉献的工匠精神。

【教学目标】

本章要点	掌握层次	相关知识点
熟悉编制流程	熟悉编制流程	软件的划分编制流程
编辑计价项目管理界面	掌握如何操作分部分项工程量清单及组价界面	分部分项工程量定额界面
操作分部分项工程量清单及组价界面	掌握如何操作措施项目、其他项目清单及组价的界面	措施项目、其他项目定额界面
操作措施项目、其他项目清单及组价界面	掌握如何编辑工料机汇总界面	工料机清单定额界面
编辑工料机汇总界面	掌握单位工程取费界面、报表的编辑与打印	单位工程收费界面、报表的排版制作
单位工程取费界面、报表的编辑与打印	认识编辑计价项目管理界面	了解熟悉计价项目管理界面

4.1 熟悉编制流程

智多星、斯维尔等计价软件的界面各具特色，但其操作方法大同小异，智多星与斯维尔网站下载中心如图4-1和图4-2所示。主要操作步骤如下：

1）双击需要的快捷图标启动软件。

2）新建项目：输入项目名称，在项目模板中选择"建筑经济指标专用工程量清单计价"，选择相应的保存路径。这里智多星软件默认直接进入新建建设项目，而斯维尔和广联达软件操作类似，需要选择新建建设项目，有需要时才选择新建单位工程进入。

3）构建项目文件：打开项目管理界面后，根据项目实际编制要求，构建单项工程与单位工程，并且根据要求输入项目信息和编制说明。

图 4-1　智多星网站下载中心

4）编辑单项工程文件：在单项工程编制界面可进行工程项目管理的编辑，亦可在完成单位工程计价工作后，对整个项目进行编辑。

5）操作单位工程分部分项清单：完成单位工程信息的填写后，进入分部分项窗口输入分部分项工程量清单、描述项目特征、挂消耗量定额子目，此时注意检查清单与子目规范性、准确性与完整性，也要注意组价的定额子目套用、取费以及工程量的正确输入。

6）操作单位工程措施项目清单：根据招标文件或施工组织方案编制计量措施内容、计项措施内容。

图 4-2　斯维尔网站下载中心

7）调整人材机价格：在工料机汇总窗口中调整人材机的市场价；注意编制招标投标文件时根据要求勾选指定暂估单价材料。

8）其他项目清单编制：招标投标阶段根据要求编制暂列金额、专业工程暂估价、计日工、总承包服务费。竣工结算阶段根据结算内容编制签证索赔、专业工程结算价、计日工结算、总承包服务费。

总承包服务费

9）计算汇总：在取费计算窗口单击计算按钮，刷新后检查数据成果，检查单位工程造价合计的组成。循环上述 5）～9）步骤，完成项目内其他单位工程编制。

10）报表输出：报表的预览，成果的编辑与打印。

4.2　编辑计价项目管理界面

1. 智多星计价软件

（1）操作界面

1）标题栏：显示软件版本号及当前项目文件保存的路径。

2）菜单栏：软件所有菜单命令功能。

3）命令按钮：常用命令功能。

4）导航栏：单项工程、单位工程及窗口快速导航。

5）项目管理窗口：项目列表、项目工料机汇总、项目其他、项目造价。

6）工程项目组成列表：构成项目总造价的单项工程、单位工程组成。

7）项目信息：项目概况、招标投标人信息等。

8）汇总状态：汇总状态为"√"时可以汇总造价金额到上级节点，汇总该节点的工料机、导出标书、报表输出等，汇总状态为"×"时不能完成上述操作，如图 4-3 所示。

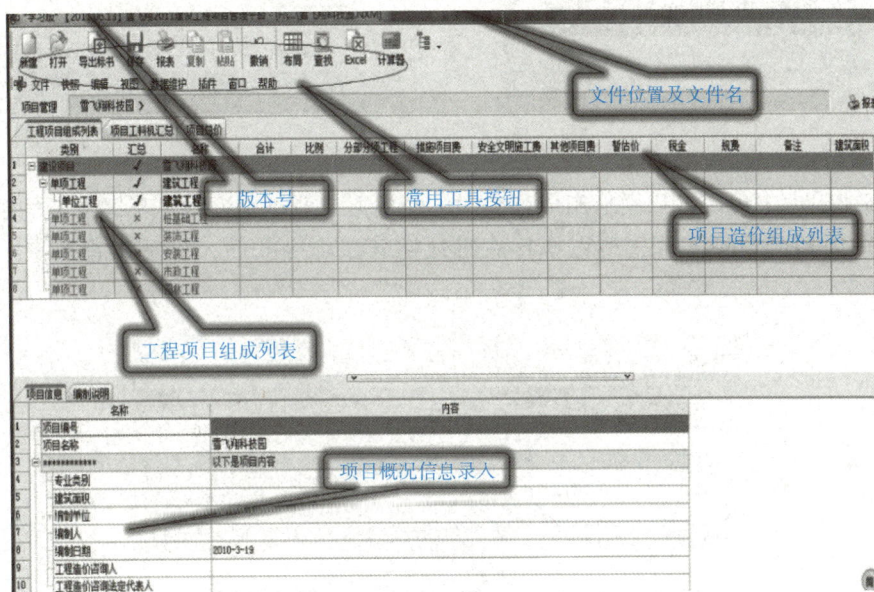

图 4-3　项目管理的界面

（2）常用菜单命令

1）文件：在项目管理主界面窗口"文件"下拉菜单中有很多命令是我们很熟悉和常用的，如"新建""打开""关闭""保存""另存"。

"从备份恢复"是软件的一个预防风险的功能，项目文件在编制过程中要不定期对项目文件进行保存，确保系统意外中断退出而不丢失数据，万一发生情况可以"从备份恢复"。

2）快照："快照"下拉菜单中建立当前状态的快照备份，以供我们在编辑若干步骤后，来恢复快照时刻的状态。

3）编辑："编辑"下拉菜单中也有很多命令同普通办公软件命令的"复制""粘贴""查找"，但是"撤销"按钮只能撤销此前的字符操作，并不能撤销所编辑步骤。"Excel"按钮有着实用的辅助功能，它能将当前焦点窗口信息导出为 Excel 文档进行编辑。

4）视图：在"视图"下拉菜单中，"工具栏"是可隐藏和显示工具栏开关，"特殊符号"显示特殊符号开关；打开"计算器"工具可以计算结果和完成工程量表达式的输入，在弹出对话框的左下方有帮助按钮，对函数、平方根等的输入进行了说明。

（3）常用菜单命令操作

1）新建工程：打开智多星计价软件，单击新建项目，输入项目名称，根据招标文件或者项目实际情况选择项目模板，一般纳税人采用一般计税法，小规模纳税人采用简易计税法，保存路径默认是保存在计价程序我的工程里面，依照自己习惯来选择文件的保存路径，建好之后单击确定按钮，如图4-4所示。

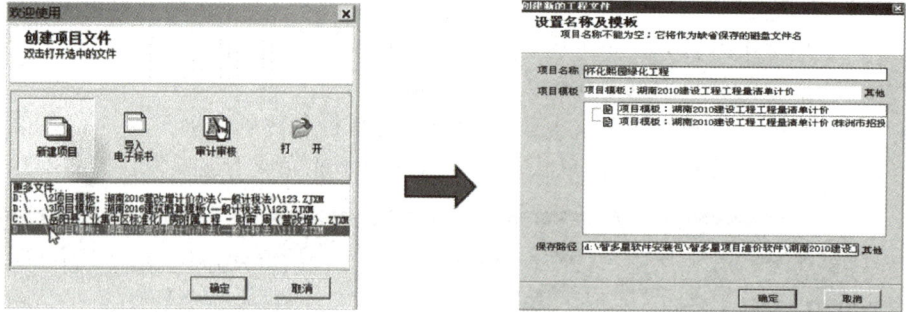

图4-4 工程设置

2）新建单项工程：工程项目组成列表中已经根据专业类别预设了不同专业的单项工程，如果需要增加新的单项工程，可以执行右键快捷菜单命令，插入单项工程节点，如图4-5所示。

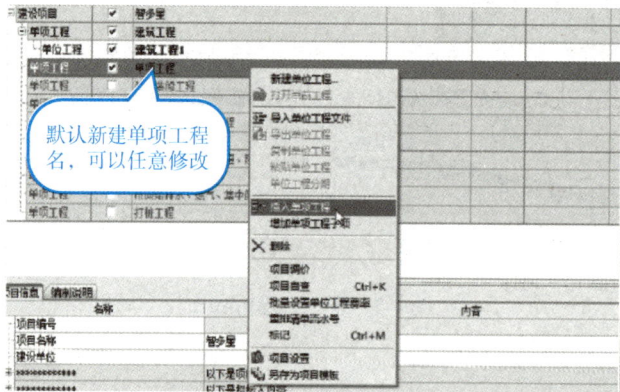

图4-5 新建单项工程

3）新建单位工程：①新建建筑工程可以直接单击右键，新建装饰装修工程可以勾选装饰装修工程单击右键；②单位工程可以随意拖动，单项工程和单位工程名称也可以进行更改，如图4-6所示。

图4-6 新建单位工程

4）单位工程的导入与导出：在"项目管理"窗口中，可以根据需要将一个单位工程导出成一个单独的单位工程文件，或者将一个独立的单位工程文件导入到当前项目中，成为项目文件的一个整体部分。这种功能有利于多人协作完成同一个工程项目。

5）单位工程的移动：用鼠标点选需要移动的文件，按下鼠标左键不放，将选择的工程拖到任意位置，采用这样拖拽的方式将文件放到指定节点位置。

6）电子标书的导出：工程项目编制完成后，需要发布工程量清单或导出控制价文件，即执行菜单工具栏中导出标书命令按钮，在打开的对话框中选择导出标书类型、选择标书模板，指定导出文件保存位置，即可将当前项目按规定的招标投标接口标准导出生成一个 XML 工程成果文件，如图4-7 所示。

图4-7　电子标书的导出

7）项目信息编制：项目信息一般包括项目编号、招标人信息、投标人信息等，根据编制要求填入信息，"必填信息"部分是招标投标接口标准要求内容，必须完整无误填写，以免影响招标投标。

8）项目工料机汇总：在此界面里已汇总项目内所有单项工程和单位工程的人工、材料与机械消耗量、单价等，可对工料机进行集中调价，也可查看材料在各个单位工程的用量，如图4-8 所示。

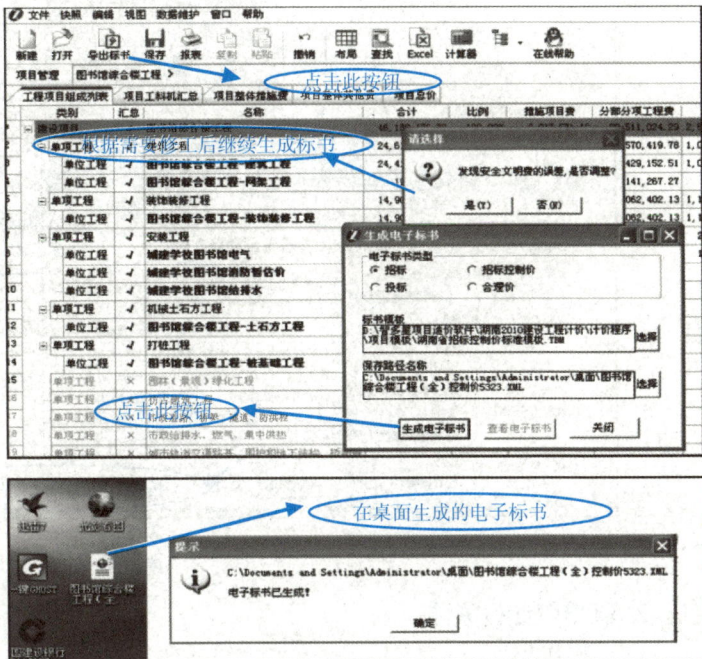

图4-8　工料机汇总

9）项目保存、优化、从备份中恢复：项目文件在编制过程中要不定期对项目文件进行保存，确保系统如意外中断退出而不丢失数据，如图4-9所示。

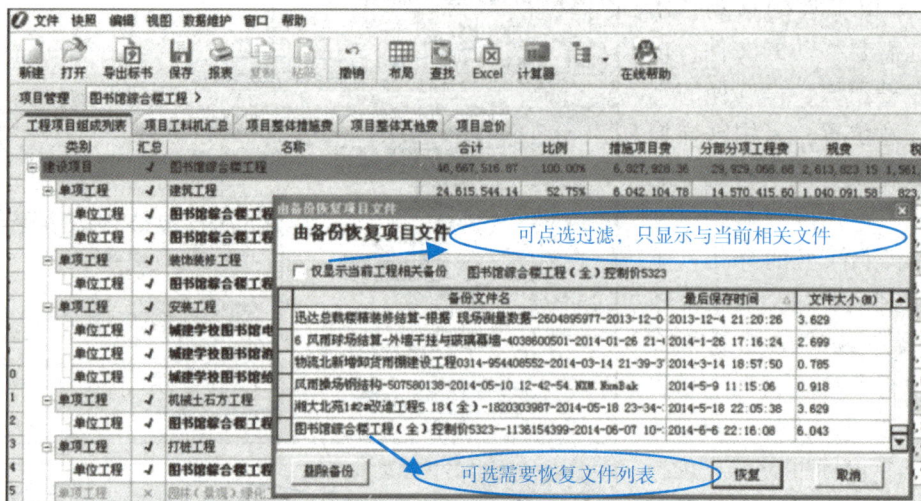

图4-9　备份恢复

2. 斯维尔计价软件

（1）操作界面

1）工程信息为工程项目的第一个页面内容，其录入数据项内容为报表总封面及取费费率提取的数据来源。操作界面如图4-10所示。

图4-10　工程信息界面

2）编制/清单说明操作界面如图4-11所示，主要用于对工程概况、工程量清单编制依据及工程量、材料的计取、要求等的说明。操作之后得到工程项目的总说明报表内容。

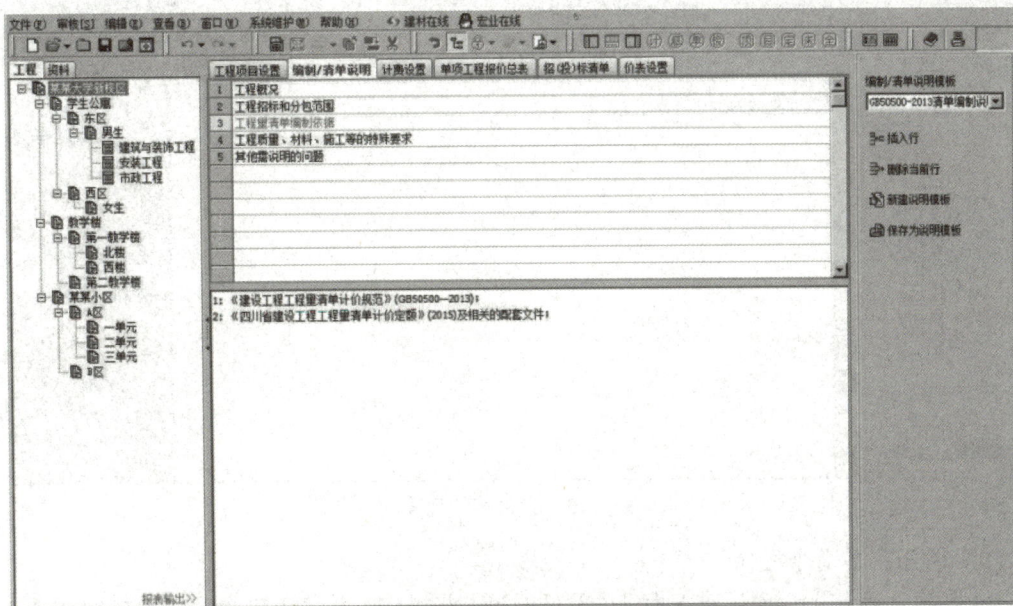

图 4-11 编制/清单说明操作界面

3）计费设置里面主要包含"批量修改费用汇总表""批量修改措施费率"和"定额批量套用综合单价模板"三部分内容，如图 4-12 所示。把原来在"单位工程"内设置的这三个模块前置于"工程项目"层级，可达到统一设置、运用模板和修改单位工程费用的目的。

图 4-12 计费设置操作界面

4）价表设置功能可以对整个工程的材料价格统一应用材料价表进行调整，其界面如图 4-13 所示。

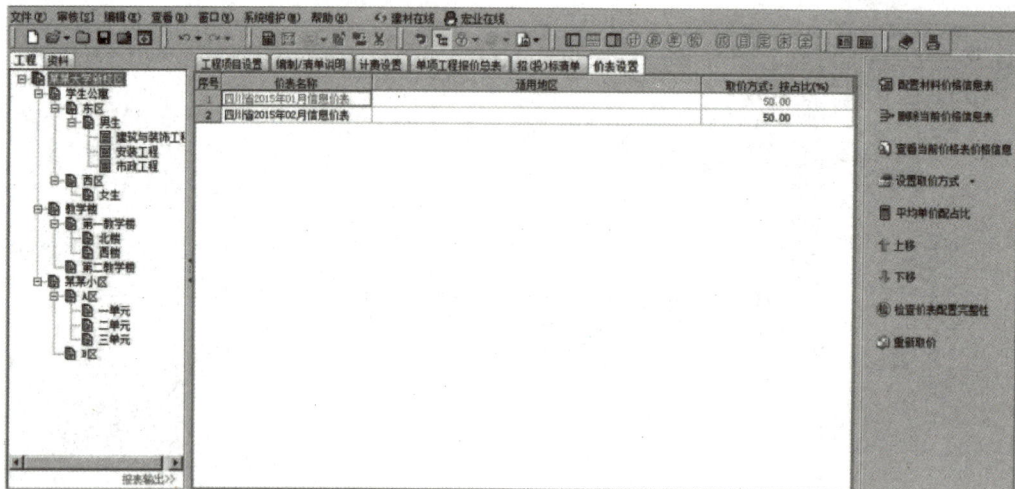

图 4-13　价表设置界面

（2）常用菜单命令操作

1）新建工程：工程项目建立为进入软件的第一步操作。其菜单位置及快捷按钮如图 4-14 所示，新建工程时根据需要选择计价模式，如图 4-15 所示。

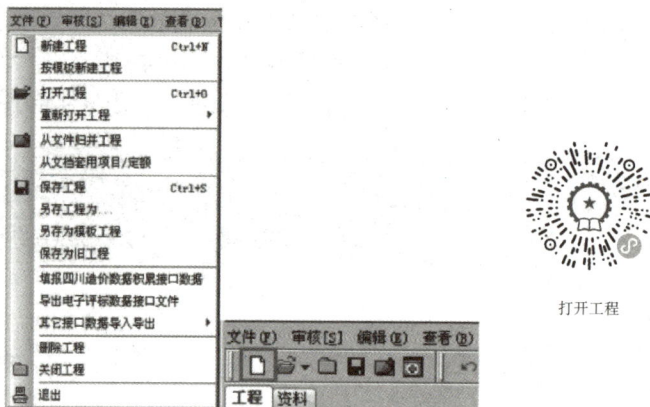

图 4-14　新建工程

打开工程

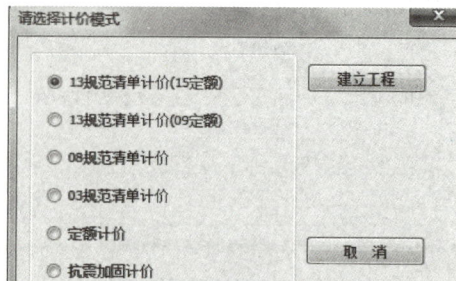

图 4-15　选择计价模式

选择按清单模式建立工程，则为清单计价工程项目，如图 4-16 所示，在此新建的单项工程内容及单位工程的工程设置模板、清单编制说明、综合单价计算模板、分部分项清单计价表格式、措施项目清单计价表格式、其他项目清单计价表格式、费用汇总表模板、报表组名称等均按清单计价模式配置；相反，按定额计价模式建立工程，则为定额计价工程项目，如图 4-17 所示，新建的单项工程及单位工程所有内容均按定额计价模式配置。

图 4-16　清单计价工程项目

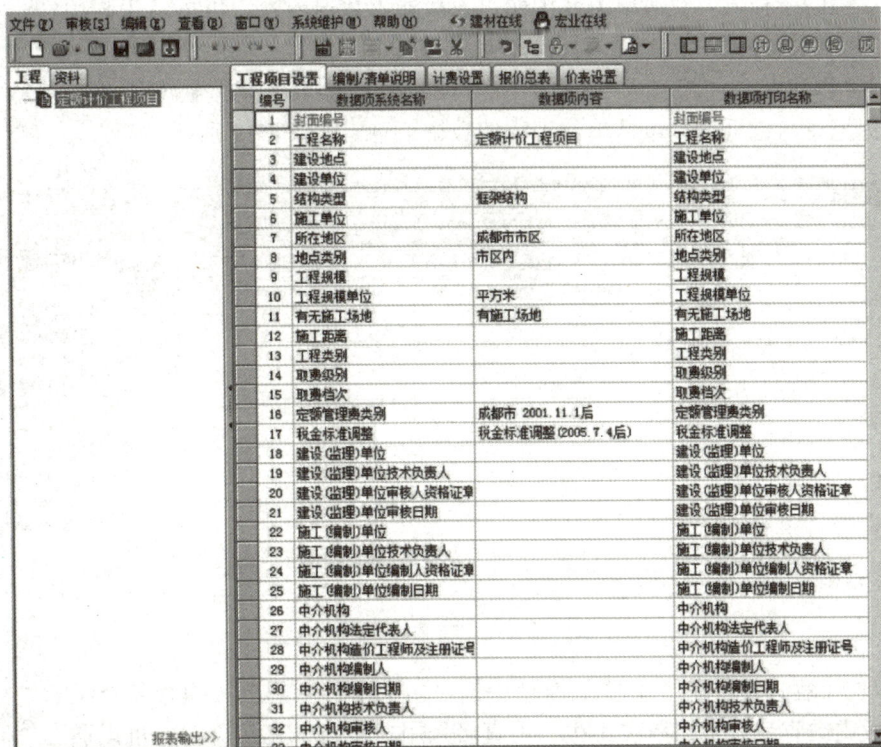

图 4-17　定额计价项目

2）单项工程建立：软件实现了在工程项目层级无限添加不同层级关系的单项工程，如图 4-18 所示，即顶层是工程项目，末层是单位工程，中间可以无限层级添加单项工程。

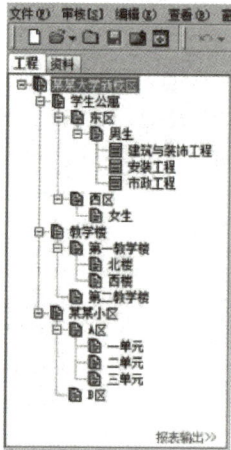

图 4-18　不同层级关系的单项工程

一个工程项目可能包括一个或多个单项工程。在新建工程区域右击，软件会根据单击前指定的工程层级建立对应工程的"子项"单项工程。例如，单击前指定的是工程项目层级，则建立的单项工程则是第一层级的单项工程，如果指定的是在第一层级上新建单项工程，那么新建出来的单项工程就是第二层级的单项工程，其他以此类推。

单项工程的工程设置及清单编制说明可直接输入数据内容，也可从工程项目中读取相应数据再做一定修改，其操作方法相同。

"单项工程建立/报价汇总"界面下边为投标报价总表区域，缺省为单项工程的数据汇总，也可设置包括单位工程的数据汇总，如图 4-19 所示。

单项工程综合概算

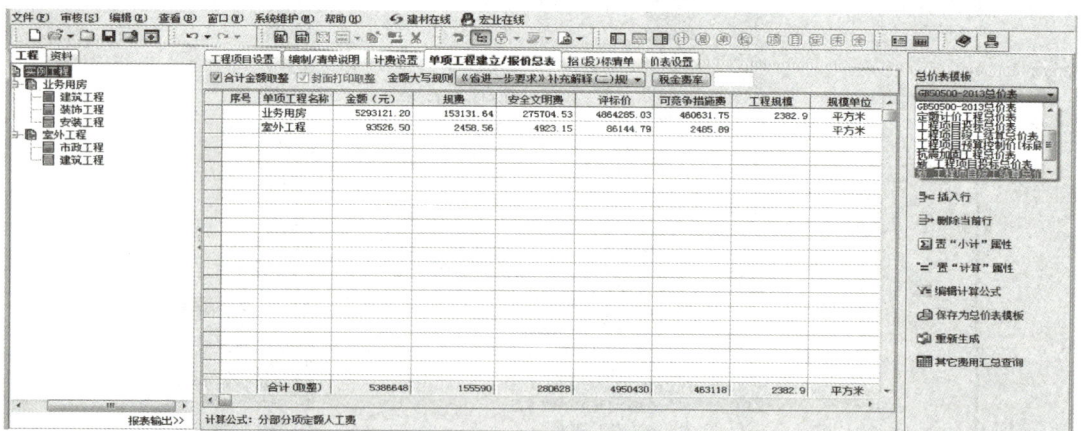

图 4-19　单项工程建立/报价汇总

3）单位工程建立：一个单项工程可能包含多个单位工程。按模板新建工程时，模板内缺省带有常用单位工程，可直接采用；需要补充建立时，可以通过工程列表窗口右键菜单或单击单项工程中的"单位工程建立/汇总"页标签，勾选要建立的单位工程类型，单击新建按钮即完成了单位工程的建立，如

单项工程和单位
工程的区别

图 4-20 所示。

图 4-20　单位工程建立

4）保存工程：通过主菜单"工程（F）"下的保存工程菜单或快捷按钮来完成，然后选择工程文件存储路径及输入工程文件名称。

5）另存工程：该功能用于将当前工程存入一个新的文件中，其操作过程类似于保存一个新工程，只需要在保存工程对话框中选择存储路径并输入新的文件名。

6）另存为模板工程：该功能是将当前工程内容存为一个模板工程，以便在按模板新建工程时使用。保存为模板时，用户需在"另存为模板工程文件"对话框中，选择存储路径并输入模板工程文件名。

4.3　操作分部分项工程量清单及组价界面

1. 智多星计价软件

（1）工程信息

窗口左侧有"工程概况""编制说明""费率变量"与"设置"四个功能按钮。

1）工程概况：输入单位工程的概况信息，而单位工程名称则根据项目管理窗口中的命名自动生成。

2）编制说明：输入该单位工程的编制说明内容，在打印报表中可以显示。

3）费率变量："单位工程"的费率参数集中设置窗口，也是我们需要根据具体工程编辑的重点部位，如图 4-21 所示。根据工程具体情况选择相关参数，右侧会自动生成相关费率，当然所有费率也可在右侧窗口中手动设置，最后勾选自动刷新费率变量开关，刷新改动部分，软件自动应用到工程中去。勾选自动刷新费率变量开关应该是长期勾选，一般不要去操作，转换界面后自动刷新。

4）设置：设置窗口在二次开发时已经进行常规设置，一般不需要进行修改，当找不到报表或者需要对小数点设置有不同处理时，可在此窗口进行相关设置，各项设置功能在窗口上有文字标签说明。

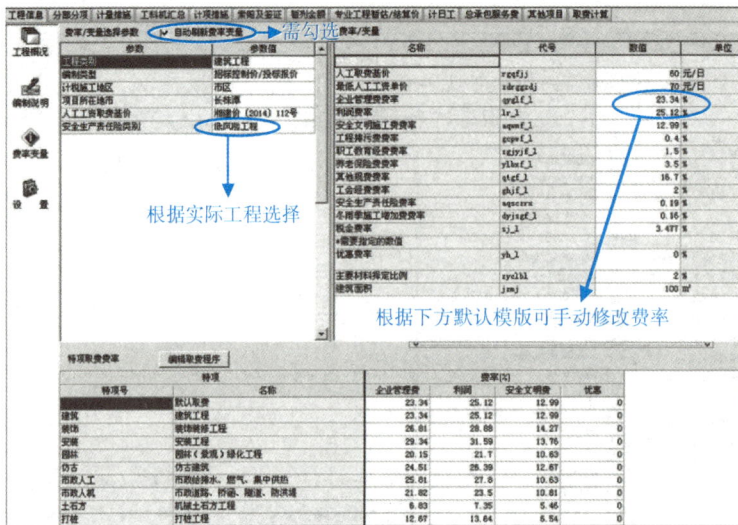

图 4-21　费率变量调整界面

（2）清单录入　根据项目设计要求与施工现场情况，录入工程量清单，工程量清单的录入包括：清单编码、名称、单位、工程量、项目特征及工作内容等，根据国标清单规范要求，在工程量清单及计价时强调编码（9位编码+3位流水号）、名称、单位、工程量（计算规划）、项目特征。

1）在清单导航标签下拉选择所需专业的国标清单库，并根据章节展开到所需清单节点，双击或者拖拽选定清单到分部分项窗口即可快速实现清单的自动录入。

2）增加空清单行，在清单编码栏位置输入九位清单编码，软件自动加3位流水号并实现清单的手工录入。

3）补充清单的录入：增加空清单行后，以"XB001+流水号"形式输入（X取当前专业代码A、B、C、D、E），再输入清单名称、单位、工程量及项目特征内容。

4）项目特征的录入：选择清单行，再单击下方的项目特征标签按钮，根据项目要求，勾选项目特征值，如图4-22所示。

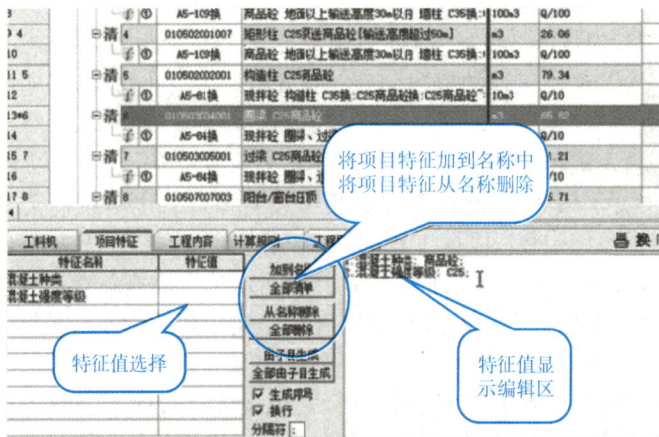

图 4-22　清单录入

（3）子目的录入　子目的选择必须根据项目特征描述进行，子目的录入方法与清单录入方法基本相同，支持双击、拖拽、编码录入。在清单中做了定额指引的，可以选择清单后，直接从清单定额指引中选择录入；清单下找不到的定额可以从定额标签中选择定额库名称，展开到特定章节，实现定额子目的录入，如图4-23所示。

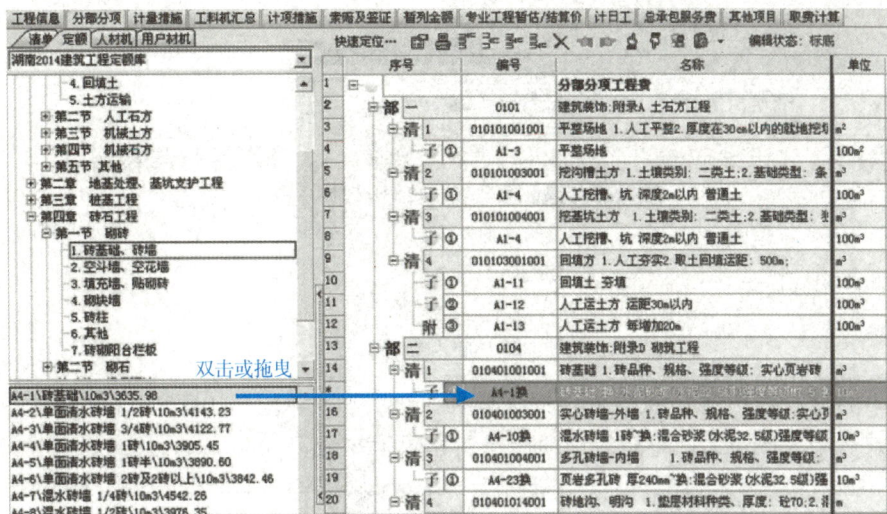

图4-23　子目的录入

（4）补充定额的输入　在套定额窗口中，增加一空子目行，依次输入补充子目编码、名称、单位、工程量，然后再进入下方的工料机窗口，增加该补充子目所需要的人工、材料、机械及相应的含量标准，如图4-24所示。

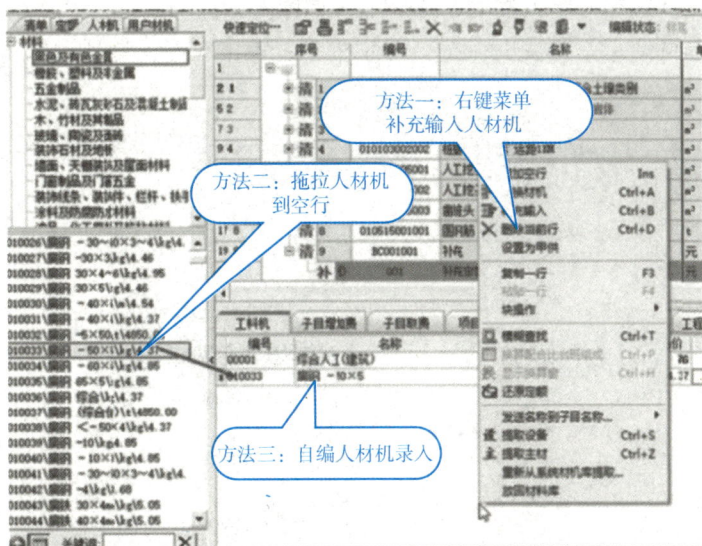

图4-24　补充定额的输入

2. 斯维尔计价软件

（1）普通清单项目计价　普通清单项目计价是指该清单项目套用的定额不存在定额人

工费、材料费、机械费等系数调整或定额换算等情况，一般直接套用定额即可。我们这里以"平整场地"清单项目为例。

先插入一个分部工程，如"土（石）方工程""砌筑工程"等。操作方法为在分部分项工程量清单子目的空白处，单击右键"插入段落""分部"，如图 4-25 所示。

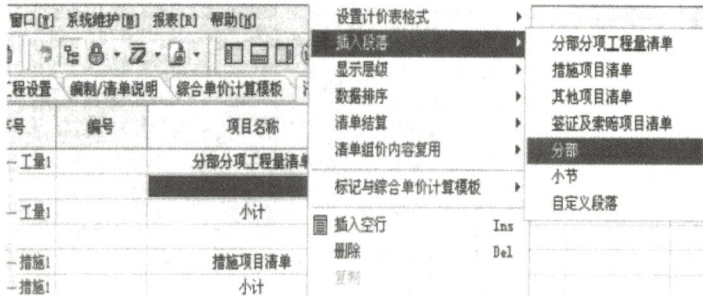

图 4-25　插入分部工程

在弹出的"选择段落"对话框中选择要插入的分部工程，可以把"土建项目"的所有分部工程都选中，以免后面再重复这项操作，如图 4-26 所示。

图 4-26　插入土建项目的所有分部工程

单击确定按钮，这样分部工程就建立好了，如图 4-27 所示。

现在进行清单组价。首先在土（石）方工程下，单击右键，选择"插入项目清单"，如图 4-28 所示。

图 4-27　新建土建项目的所有分部工程　　　　图 4-28　插入项目清单

软件会弹出"项目查询"对话框，根据左侧的清单规范查找要选用的"土（石）方工程"里的清单子母"平整场地"，找到清单后双击即选中了该项清单。这里要注意的是，分项级别的清单都是在右侧显示，左侧只显示分部级别的清单，如图4-29所示。

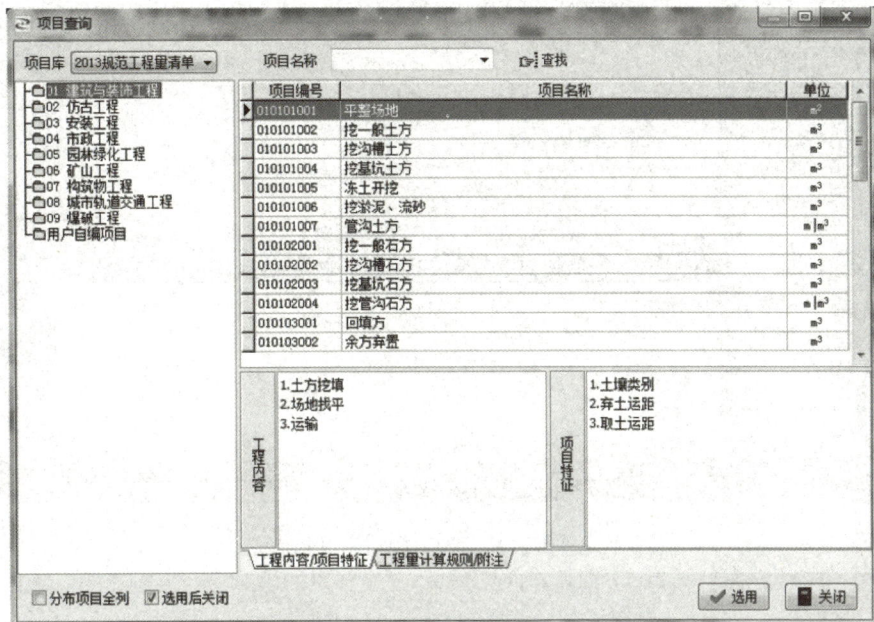

图4-29　"项目查询"对话框

插入"平整场地"清单后是没有价格的，这是因为还没有套定额，如图4-30所示。

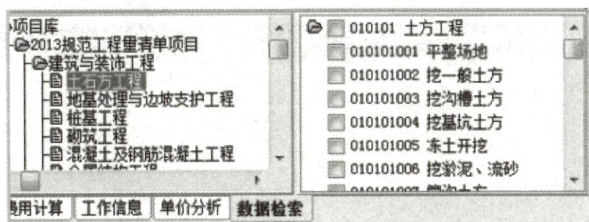

图4-30　平整场地清单项目

必须要套用相关的定额才会有价格，这里主要讲解两种套用定额的方法。

第一种方法：在平整场地清单上面单击右键，选择"插入定额"，选择弹出"定额查询"对话框，和清单项目的选择一样，选择要套用的定额子目，这里我们套"AA0001平整场地"定额子目，选用定额后假设输入清单工程量为323m²，发现清单项目已经自动产生了单价，如图4-31所示。

第二种方法：在需要套用定额的清单项目编号处单击鼠标左键，会出现一个选择按钮如图4-32所示。

当单击这个选择按钮时，会弹出软件为该清单项目自动匹配的定额目录（根据定额的项目指引而关联的定额），在对话框中选择需要的定额，勾选再单击确定按钮即退出该对话框。一般这种方法套用定额适用性更为广泛，如图4-33所示。

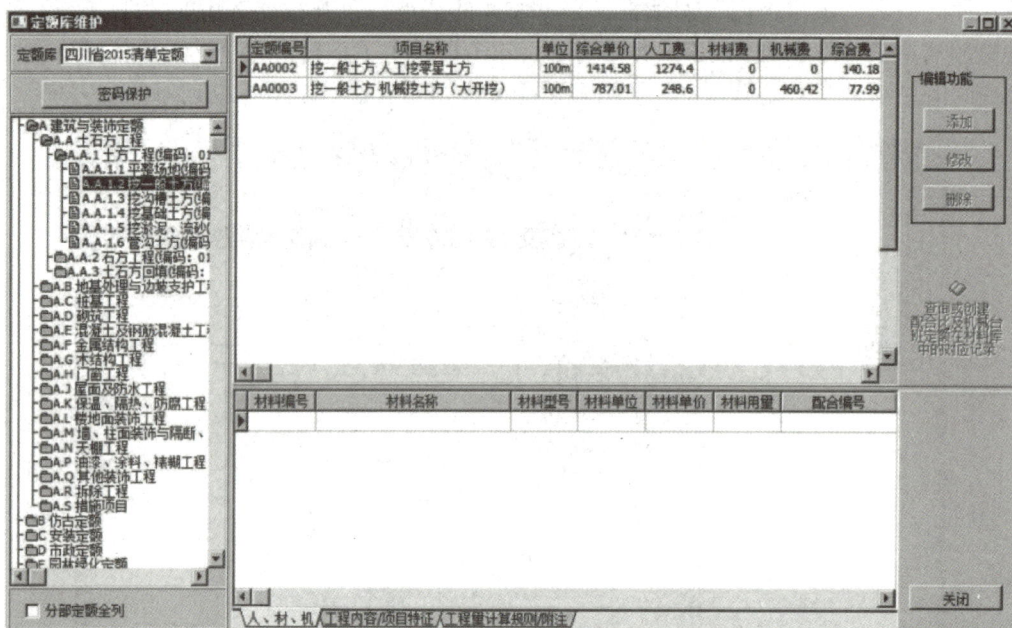

图 4-31　第一种套用定额方式

图 4-32　第二种套用定额方式

图 4-33　清单项目定额指引

　　每一个清单项目都有自己的项目特征，所以这里也需要给"平整场地"这个清单项目编辑项目特征。首先鼠标选用要编辑项目特征的"平整场地"清单项目，再单击软件页面下面的工作信息，选择"项目特征"标签，如图 4-34 所示。

这里面的项目特征只是一个参考，具体的需要自行完善。可以单击右侧的"项目特征描述指南"，查看参考的项目特征编写方式，直接双击就可以直接复制到自己想建立清单项目中去，再根据工程实际情况而自行修改，编写后的项目特征如图4-35所示。

图4-34 项目特征参考

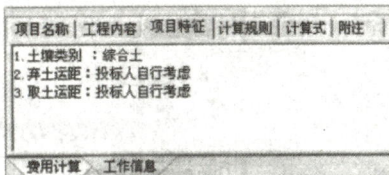

图4-35 平整场地的项目特征

到这里平整场地的清单组价基本算完成了，剩下的就只有人工费、材料费调整，这个步骤一般在最后做统一调整。

（2）需系数调整的清单项目计价 需系数调整的清单项目计价是指根据定额规定，该项清单项目套用的定额的人工费、材料费、机械费，在套用时，需乘以一定系数。这里以混凝土散水、坡屋面板为例。

按照前面讲述的方法插入散水的项目清单，如图4-36所示。插入"散水、坡道"清单项目后，可以更改项目清单名称为"室外散水"（按照清单规范的规定，清单项目名称可以根据实际情况做修改）。

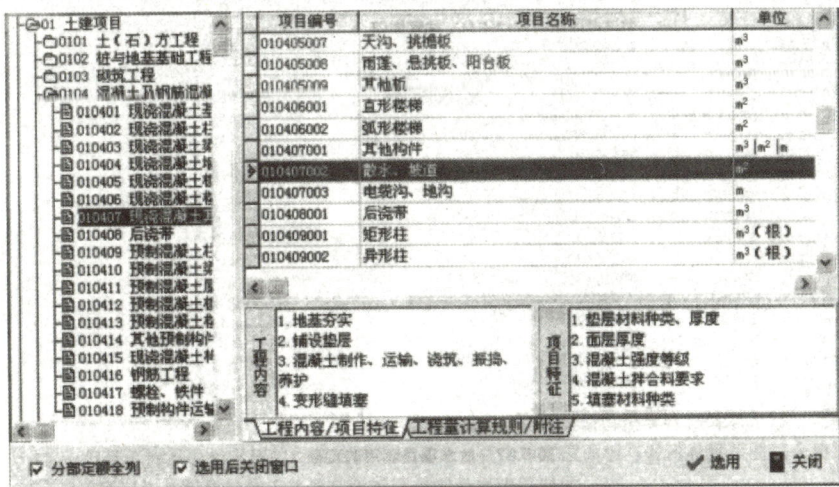

散水的作用

散水的设计规范

图4-36 插入散水清单项目

根据散水的项目特征，如图4-37所示，来套用定额，如图4-38所示。

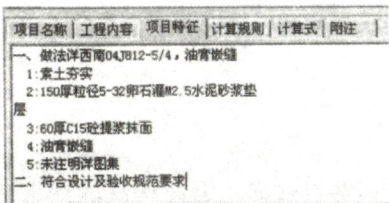

图4-37 散水的项目特征

目2	010407002002	室外散水		10.960	m²	366.54	4017.28
定1	AD0411	楼地面垫层 砾石 灌水泥砂浆		1.096	10m³	1047.13	1147.65
定2	AD0437	现浇砼 散水坡(中砂) C20		1.096	10m³	2573.42	2820.47
定3	AG0546	变形缝 建筑油膏嵌缝		1.096	10m	44.82	49.12

图4-38 散水项目套用的定额

（3）需定额换算的清单项目计价　定额换算一般有定额材料换算和定额加减换算。定额材料换算是指根据定额规定，当无法找到应套用的定额时，可以选用相近定额，再把材料替换成应该计价的材料，根据两个定额材料的价差即得出新定额的综合单价，如图 4-39 所示。

目2	010407002002	室外散水	10.960	m^2	371.08	4067.04
定1	AD0411换	楼地面垫层 砾石 灌水泥砂浆[人*1.2]	1.096	$10m^3$	1092.60	1197.49
定2	AD0437	现浇混凝土 散水坡(中砂) C20	1.096	$10m^3$	2573.42	2820.47
		塑性混凝土(中砂) 砾石最大粒径 20mm C20	11.124	m^3	186.52	2074.92
		水泥 32.5	[3715.550]	kg	0.40	1486.22
		中砂	[5.447]	m^3	48.00	261.46
		水	13.459	m^3	1.50	20.19
		砾石 5～20mm	[9.349]	m^3	35.00	327.21
		其他材料费	5.601	元	1.00	5.60
定3	AG0546	变形缝 建筑油膏嵌缝	1.096	10m	44.82	49.12

图 4-39　散水坡材料明细

双击材料明细中的主材，弹出“人工、材料、机械查找”对话框，如图 4-40 所示，根据被替换的材料类型选择同类型应计价的材料，选择同等粒径的 C15 混凝土（仅举例），选中后双击即可退出换算界面。材料换算后的定额会标记“换”字，同时换算后的材料字体为金黄色，如图 4-41 所示。

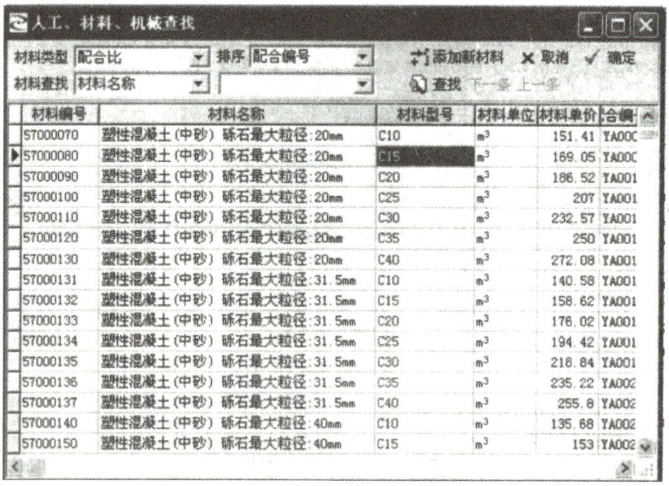

材料编号	材料名称	材料型号	材料单位	材料单价	合编
57000070	塑性混凝土(中砂) 砾石最大粒径:20mm	C10	m^3	151.41	YA00C
57000080	塑性混凝土(中砂) 砾石最大粒径:20mm	C15	m^3	169.05	YA00C
57000090	塑性混凝土(中砂) 砾石最大粒径:20mm	C20	m^3	186.52	YA001
57000100	塑性混凝土(中砂) 砾石最大粒径:20mm	C25	m^3	207	YA001
57000110	塑性混凝土(中砂) 砾石最大粒径:20mm	C30	m^3	232.57	YA001
57000120	塑性混凝土(中砂) 砾石最大粒径:20mm	C35	m^3	250	YA001
57000130	塑性混凝土(中砂) 砾石最大粒径:20mm	C40	m^3	272.08	YA001
57000131	塑性混凝土(中砂) 砾石最大粒径:31.5mm	C10	m^3	140.58	YA001
57000132	塑性混凝土(中砂) 砾石最大粒径:31.5mm	C15	m^3	158.62	YA001
57000133	塑性混凝土(中砂) 砾石最大粒径:31.5mm	C20	m^3	176.02	YA001
57000134	塑性混凝土(中砂) 砾石最大粒径:31.5mm	C25	m^3	194.42	YA001
57000135	塑性混凝土(中砂) 砾石最大粒径:31.5mm	C30	m^3	216.84	YA001
57000136	塑性混凝土(中砂) 砾石最大粒径:31.5mm	C35	m^3	235.22	YA002
57000137	塑性混凝土(中砂) 砾石最大粒径:31.5mm	C40	m^3	255.8	YA002
57000140	塑性混凝土(中砂) 砾石最大粒径:40mm	C10	m^3	135.68	YA002
57000150	塑性混凝土(中砂) 砾石最大粒径:40mm	C15	m^3	153	YA002

图 4-40　人工、材料、机械查找

目2	010407002002	室外散水	10.960	m^2	353.35	3872.72
定1	AD0411换	楼地面垫层 砾石 灌水泥砂浆[人*1.2]	1.096	$10m^3$	1092.60	1197.49
定2	AD0437换	现浇砼 散水坡(中砂) C20[:20(YA0009)换:20	1.096	$10m^3$	2396.10	2626.13
		塑性混凝土(中砂) 砾石最大粒径 20mm C15	11.124	m^3	169.05	1880.58
		水泥 32.5	[3159.330]	kg	0.40	1263.73
		中砂	[6.119]	m^3	48.00	293.71
		水	13.460	m^3	1.50	20.19
		砾石 5～20mm	[9.234]	m^3	35.00	323.18
		其他材料费	5.601	元	1.00	5.60
定3	AG0546	变形缝 建筑油膏嵌缝	1.096	10m	44.82	49.12

图 4-41　定额材料换算

定额加减换算主要是指套用的定额材料厚度、运距等不够或过多，需要增减的计算情况。这里以土方外运清单项目为例，假设土方需外运 3km，就必须套一个土方运输主定额，再套一个增加运距的从定额，如图 4-42 所示。

目4	010103001011	土方外运	57.210	m^3	7.16	409.62
定5	AA0013	机械运土(石)方 运距≤1000m	5.721	$10m^3$	61.07	349.38
定6	AA0014	机械运土(石)方 每增加1000m	5.721	$10m^3$	10.55	60.36

图 4-42　土方运输清单项目

通常情况是对整个分部分项清单计价进行人工费调整，先将鼠标选中“分部分项工程量清单”栏，然后再按上面的操作选择人工费调整模板，这时软件同样弹出“费用计算模板设置”对话框，选择“当前分部分项下所有定额”，即完成对所有定额的人工费调整，如图 4-43 所示。

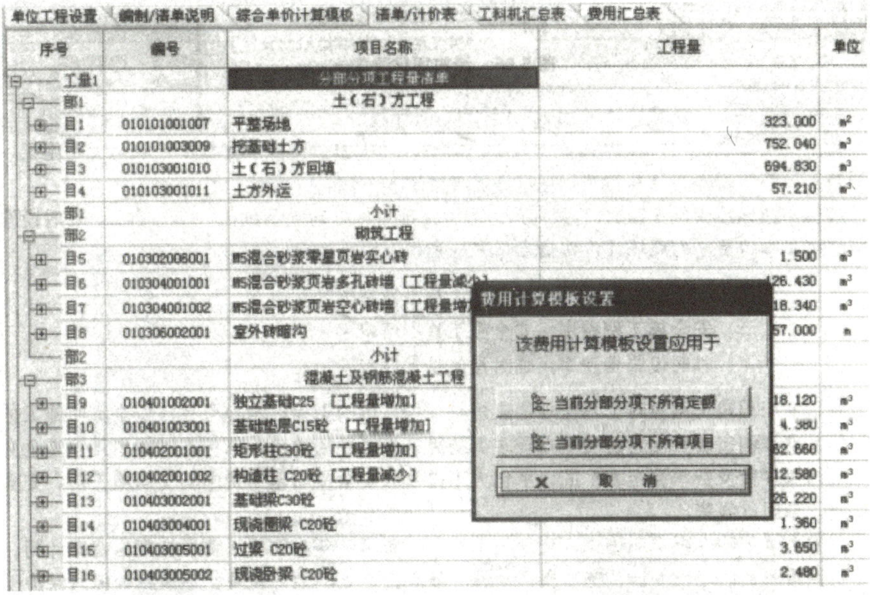

图 4-43　当前分部分项清单所有定额人工费计算模板设置

4.4　操作措施项目、其他项目清单及组价界面

1. 智多星计价软件

（1）措施项目清单

1）建筑工程超高增加费编辑：建筑物檐高 20m 以上部分均可计算超高增加费，且按檐口的高度 20m 以上建筑面积以平方米计算。

在计量措施窗口，选择 011704001001“超高施工增加”清单双击录入到计量措施中；单击子目输入，填入檐口的高度 20m 以上建筑面积即可完成，如图 4-44 所示。

2）装饰工程超高增加费编辑：装饰工程与建筑工程超高增加费的操作略有不同。装饰工程超高增加费按檐口高度 20m 以上装饰装修工程的人工费、机械费，分别乘以人工、机械增加系数。在装饰工程的分部分项窗口清单工程量必须根据实际情况分超高范围分开列项，如图 4-45 所示。然后输入该措施清单下与分部分项同一檐口高度匹配的超高增加费定额子目，如檐口高度为 20 ~ 60m 则选择 B8-13，双击后软件自动计算超高增加费单价与合价，如图 4-46 所示。

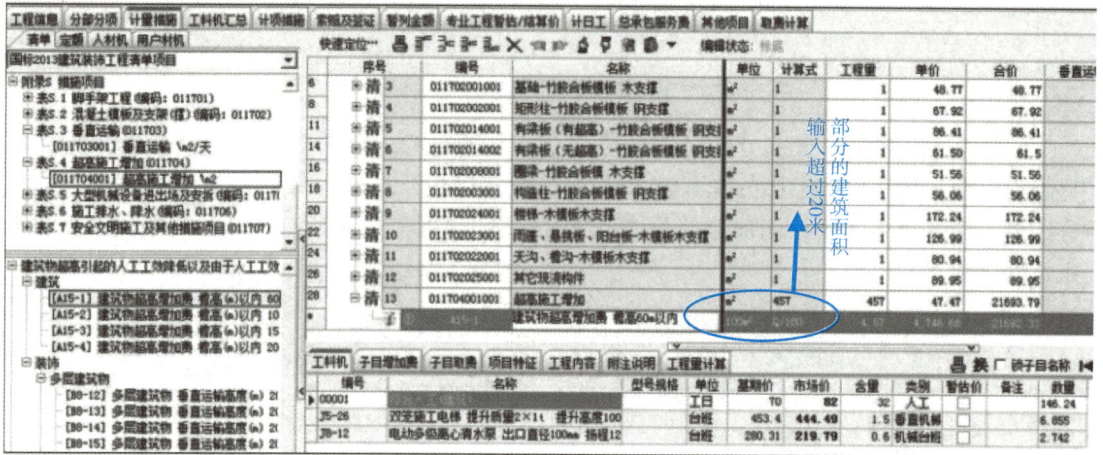

图 4-44　建筑工程超高增加费编辑

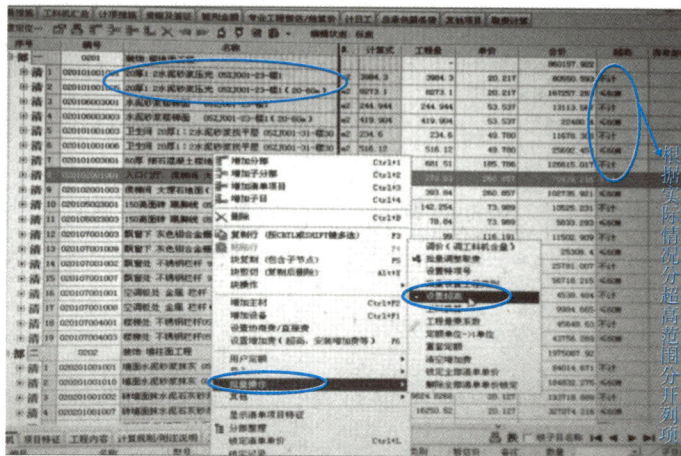

图 4-45　列项操作

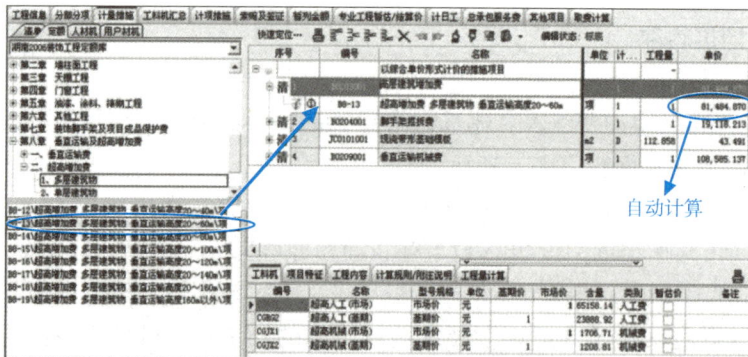

图 4-46　定额套用

（2）其他项目清单

1）暂列金额：是指招标人在工程量清单中暂定并包括在合同价款中的一笔款项。用于施工合同签订时尚未确定或者不可预见的所需材料、设备、服务的采购，施工中可能发生的工程变更、合同约定调整因素出现时的工程价款调整以及发生的索赔、现场签证确认等的费用。由招标人在工程量清单中列明一个固定的金额，投标人报价时暂列金额不允许改变。其编辑方法同计项措施清单及组价的编制，但是一般不输入费率，直接输入单价，自动计算合价即可。

其他项目清单

2）专业工程暂估价：招标人在工程量清单中提供的用于支付必然发生但暂时不能确定价格的材料、工程设备的单价、专业工程以及服务工作的金额。

3）计日工：计日工俗称"点工"，在施工过程中，完成发包人提出的施工图以外的零星项目或工作（包括人工、材料和机械），按合同中约定的综合单价计价。招标方列计日工名称与暂定数量，投标单位进行竞争性报价。

4）总承包服务费：总承包人为配合协调发包人进行的工程分包自行采购的设备、材料等进行管理、服务以及施工现场管理、竣工资料汇总整理等服务所需的费用。工程量清单编制人只需要在其他项目清单中列出"总承包服务费"项目即可。但是，清单编制人必须在总说明中说明工程分包的具体内容，由投标人根据分包内容自主报价。

专业工程暂估价的特性

5）索赔与签证：索赔在合同履行过程中，对于非乙方的原因而应由对方承担责任的情况造成的损失，向对方提出补偿的要求。索赔窗口是在工程结算过程中，对签证与索赔的项目进行列项，包括项目的名称、单位、工程量及单价等，软件自动汇总计算合价。

索赔与签证的区别

2. 斯维尔计价软件

（1）措施项目清单　新版软件中的"措施项目清单"是单独的一个页面，分离原因可以参看计价表分离说明。

选中页面标签上的"措施项目清单"中的"调用措施项目清单模板"功能，或者单击鼠标右键"措施项目清单"下拉菜单中"调用措施项目清单模板"，如图4-47所示。

如图4-48是系统所预置的措施项目清单模板内容，包括总价措施项目和单价措施项目。总价措施项目主要为政策文件规定计取费用，其计算公式及费率系统已根据文件预置好，一般不需要再做其他操作。切记在选用模板计算综合单价时，一定不能选择此部分内容。总价措施项目用于各专业套用定额的措施项目的计算，其操作方法等同于分部分项工程量清单。

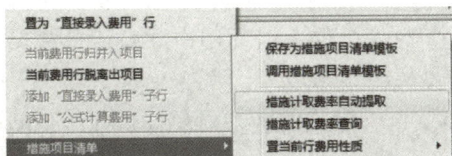

图4-47　调用措施项目清单模板　　　　图4-48　系统预置的措施项目清单模板内容

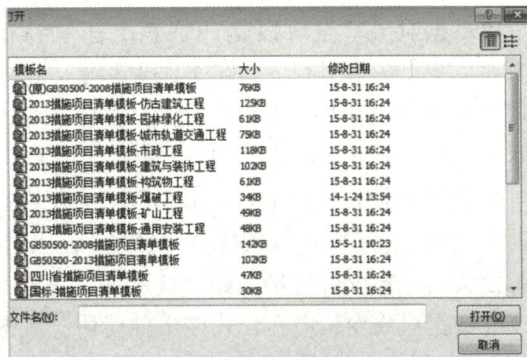

109

在模板内选择需要的模板，单击即可。措施项目的录入方式如下：

1）直接录入费用，对于不需要调用项目及定额，直接就是一笔费用的措施条目，只需直接插入空行再录入其编号、名称，该行数据自动标记属性为"费"并编号，用户就可以继续直接录入工程量、单位及各单位合价数据，如图4-49所示。

图4-49　直接录入措施项目清单模板内容

2）利用已有数据计算产生新的措施费用，还有一些措施费用，既不调用项目及定额，也不是直接录入一笔费用，而是由计价表上其他数据通过运算产生新的费用（例如在分部分项工程量清单的分部、段落中计算了安装的脚手架搭拆费、高层建筑增加费等措施费用，又需要调用到措施项目清单内）。录入这样的费用项目时，还是先插入空行并录入编号、名称，待其标计属性为"费"，再执行其环境菜单上的置为"公式计算费用"行功能，系统更改属性为"计"，同时工程量单元格文本置为"计算式"。意思是该行费用的计算公式应在此处录入，但是该处公式不能直接编辑，必须通过鼠标双击进入如图4-50所示计算费用项目公式编辑窗口。

在这里编辑公式所使用的变量及规则规定如下：

①把要调用的费用行称为"数据对象"，费用行的各费用值称为"数据对象分量"。

②数据对象变量可以是计价表上任何编有序号的数据行，如定1、目5、部2、段3等。此外，还有两个综合变量："分部分项工程量清单"与"措施项目清单"。

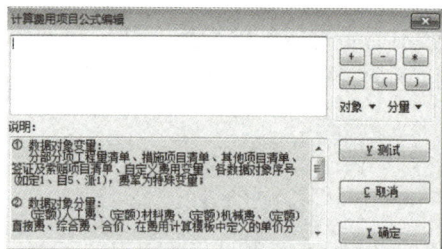

图4-50　计算费用项目公式编辑

③数据对象分量变量有：（定额）人工费、（定额）材料费、（定额）机械费、（定额）直接费、综合费、合价，以及用户在费用计算模板中自定义的单价分析变量，如"%利润%""%临时设施%"等。

④数据对象变量可在公式中单独使用，数据对象分量必须带有数据对象变量前缀，两者之间加半角点"."（如措施项目清单.人工费.合价）。

⑤公式中不能在直接调用数据对象变量时，又调用数据对象分量；数据对象变量直接参与运算时，将分别计算各分量；若公式中只出现单一分量时，计算结果自动赋值给对应字段，否则只赋值给"合价"字段。

⑥公式正确性检测内容还包括：调用的数据对象是否存在；对象调用是否存在循环；整个公式是否满足四则运算要求等。

⑦在提取数据对象"措施项目清单"费用值时，不包含通过计算产生的措施费用条目。

若需要将利用公式计算费用的措施项目改变为直接录入费用项目，即由"计"改变为"费"，同样执行环境菜单置为"直接录入费用"行功能即可，并允许打印之间相互切换。

（2）其他项目清单　针对单位工程计算其他项目清单及零星人工单价清单的工程很少，一般为整个工程项目。对单位工程编辑其他项目清单时，在相应计价表中完成，零星工作项目人工单价清单在段落格式上归属于其他项目清单；对整个工程项目编辑其他项目清单时，在工程项目功能标签"招标清单"中完成，零星工作项目人工单价清单与其他项目清单完全分开。

其他项目清单与措施项目清单一样可以直接添加"直接录入与计算子目"，而"直接录入费用行"可以直接转换为"项目清单"。

1）单位工程其他项目清单，操作在相应计价表中完成。其结构、调用方式、操作方法、步骤等与上面介绍的措施项目清单内容相似，请参照执行。系统以模板方式体现，其他项目清单计价表页面如图4-51所示。

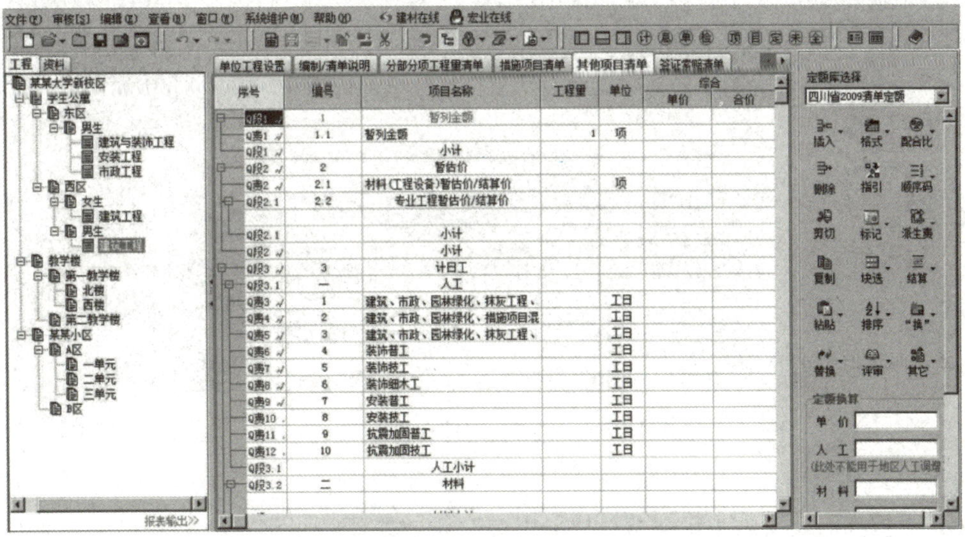

图4-51　单位工程其他项目清单计价表页面

2）工程项目其他项目清单/零星人工单价清单，对整个工程项目提供时，其他项目清单与零星工作项目人工单价清单是完全分开的，操作界面在工程项目招（投）标清单功能标签中，如图4-52（其他项目清单及计价表）和图4-53（零星工作项目清单及计价表）所示。

其他项目清单及计价表招标人部分工程预留金、材料购置费及投标人部分的总承包服务费，数据均在此直接录入，用户也可执行插入行、删除当前行、清除所有行、保存为内容模

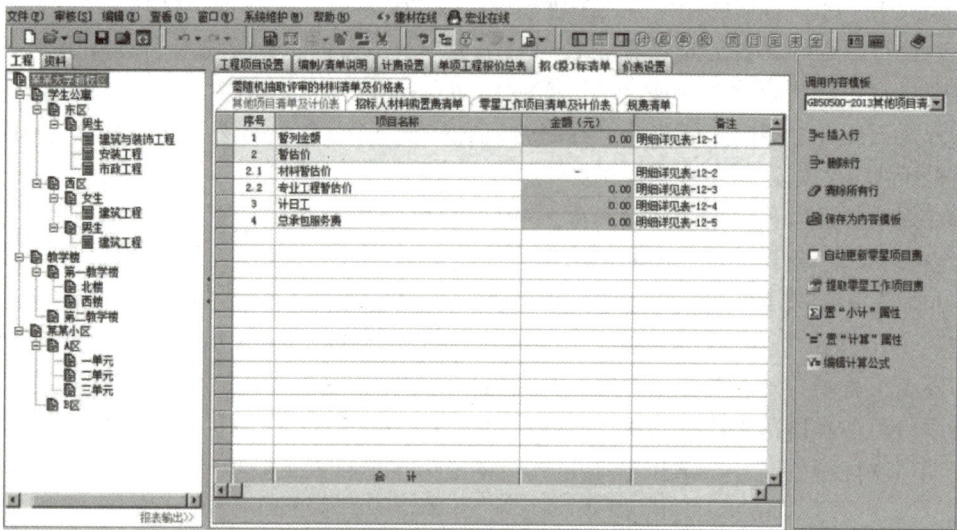

图 4-52　工程项目其他项目清单及计价表

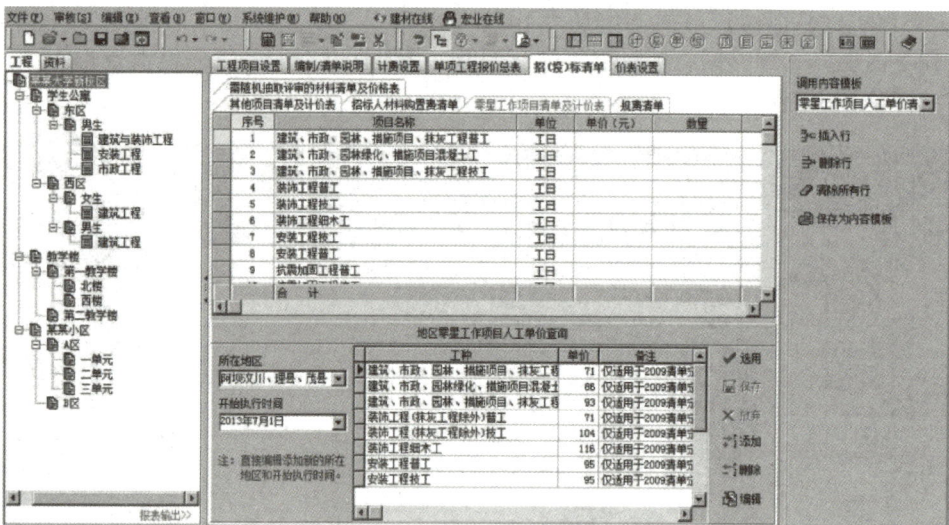

图 4-53　零星工作项目清单及计价表

板及设置"小计"属性等操作。

编辑数据为"××省工程量清单招标用表"中"工程项目汇总报表"的"其他项目清单及计价表"的数据来源。

零星工作项目人工单价清单系统以模板方式体现，根据工程需要可任意修改其中内容，也可保存为内容模板以便以后直接调用。

当招标方提供零星工作项目人工单价清单时，只需编辑、修改序号及项目名称内容，不录入单价信息，最后得到《××省工程量清单招标用表》中"工程项目汇总报表"的"零星工作项目人工单价清单"报表；当投标方对零星工作项目人工单价报价时，根据招标方提供的清单填入其单价数据，最后得到《××省工程量清单计价用表》中"工程项目汇总报表"的"零星工作项目人工单价报价表"报表。

单价数据的编辑有以下两种处理方式：

①直接录入单价数据。

②调用单价信息。在该界面的下面有一个"单价信息"辅助窗口，可利用鼠标拖拉之间的间隔带调整表格的区域大小。

单价信息窗口内根据所在地区及执行开始时间显示出相应的单价数据及备注内容。

编辑内容：首先在相应编辑框内录入所在地区名称及执行开始时间（如已存在，可从下拉菜单中选择调用），再在对应的右边区域编辑录入工种、单价及备注内容（工种录入时，也可从下拉菜单中选择调用，备注可不录入），然后根据窗口右边配置的保存、放弃、添加、删除操作按钮完成编辑。

数据的调用：首先选择当前工程的所在地区及执行开始时间，然后在当前行位置选择对应数据，双击调用或单击"选用"按钮即可。

4.5　编辑工料机汇总界面

1. 智多星计价软件

工料机汇总分析是当前单位工程中分部分项与计量措施的人工、材料、机械台班消耗量汇总，在工料机汇总窗口中可以完成对人材机单价的调整、材料属性的定义等操作。

（1）信息价下载　进入帮助菜单，执行下载信息价菜单命令，选择信息价地区，单击查询，勾选需下载的类别，单击下载命令，下载完成会提示下载完毕，如图4-54所示。

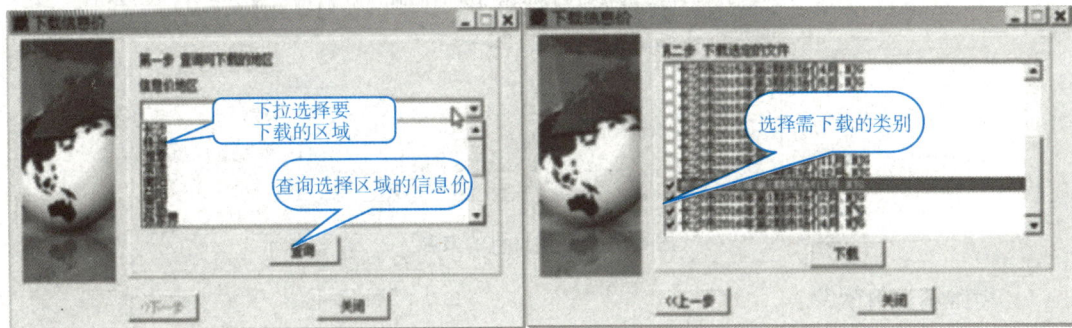

图4-54　信息价下载

（2）套用信息价文件　在工料机汇总窗口单击鼠标右键，执行右键快捷套用信息价菜单命令，打开套用信息价对话框，根据提示选择信息价文件进行套用即可，如图4-55所示。

除了套用信息价文件外，也可以直接修改人工、材料、机械台班的市场价，但可分解的配合比与机械台班不能直接调价，只能通过调整其组成成分单价，软件自动计算配合比与台班的单价。

（3）查找材机的来源　用鼠标选择欲反查来源的材机项，单击鼠标右键，执行右键菜单查找材机来源命令，即可打开材机来源对话框，双击检索出来的清单或子目项即可快速定位到该清单子目行上，并可以在此对话框中实现对此项材机的整体替换，如图4-56所示。

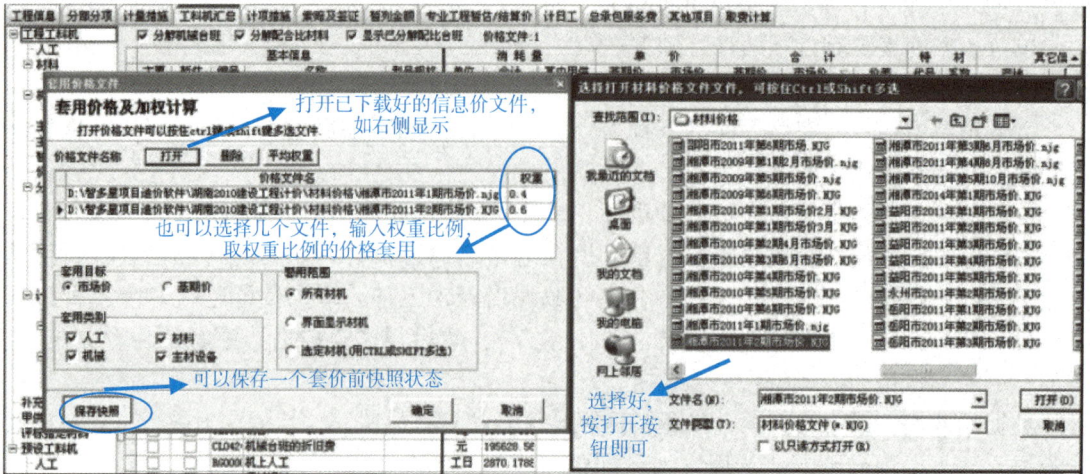

图 4-55　套用信息价文件

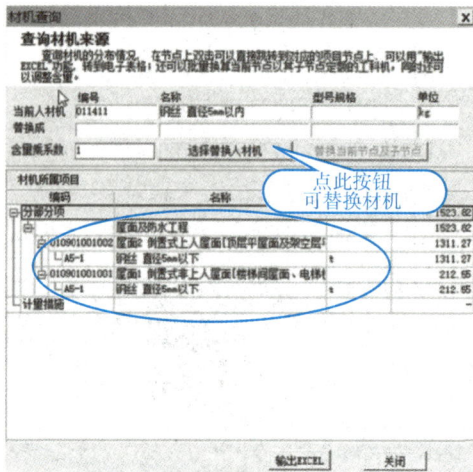

图 4-56　查找材机的来源

2. 斯维尔计价软件

工料机汇总表是计价表定额构成人工、材料及机械的综合汇总，主要分为 7 个子界面：全部、人工、计价材料、未计价材料、设备、机械、合价≥500。各子界面具有材料"特殊要求"的录入、价格的调整、材料打印设置、三材分类设置及调价表设置等功能。工料机汇总表操作界面如图 4-57 所示。

该界面共分为 5 个区域，其具体内容为：左边为工程列表窗口，用户可根据需要进行显隐设置；最右边为当前页的工具栏，包括"工料表编辑""材料价格表"及"材料比重" 3 个部分，也可根据需要进行显隐设置；"工料表编辑"包括的内容如图 4-58 所示。

1）查看当前材料相关定额：执行查看相关定额菜单功能或直接双击当前材料行，即可进入如图 4-59 所示的查看材料相关定额窗口。窗口内列出当前材料在计价表定额中的使用情况，在此可以查询该材料所在定额的序号、定额编号、项目名称、工程量、单位及各定额使用该材料的耗量。

图4-57　工料机汇总表

图4-58　工料表编辑

图4-59　查看当前材料相关定额

2) 查看配合比使用情况：在工料机汇总表中显示当前单位工程除配合比材料外所有材料，需要查看所用配合比材料使用情况时，执行环境菜单或工具栏按钮查看配合比使用情况功能。弹出对话框中显示使用配合比材料的名称、消耗量、单位、基价及单价项内容。

"查看配合比使用情况"窗口内容可"打印""预览""保存至Excel"，是否打印、预览相应定额内容，根据"全部展开"按钮控制，如图4-60所示。

图4-60　查看配合比使用情况

3）材料表信息查找：查找字段包括材料名称及产地、品牌及特殊要求，查找范围则为当前工料机汇总表所有内容；查找内容、查找方式及其他操作方法等同计价表信息查找相应功能，查找界面如图 4-61 所示。

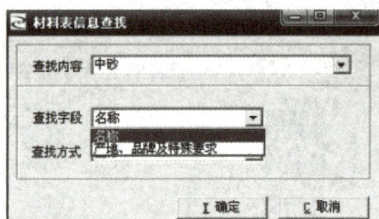

图 4-61　材料表信息查找

4）存入用户补充材料库：执行此功能，会弹出如图 4-62 所示的"材料库更新"窗口。在窗口左上角可选择需加入材料库对应的定额库，系统缺省为当前工程使用定额库；后边仅显示不存在于该材料库中材料条数；中间区域内显示不存在于材料库中的材料明细及是否保存设置（打"√"表示要保存，反之为不保存），此处的材料信息不能进行任何修改，需修改只能在材料库维护中完成；下边为是否保存的选择设置按钮"全选"（打"√"表示全选，反之为全不选）、"存入用户补充材料库"按钮及"关闭"窗口按钮。

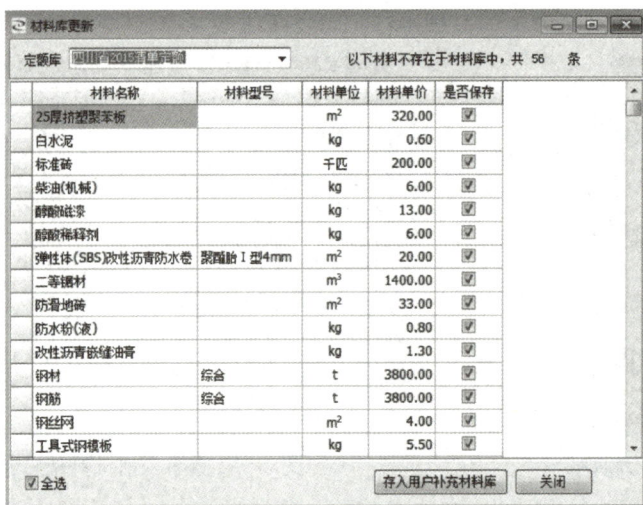

图 4-62　材料库更新

操作步骤如下：①选择对应定额库；②材料是否保存设置；③单击"存入用户补充材料库"按钮，执行后，弹出如图 4-63 所示对话框，提示用户"向选择定额库的用户补充材料库成功添加材料条数"，需用户进行确认，确定后材料库更新窗口重新显示出未加入到用户补充材料库中剩下材料明细；④关闭材料库更新窗口。

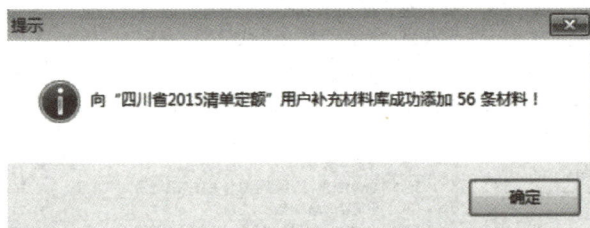

图 4-63　存入用户补充材料库

5）另存为材料价格表，将工料机汇总表中价格信息保存到原有的某材料价格表中或新存一张单独的价格表。保存到原有价格表时，系统将提示"该文件已经存在，是否需要覆盖"，新存一张单独的价格表时，需要在如图4-64所示对话框"文件名"框中输入价格表名称，输入的价格表名称不能与数据库中已有的价格表重名。这时新价格表将保存到用户设置位置，以后可直接选用。

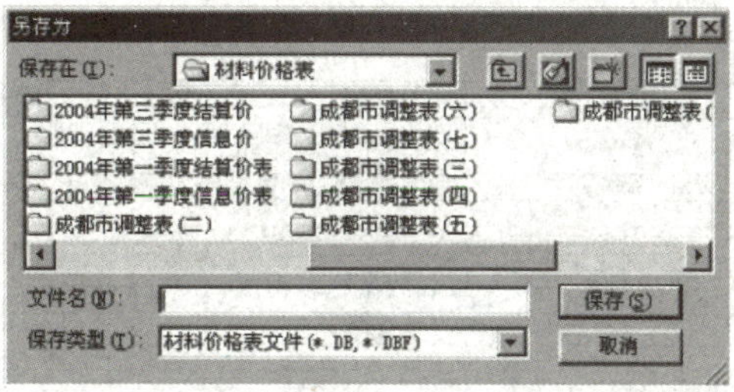

图4-64　另存为材料价格表

4.6　单位工程取费界面、报表的编辑与打印

1. 智多星计价软件

（1）取费文件界面　取费计算窗口是整个单位工程的造价数据组成汇总，软件自动根据系统内置变量生成数据结果，不需要操作人员进行任何修改，如图4-65所示。

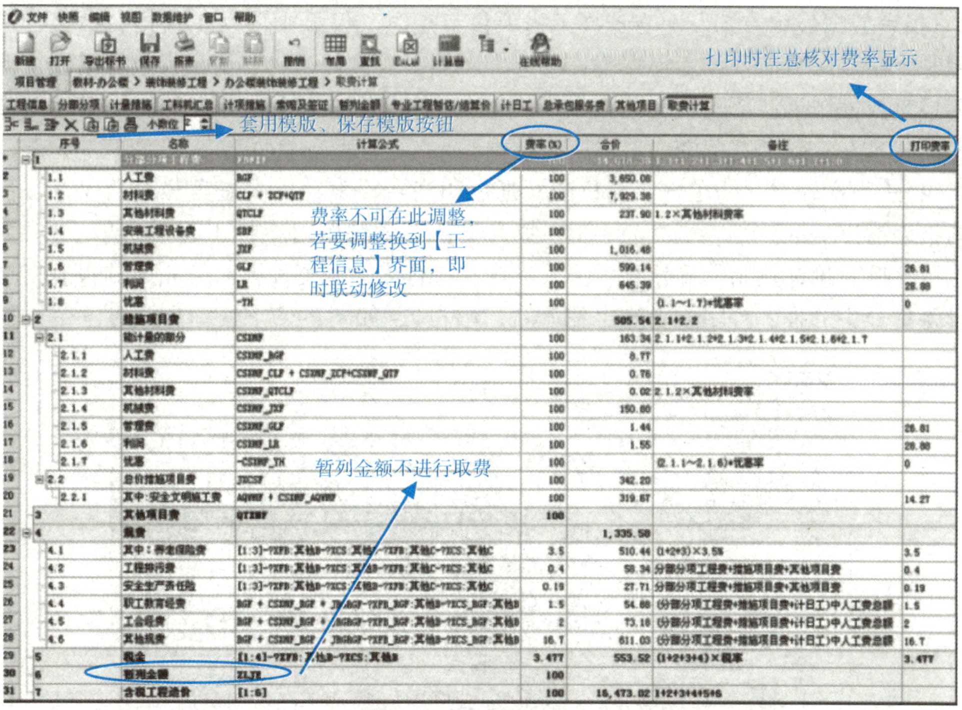

图4-65　取费文件界面

（2）报表的编辑与打印

1）报表编辑是对报表数据源的定义，即根据报表数据输出要求，对报表进行数据字段

输出、系统常量、变量、函数的定义等，如图 4-66 所示。

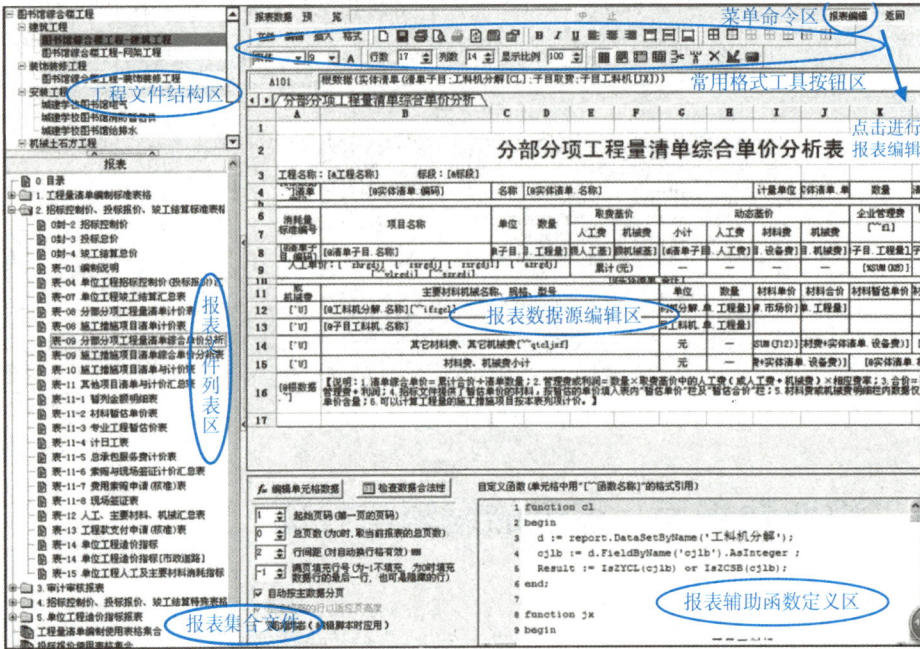

图 4-66　报表的编辑

2）报表数据显示：①左上方选择工程项目节点时，仅显示项目工程相关报表；选择单位工程时，仅显示当前单位工程报表；②选择左侧报表文件，再单击报表数据按钮，即可显示当前报表数据结果；③当报表数据出现"####"字符时，可适当拉大单元格列宽或缩小字号，以满足在有限纸宽范围内显示所有数据。

3）报表打印输出：①单击打印机图标则打印当前报表，单击磁盘开关的保存按钮，可将当前报表输出 Excel 文件；②选择报表集合文件：软件中对招标工程量清单、投标报价、竣工结算、招标投标控制价等建立了报表集合，操作人员根据需要打开相应的报表集合，即可成批将集合中的报表打印或者输出到 Excel 文件中，如图 4-67 所示。

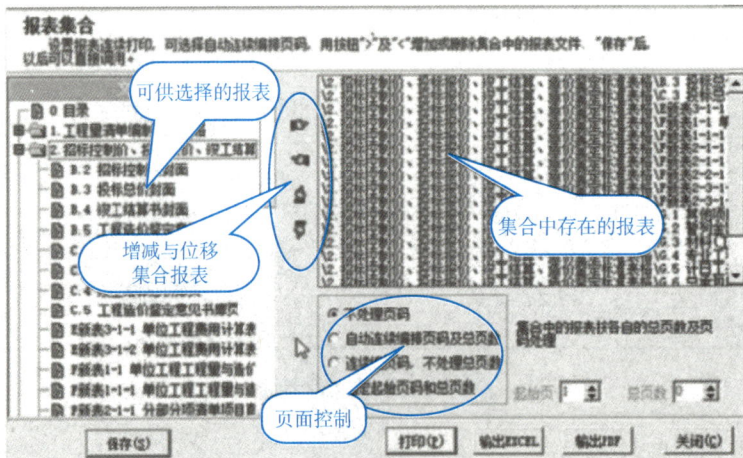

图 4-67　报表集合

2. 斯维尔计价软件

（1）取费文件界面　单击任务栏的"取费文件"，切换至取费文件窗口，在此界面可修改计费程序的费率，编辑费用计算表达式，添加、删除费用项，以及建立多个专业取费文件等操作；同时还可以设置当前工程的单价分析程序。

（2）报表的编辑与打印　为适应报表的多样化，用户可修改已有报表，也可进行全新的报表设计。所有的报表都具备预览、打印及保存到 Excel 等功能。根据用户不同需要，共有两种不同处理方式。

1）直接在当前界面单击快捷按钮区 ![按钮] 的按钮。由于同一界面对不同工程可能需要不同的报表，因此需要用户设置当前页缺省报表，否则显示为"预览缺省报表：无"。若预览缺省报表没有时，可直接选择按钮菜单所列报表进行预览、打印或保存到 Excel。同一界面内不同对象可设置不同缺省报表。如清单/计价表中，对分部分项工程量清单、措施项目清单一、措施项目清单二及其他项目清单均可进行分别设置缺省预览、打印、保存到 Excel。

缺省预览、打印、保存到 Excel 的设置：单击按钮后的倒三角形按钮，执行设置当前页缺省报表菜单功能，弹出如图 4-68 所示对话框，选择需要报表打开即可。对预览、打印及保存到 Excel 进行设置，其余两种自动生成相同报表。选中报表，单击快捷按钮区的预览、打印或保存到 Excel 按钮，显示预览缺省报表：D1 分部分项工程量清单计价表。

这种方式设置显得更直观、方便，但需要设置的报表一定在报表文件中存在，并且一次只能预览、打印一个报表。也可通过同样的方法取消当前页缺省报表或重新设置新的缺省报表。

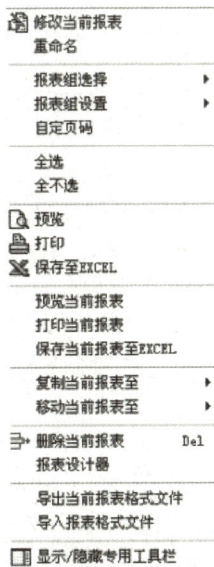

图 4-68　报表设置

2）报表中心界面。用户可单击主菜单"报表 R"按钮或快捷按钮区内报表输出按钮快速进入"报表中心"窗口；也可先进入工程项目子窗口，单击进入到报表中心页面，其界面如图 4-69 所示。

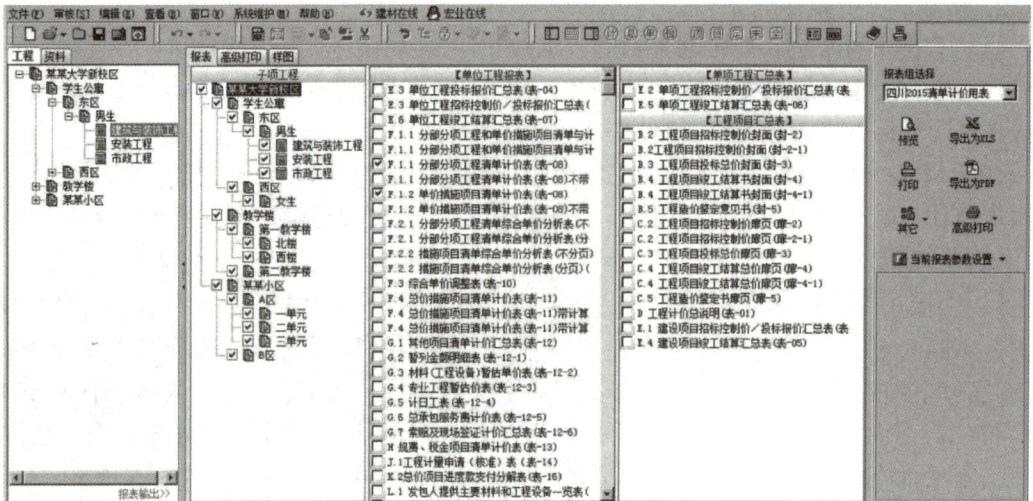

图4-69　报表中心界面

3）报表的修改。在报表中心界面，执行报表环境菜单中修改当前报表或单击报表设计器按钮均可进入到计价专家报表设计器窗口中。执行修改报表进入报表设计器时，显示的是当前报表内容。修改报表内容方法与新建报表操作步骤与方法相同，如图4-70所示。

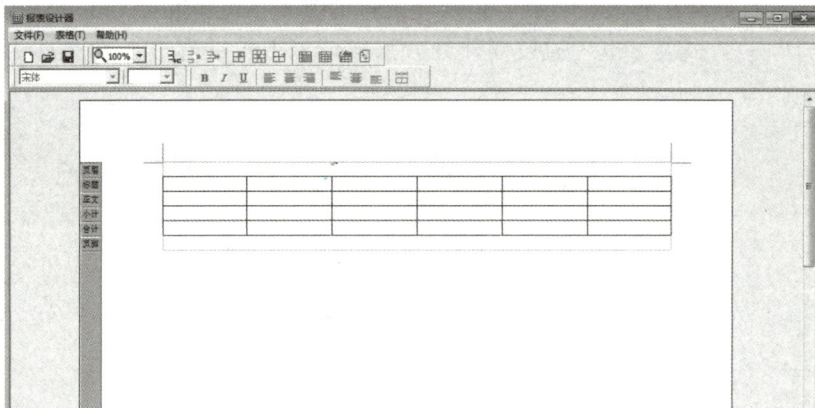

图4-70　报表的修改

4）报表的选择与导出。当报表设置完成后，选中需要打印或导出的表格，在表格右边选择不同的方式导出，如图4-71所示。

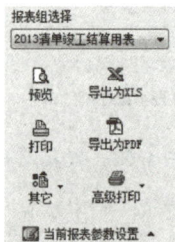

图4-71　报表的选择

5）报表模块主要是完成报表组以及报表和报表参数的选择和设置，打印参数设置功能；在报表中心工具栏直接设置打印参数；使用更加方便直观；显著减少报表数量；显著增加报表多样性。用户可以根据自己的需要在打印设置处修改参数。单击当前报表参数设置会弹出打印设置窗口，如图4-72所示。

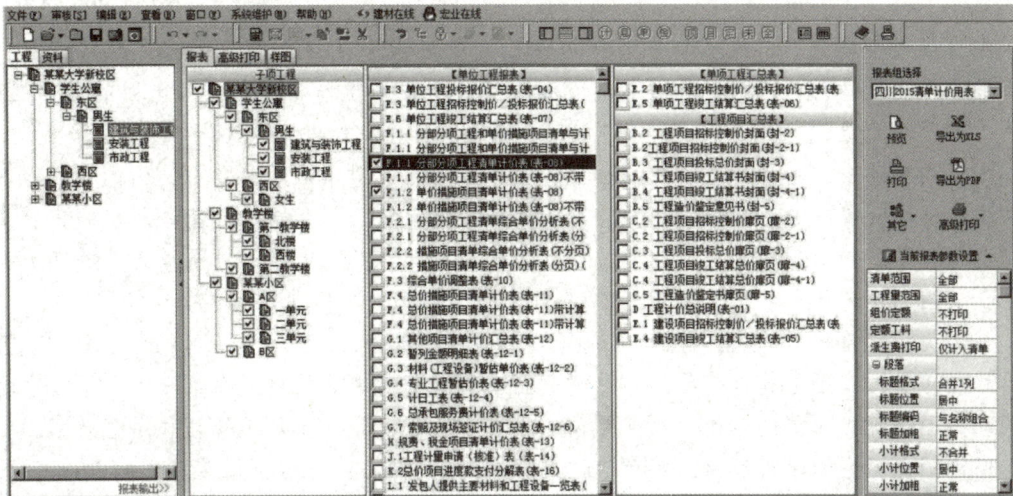

图4-72　打印设置的窗口

6）高级打印。增设高级打印功能页专门管理批量打印任务，支持从不同报表组下分批选择报表加入批量打印队列；支持手动或自动调整报表打印顺序；支持统一生成页码、预留页码及页码格式设置；随工程保存批量打印任务列表，如图4-73所示。

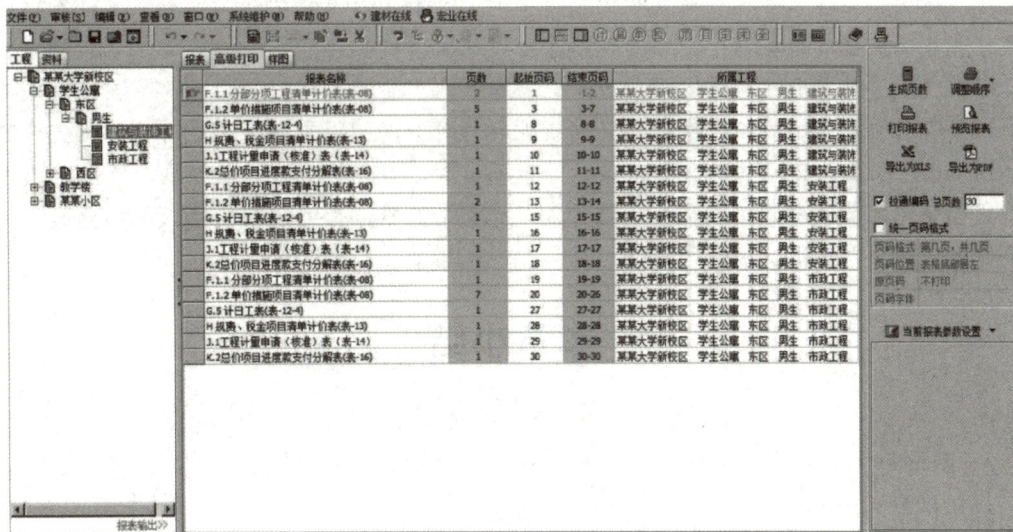

图4-73　高级打印

素质拓展案例

火神山

"基建狂魔"

在这场艰苦卓绝的"战疫"中，建筑业积极响应国家号召，挺身而出，为防疫提供场馆建设，与病毒和死神赛跑，将"基建狂魔"的优势发挥得淋漓尽致，为全面取得"战疫"胜利做出了巨大贡献。

武汉飞速建成的火神山、雷神山医院，其速度让世界对中国又有了一次新的认识。其中火神山临时医院仅用10天就建造完成，拥有1000张床位，并开始收治新型冠状病毒肺炎患者，这是一种基于工业化和制造业的技术，建设效率非常高，彰显了中国建筑业的实力。奥地利、法国、西班牙、俄罗斯等国家的媒体毫不吝啬，为"火神山速度"点赞。

从火神山、雷神山医院，再到"方舱医院"，中国建筑行业一再创造奇迹速度，令全球刮目相看。在防疫阻击战打响后，各个建筑企业迅速响应中央号召，在第一时间用数字化技术调动全国资源，向防疫前线紧急配置输送人员和物资，充分显示了管理和运营效率。

中国拥有庞大的建筑产业，年产值达到30万亿元左右，约占国民生产总值26%，相关企业几十万家，从业人员超五千万人，拥有丰富的建筑和装配经验，为"火神山速度"打下坚实基础。

同时，智能化设计普遍应用，搭建产业链的有效支撑，也提升了建设速度。此次"两山"医院、"方舱医院"的建设均采用了数字化设计，极大缩短了设计时间，工厂化装配定制生产实现了"积木式"搭建拼装，提高了建设施工速度。火神山、雷神山医院都比小汤山医院规模大，但设计、建设时间却大幅度提升，凸显了建筑数字化的优势。可以看出，建筑数字化具有广阔的市场前景，将给建筑企业带来更多的机会。

目前，我国建筑业已经进入深化改革、转型升级的重要时期，数字化变革和转型必将带来前所未有的机遇和挑战。数字建筑是建筑业转型升级的核心引擎，通过对建筑业全价值链的渗透与融合，打破产业边界和传统的生产链条，释放市场活力和生产要素的配置，通过市场手段整合优化行业资源，优化经济结构，节省交易成本，提升产品的技术水平，加速传统生产方式变革，实现促进建筑产业转型升级和提质增效。

本章小结

1）运用智多星项目管理软件和斯维尔清单计价完成工程项目新建。

2）运用智多星项目管理软件和斯维尔清单计价进行分部分项工程量清单的编制及组价、换算和调价。

3）运用智多星项目管理软件和斯维尔清单计价进行措施项目工程量清单的编制及组价、换算和调价。

4）掌握智多星项目管理软件和斯维尔清单计价其他项目清单费用组成及数据输入。

5）运用智多星项目管理软件和斯维尔清单计价进行市场价载入、工料机用量和价格调整。

6）运用智多星项目管理软件和斯维尔清单计价进行报表预览和导出，掌握造价文件装订。

实训练习

一、单选题

1. （　　）输入单位工程的概况信息，而单位工程名称则根据项目管理窗口中的命名自动生成。

A. 工程信息　　　　B. 工程概况　　　　C. 编制说明　　　　D. 费率变量

2. （　　）是指该清单项目套用的定额不存在定额人工费、材料费、机械费等系数调整或定额换算等情况，一般直接套用定额即可。

A. 普通清单项目计价　　　　　　B. 需系数调整的清单项目计价
C. 需定额换算的清单项目计价　　D. 普通定额项目计价

3. 装饰工程超高增加费按檐口高度（　　）m 以上装饰装修工程的人工费、机械费，分别乘以人工、机械增加系数。

A. 10　　　　B. 20　　　　C. 30　　　　D. 40

4. （　　）的工程设置及清单编制说明可直接输入数据内容，也可从工程项目中读取相应数据再做一定修改。

A. 单位工程　　B. 单项工程　　C. 措施项目　　D. 分部分项工程

5. （　　）是软件的一个预防风险的功能，在编制过程中要不定期对项目文件进行保存，确保系统意外中断退出不丢失数据。

A. 新建　　　　B. 打开　　　　C. 保存　　　　D. 备份恢复

二、多选题

1. 其他项目清单编制招标投标阶段根据要求编制（　　）。

A. 暂列金额　　　B. 专业工程暂估价　　C. 计日工
D. 措施项目费　　E. 总承包服务费

2. 智多星常用菜单命令有（　　）。

A. 保存　　　B. 文件　　　C. 快照
D. 编辑　　　E. 视图

3. 项目信息一般包括（　　）等。

A. 投标文件　　　B. 项目编号　　　C. 招标人信息
D. 投标人信息　　E. 招标文件

4. 招标人在工程量清单中提供的用于支付必然发生但暂时不能确定的有（　　）。

A. 服务工作的金额　　B. 价格的材料　　C. 工程设备的单价
D. 专业工程　　　　　E. 专业暂估价

5. 项目工料机界面里所有汇总的单项工程和单位工程有（　　）。

A. 人工　　　B. 材料　　　C. 价格
D. 单价　　　E. 机械消耗量

三、简答题

1. 简述智多星编辑计价项目管理的操作界面。
2. 编辑公式所使用的变量及规则规定有哪些？
3. 报表打印输出有哪些步骤？

实训工作单

班级		姓名		日期	
教学项目		智多星和斯维尔计价软件应用			
学习项目	了解软件的布置以及熟悉编制流程；认识编辑计价项目管理界面；掌握如何操作分部分项工程量清单及组价界面，如何操作措施项目、其他项目清单及组价的界面，编辑工料机汇总界面，单位工程取费界面、报表的编辑与打印		学习要求	重点掌握如何操作分部分项工程量清单及组价界面，如何操作措施项目、其他项目清单及组价的界面，编辑工料机汇总界面	
相关知识					
其他内容					
学习记录					
评语				指导老师	

第5章

斯维尔三维算量软件应用

【学习目标】

1. 了解三维算量软件的基本操作
2. 了解算量软件图纸的识别
3. 了解算量软件的构件图形识别流程
4. 了解算量软件的构件钢筋识别流程

【素质目标】

拓展学生知识面，开阔视野，培养学生适应行业发展的数字化、智能化趋势。

【教学目标】

本章要点	掌握层次	相关知识点
三维算量软件的基本操作	三维算量软件的基本操作流程	三维算量软件的快速操作流程
算量软件图纸的识别	算量软件图纸的导入	算量软件图纸的管理
算量软件的构件图形识别流程	算量软件的构件图形的识别	算量软件的构件图形的绘制
算量软件的构件钢筋识别流程	算量软件的构件钢筋的识别	算量软件的构件钢筋布置

5.1 三维算量软件的基本操作

快速入门操作步骤　　三维算量软件相关术语解释

1. 启动软件

启动"斯维尔 BIM 三维算量 2022 for CAD"软件有两种方式：一是用鼠标左键单击计算机屏幕左下角的"开始"菜单，单击"所有程序"→"斯维尔软件"→"斯维尔 BIM 三维算量 2022 for CAD"；二是双击计算机桌面上"斯维尔 BIM 三维算量 2022 for CAD"。需要注意的是，"斯维尔 BIM 三维算量 2022 for CAD"软件以 AutoCAD 为平台运行，所以用户计算机中应先安装 AutoCAD 软件。

2. 退出软件

完成工作后，退出"斯维尔 BIM 三维算量 2022 for CAD"只需要执行"文件"→"退出"命令即可。若执行"退出"命令之前没有保存当前工程文件，系统将弹出如图 5-1 所示的对话框，提示用户是否保存当前的工程文件。

若需要对工程进行保存，单击"是"按钮；若不需

图 5-1　工程保存提示框

要对工程进行保存，单击"否"按钮；单击"取消"按钮，不退出当前正在编辑的工程项目，也不退出三维算量软件。也可直接单击界面右上角的"关闭"按钮，退出"斯维尔BIM 三维算量 2022 for CAD"。

3. 新建工程

功能说明：创建一个新的工程。

菜单位置：【文件】→【新建工程】。

命令代号：tnew。

操作说明：本命令用于创建新的工程。如果当前工程已经做过修改，程序会先询问是否保存当前工程，当单击"是"或"否"按钮后，弹出"新建工程"对话框，如图 5-2 所示，要求在文件名栏中输入新建工程名称，单击"确定"按钮，新工程即建立成功。

4. 打开工程

功能说明：打开已有的工程。

菜单位置：【文件】→【打开工程】。

命令代号：topen。

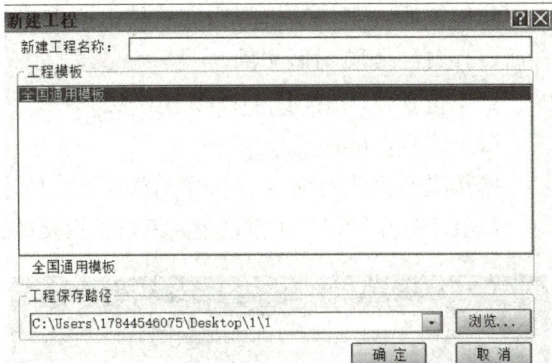

图 5-2　"新建工程"对话框

操作说明：和新建工程操作一样，如果当前工程已经做过修改，程序会询问是否保存原有工程。当单击"是"或"否"按钮后，弹出"打开工程"对话框，如图 5-3 所示。在对话框里有很多已做过的工程文件夹，双击需要打开的文件夹，该文件夹被打开。

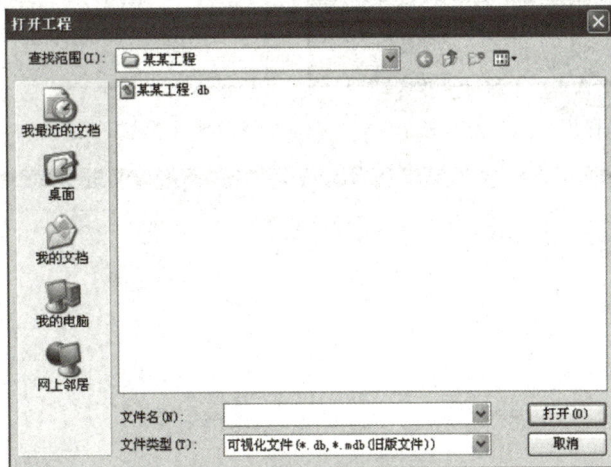

图 5-3　"打开工程"对话框

5. 保存工程

功能说明：保存当前工程。

菜单位置：【文件】→【保存工程】。

命令代号：tsave。

本命令用于保存当前工程，如图 5-1 所示。

6. 另存工程

功能说明：将当前工程另外保存一份。

菜单位置：【工程】→【另存为】。

命令代号：tsaveas。

执行命令后，弹出如图 5-4 所示的"另存工程为"对话框，单击"保存"按钮，当前工程就被保存为另一个工程文件。

7. 恢复楼层

功能说明：当计算机因为突然停电或者意外操作死机，可以用恢复工程命令来恢复最近自动保存过的楼层图形文件。

菜单位置：【文件】→【恢复楼层】。

命令代号：hflc。

操作说明：执行命令后，弹出如图 5-5 所示的"打开工程"对话框。

单击"打开工程"中欲恢复的最近工程文件，弹出"工程恢复"对话框，如图 5-6 所示。

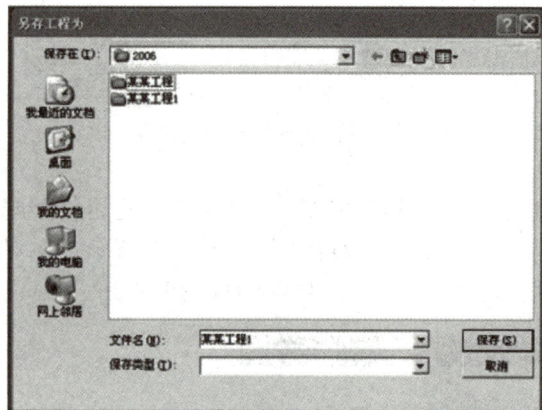

图 5-4　"另存工程为"对话框

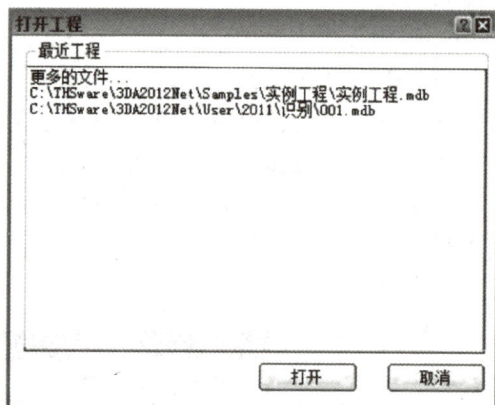

图 5-5　"打开工程"中"最近工程"对话框

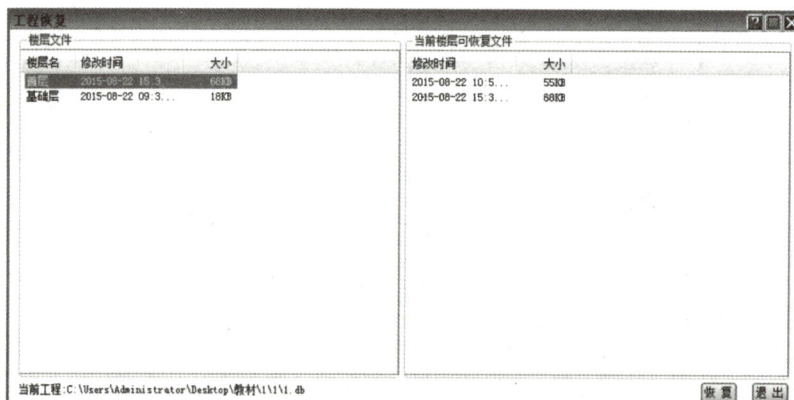

图 5-6　"工程恢复"对话框

选择需要恢复的楼层名称，单击"确定"按钮或双击楼层名称，即可成功恢复该楼层最近自动保存过的图形文件。关于自动保存的设置，请参照"工具"→"系统选项"。如果找不到自动备份文件，右边可选文件就是空的。如果要恢复某个楼层名称的图形文件，请确认当前处于未被打开的状态。

8. 工程设置

功能说明：设置所做工程的一些基本信息。

菜单位置：【工具菜单】→【工程设置】。

命令代号：gcsz。

执行命令后，弹出"工程设置"对话框，共有 6 个项目页面，单击"上一步"或"下一步"按钮，或直接单击左边选项栏中的项目名称，就可以在各页面之间进行切换。

（1）计量模式　"计量模式"对话框如图 5-7 所示。

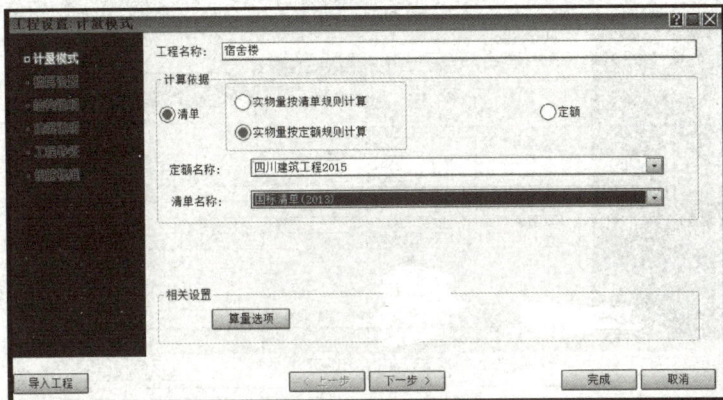

图 5-7　"计量模式"对话框

"工程名称"：指定本工程的名称。

"计算依据"：计算依据的选择涉及清单库与定额库，同时也要结合不同地区的本地化设置；对于清单、定额模式的选择，清单模式下可以对构件进行清单与定额条目的挂接；定额模式下只可对构件进行定额条目的挂接；界面中的构件不挂清单或定额时，以实物量方式输出工程量，清单模式下其实物量有按清单规则和定额规则输出工程量的选项，定额模式下实物量按定额规则输出实物量。

导入工程时的注意事项

"导入工程"：用于导入其工程的设置内容，单击按钮，弹出"导入工程设置"对话框。

（2）楼层设置　"楼层设置"对话框如图 5-8 所示。

"添加"：添加一个新楼层。

"插入"：在栏内当前选中楼层前插入一个新的

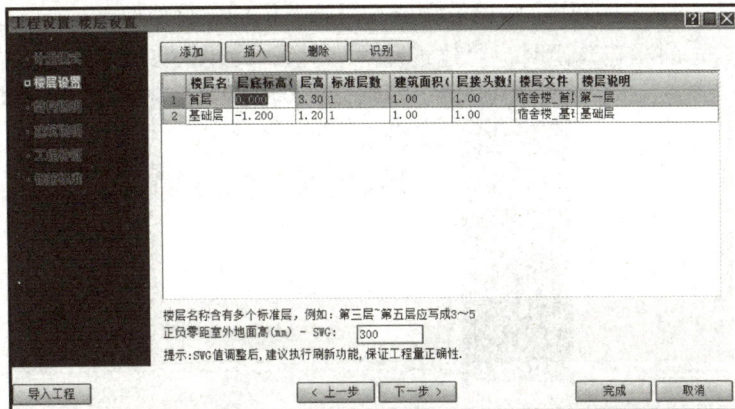

图 5-8　"楼层设置"对话框

楼层。

"删除"：删除栏中当前选中层。

"识别"：用于识别电子图档内的楼层表。

"正负零距室外地面高"：设置正负零距室外地面的高差值，此值用于挖基础土方的深度控制，不填写时挖土方为基础深度。

设置楼层时要注意：首层是软件的系统，名称是不能修改的。层底标高是指当前层的绝对底标高。层接头数量如果为0，则这层不计算竖向钢筋搭接接头数量，机械连接接头正常计。标准层数不能设置为0，否则该层工程量统计结果为0。

（3）结构说明 "结构说明"对话框如图5-9所示。

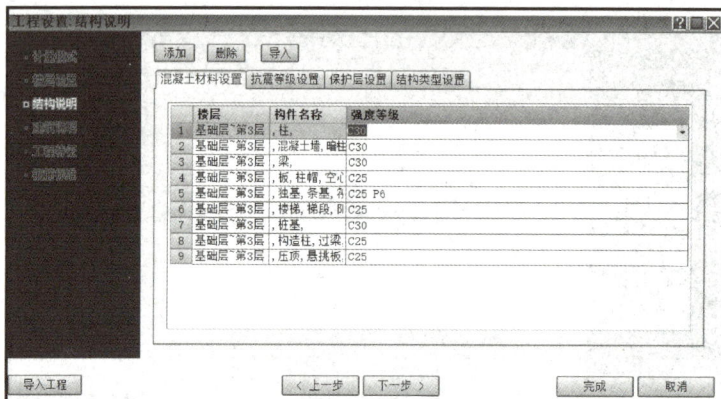

图5-9 "结构说明"对话框

"混凝土材料设置"：本页面包含楼层、构件名称、强度等级三列内容，按设计要求一一对应设置即可。

"抗震等级设置"：设置方法与混凝土材料设置基本一样。其结构类型只有在选定某个构件的时候才有用，抗震等级能在可选范围内进行修改。

"保护层设置"：用户可以在构件保护层设置值栏进行修改，在这里修改的保护层值，将沿用到钢筋计算设置中的保护层设置上，影响构件保护层厚度属性的默认取值。

"结构类型设置"：用户可以在类型代号栏里进行修改，其结构类型只有在定义某个构件的时候才有用，结构类型能在可选范围内进行修改。

（4）建筑说明 "建筑说明"对话框如图5-10所示。

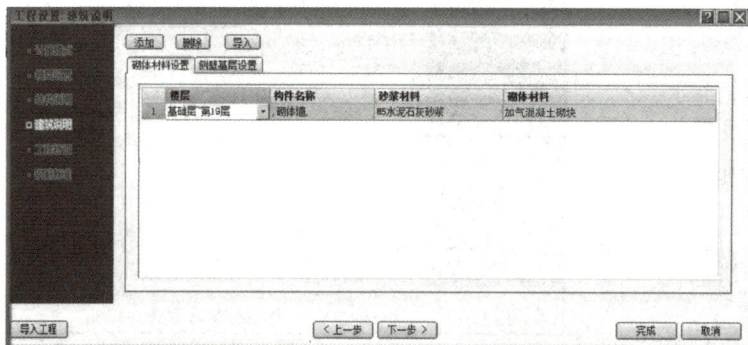

图5-10 "建筑说明"对话框

"砌体材料设置"：操作方法和混凝土材料设置基本一样。

"侧壁基层设置"：含有墙体保温非混凝土基层，以及墙面、踢脚、墙裙、其他面的非混凝土墙材料的设置。

（5）工程特征 "工程特征"对话框如图5-11所示。

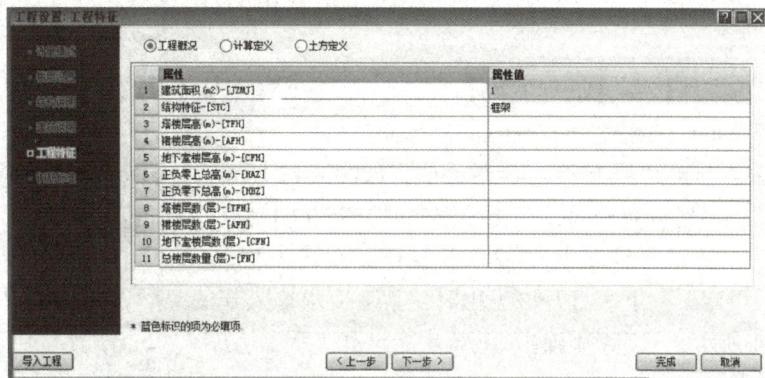

进行侧壁基层设置的目的

图5-11 "工程特征"对话框

该页面包含了工程的一些全局特征设置。填写栏中的内容可以从下拉选择列表中选择，也可手动填写合适的值。在这些属性中，蓝颜色标识属性值为必填内容，其中地下室水位深用于计算挖土方时的湿土体积。其他蓝色属性是用于生成清单的项目特征，作为清单归并统计条件。在对应的设置栏内将内容设置或指定好，之后系统将按此设置进行相应项目的工程量计算。

"工程概况"：含有工程的建筑面积、结构特征、楼层数量等内容。

"计算定义"：含有梁的计算方式、是否计算墙面铺挂防裂钢丝网等的设置选项。

"土方定义"：含有土方类别的设置、土方开挖的方式、孔桩地层分类等的设置。

（6）钢筋标准 "钢筋标准"对话框如图5-12所示。

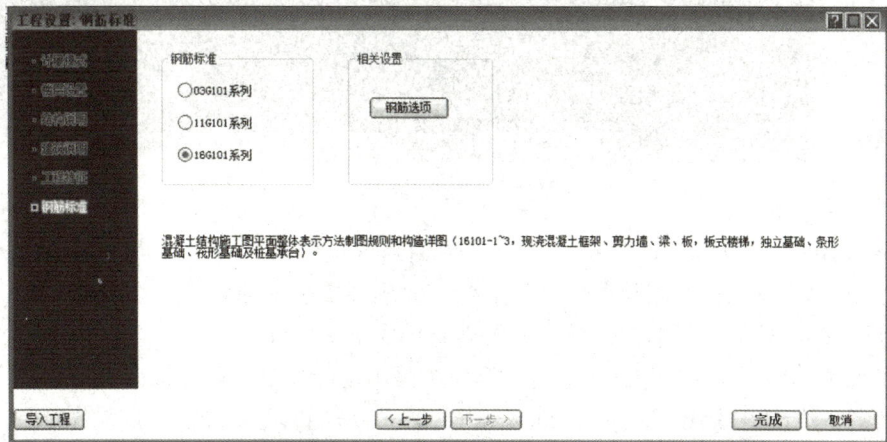

图5-12 "钢筋标准"对话框

该页面用于选择采用什么标准来计算钢筋。在钢筋标准栏内选择某种钢筋标准，在栏目的下方会显示有该标准的简要说明。

"钢筋标准"：该按钮用于用户自定义一些钢筋计算设置，也可进入"钢筋选项"对话框查看软件对钢筋计算所设置的一些默认值。

9. 设立密码

功能说明：给当前工程设置密码，适用于多人共用的计算机。

菜单位置：【文件】→【设立密码】。

命令代号：slmm。

执行命令后，弹出"设立密码"对话框，如图 5-13 所示。

图 5-13   "设立密码"对话框

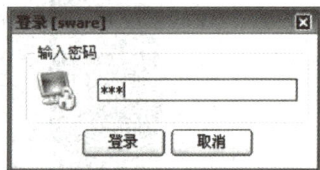

如果原有工程已经设有密码，要更改密码时，需在旧密码栏内填上原密码，在新密码编辑框中输入新密码，单击"确认"后，工程密码就设定了。下次打开该工程时，就会要求输入新的密码，如图 5-14 所示，只有密码输入正确才能打开工程。

图 5-14   "输入密码"对话框

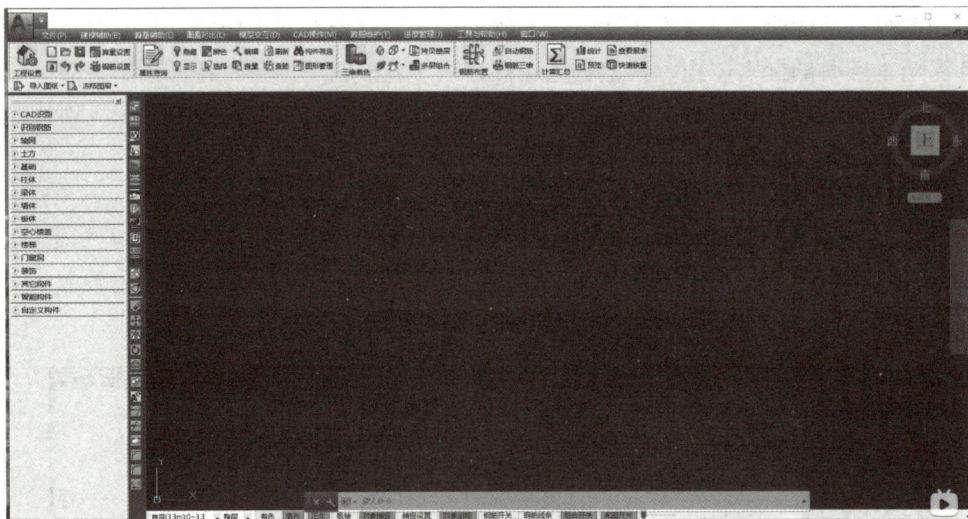

10. 主界面介绍

当进入"斯维尔 BIM 三维算量 2022 for CAD"软件后，首先出现的是"斯维尔 BIM 三维算量 2022 for CAD"软件主界面，如图 5-15 所示。

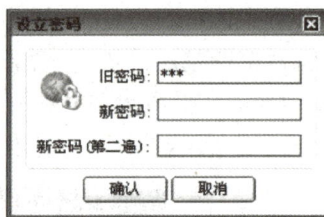

图 5-15   软件主界面

"斯维尔 BIM 三维算量 2022 for CAD"主界面与 AutoCAD 应用程序几乎一模一样。主界面菜单包括系统菜单栏、工具栏、屏幕菜单栏、导航器、布置修改栏、图形修改工具条、状态栏、命令栏、操作界面区 9 部分。

屏幕菜单

1）系统菜单栏：位于主界面的上方，其位置是固定的。菜单名称按功能类别命名，整个"斯维尔 BIM 三维算量 2022 for CAD"系统的所有功能都在系统菜单中，并按功能类别归类。

2）工具栏：作为常用的菜单入口，为选取方便，采用 Ribbon 风格。按工程设置、属性查询、三维着色、钢筋布置、计算报表与查量五大类分别分组，每一组第一个命令采用 32×32 的大图标来分隔各组。

3）屏幕菜单栏：除了 CAD 识别、识别钢筋以外，其他均为构件菜单。其分别按轴网、基础、柱体、梁体、墙体、板体、其他构件等类型分成 14 大类。比如梁体、暗梁、过梁、圈梁被分成一类，与习惯相符，查找构件菜单更为方便。

4）导航器：在编号上新增了右键命令，包括选择构件（同编号所有构件）、定义编号、查找文字（快速查找底图中的编号以及快速布置）、定位构件（逐个定位当前编号的构件）4 个命令。

5）布置修改栏：由通用或常用的 2 ~ 3 个命令和布置方式、相关编辑辅助命令和钢筋命令由左往右排布，一定程度上遵循建模的操作流程（布置→修改→钢筋）。此外，还将一些不常用的布置方式隐藏在下拉菜单中，这样，整个布置工具条简洁、美观，增强了其易用性。

6）图形修改工具条：快捷工具条主要用于帮助用户快速调用菜单，由用户自行决定调用哪种工具条。

7）状态栏：状态开关区集合楼层切换、正交、极轴、对象捕捉、对象追踪、组合开关、底图开关、轴网上锁、轴网捕捉等快捷命令开关，提高了操作效率。

8）命令栏：为 CAD 自带的快捷命令输入区，同时也是功能状态和操作提示区。

9）操作界面区：为绘图建模区、图形显示区。其不仅显示直观、逼真，更可支持多视口操作与观察。

11. 定义编号

功能说明：构件编号的定义、删除、修改以及挂接做法。构件编号定义在"斯维尔 BIM 三维算量 2022 for CAD"中各构件内都有操作。

菜单位置：【数据维护】→【编号管理】。

命令代号：dybh。

执行命令后，弹出"定义编号"对话框，如图 5-16 所示。

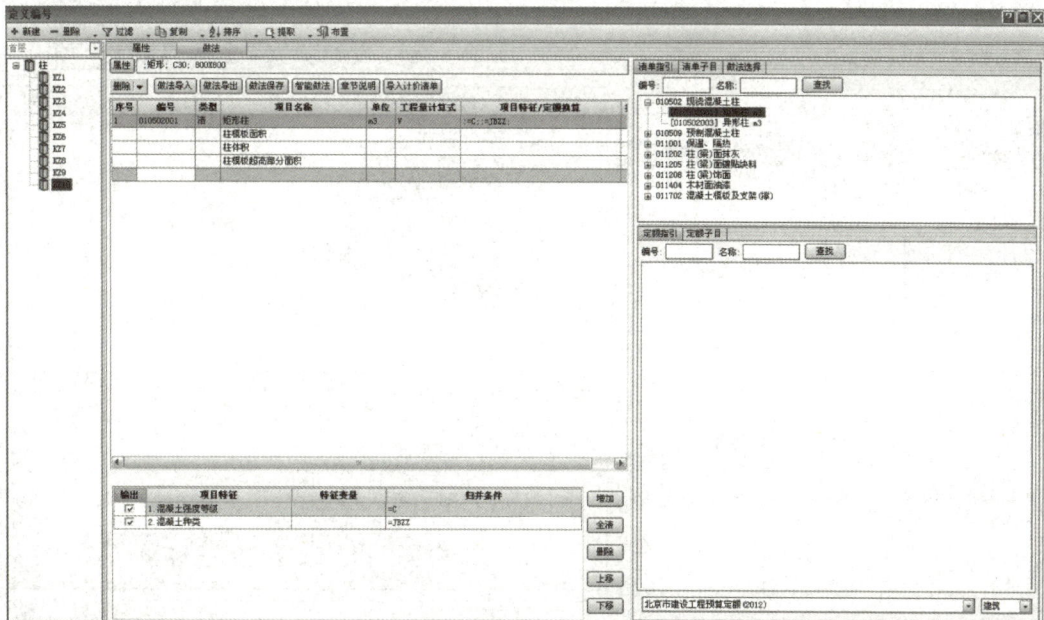

图 5-16　"定义编号"对话框

工程分析：本书以柱为例进行定义编号。结构类型为框架柱，截面形状为矩形，其他构件参照此柱定义即可。"数据维护"→"编号管理"→"结构"→"柱"进入定义编号界面，然后单击"新建"按钮。

单击"属性"按钮，根据图纸信息修改柱属性，以 YBZ1A 为例，如图 5-17 所示。

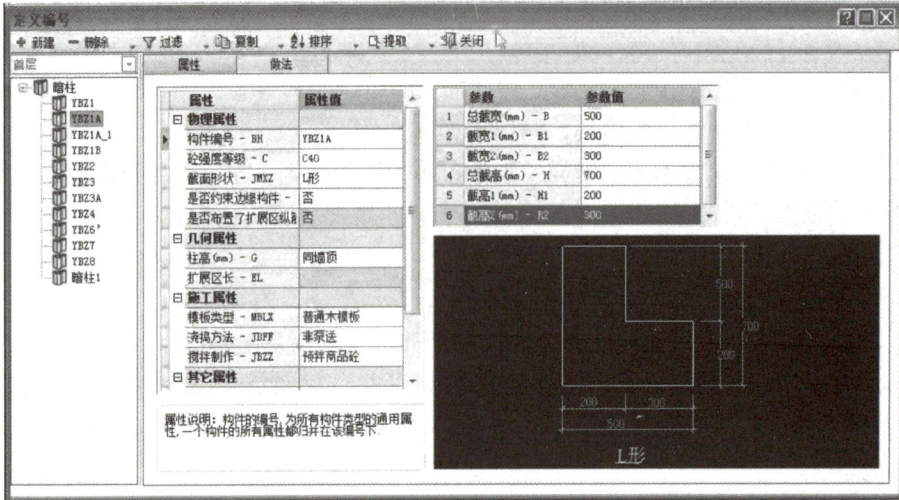

图 5-17   "属性"对话框

属性修改完成，构件挂接的做法：单击"做法"按钮，根据图纸信息修改做法，如图 5-18 所示。

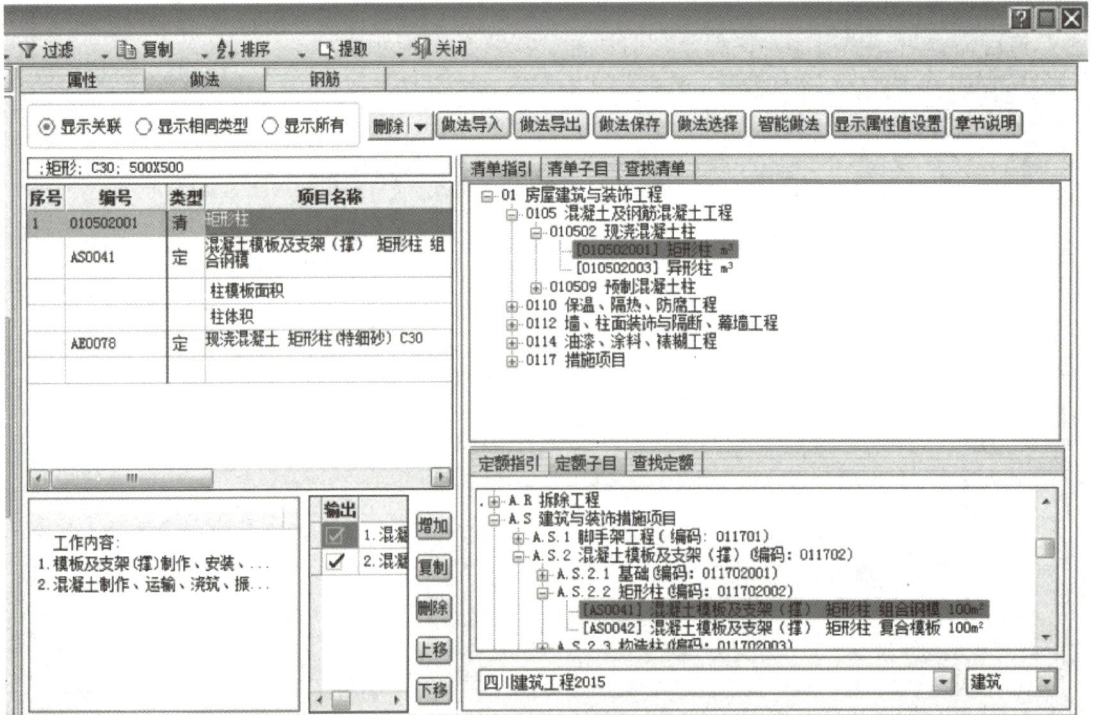

图 5-18   "构件做法"对话框

挂接柱的清单项目后，需要分别给柱的体积、模板面积挂接相应的定额子目。在挂接柱模板定额时，要正确选择计算式的换算条件，这里以"周长""柱高"为柱模板的换算条件。在进行做法操作时，要注意做法的其他几个操作方式。

"做法导入"：用于导入挂了做法的其他同类编号构件，但是不能导入构件上挂接的做法。

"斯维尔 BIM 三维算量 2022 for CAD"既可在编号上挂接做法（只能在编号定义中删除），也可在构件上挂接做法（只能在构件编辑中删除）。

"做法导出"：用于将当前正在编辑的构件编号上的做法，导出到其他楼层的同类构件上。

"做法保存"：将当前定义的做法保存起来以备再次使用。单击"做法保存"按钮，在"做法名称"栏内指定一个名称，再在"做法描述"栏内填写该做法的步骤（也可不填写），单击"确定"，即可保存当前编号的做法。

"做法选择"：用于将做法保存内的定额条目挂接到当前正在编辑的构件编号上。

"做法项目栏"：用户对当前构件编号挂接的做法都在本栏中显示，如图 5-19 所示。在该栏目内还可以对已挂接的清单、定额、构件的工程量计算式和换算信息进行编辑。

序号	编号	类型	项目名称	单位	工程量计算式	定额换算	指定换算
1	010502001	清	矩形柱	m³	V	...	
	AS0041	定	混凝土模板及支架（撑）矩形柱 组合钢模	100m²	S	... Hm:>3.9,4.9,5.9,6.9,7.9,	
			柱模板面积				
			柱体积				
	AE0078	定	现浇混凝土 矩形柱(特细砂) C30	10m³	V	... C:=C;	

图 5-19　"做法项目栏"对话框

可以对挂接的清单、定额条目进行修改，包括定额名称、工程量表达式、指定换算等。在选中的工程量项目内每挂接一条清单或定额时，软件默认的是对应的工程量计算式与基本换算，如柱子的体积，默认的表达式为"V"。如果认为该表达式不能满足要求，可在"工程量计算式"栏内修改计算式。

单击"工程量计算式"单元格内的"..."按钮，在弹出的"特征变量/计算式"对话框中编辑公式，如图 5-20 所示。

"定额、清单条目选择栏"：用于清单条目、定额条目的显示

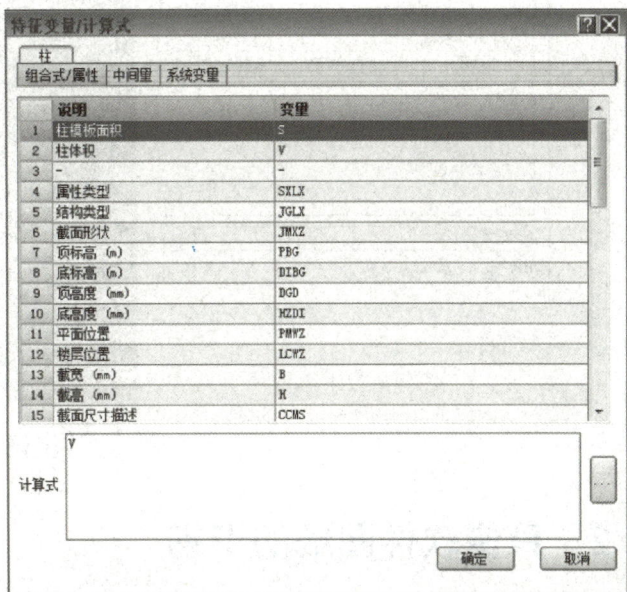

图 5-20　"特征变量/计算式"对话框

和选择。本栏目显示的内容会因用户选择的"出量模式"不同而有所不同，清单模式如图 5-21 所示。

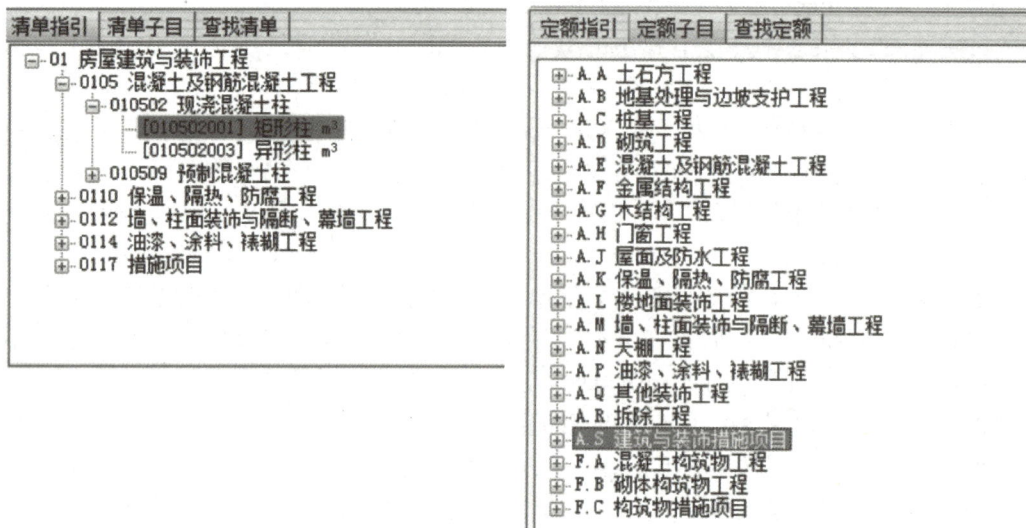

图 5-21　清单出量模式

做法挂接完成后，需要定义构件的钢筋信息，通过分析施工图，例如钢筋信息如图 5-22 所示。

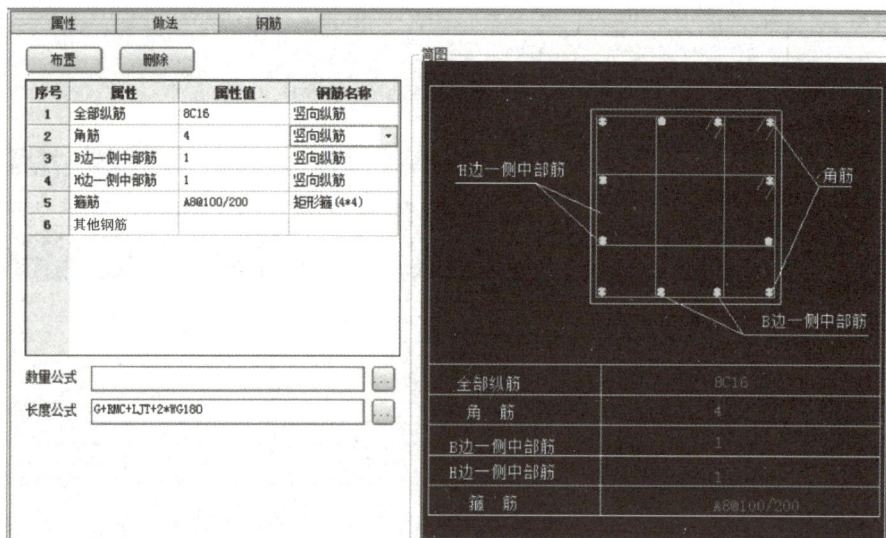

图 5-22　钢筋信息图

5.2　算量软件图纸的识别

图纸管理

1. 导入设计图

功能说明：导入施工图电子文档。

菜单位置：【导入图纸】→【导入设计图】。

命令代号：drtz。

本命令用于导入施工图电子文档，并通过该命令对电子图纸进行识别建模。执行该命令后，弹出如图5-23所示的对话框。

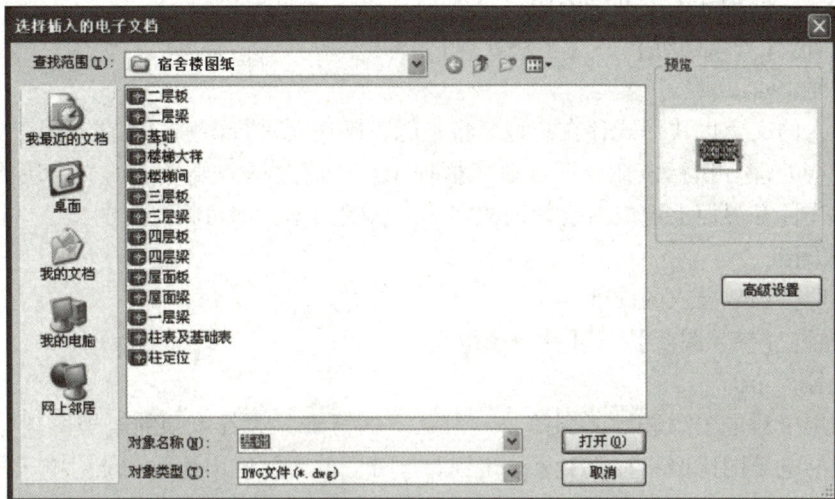

图5-23　"选择插入的电子文档"对话框

对话框选项和操作解释：

"打开"：打开所选择的电子图，格式为".dwg"。

"取消"：取消本次操作。

"高级设置"：单击该按钮，弹出"电子文档处理设置"对话框。

在对话框中勾选对的条目，导入电子图时，软件就会按设置对电子图进行相应处理。

"查找文件"：属CAD软件的操作。

"定义"：属CAD软件的操作。

"预览"：光标置于左边栏目中的某个图纸名称上，电子图能够打开时，栏目中将缩略显示该电子图形。不打开将不能显示缩略图。

如果绘制电子图的CAD版本比三维算量软件所用CAD版本高，软件会将当前的CAD平台自动转换为高版本。如果整个工程图的所有图纸都在一个".dwg"图形文件里，则会导致插入电子图非常慢，严重时甚至会引起死机。建议使用CAD单独打开各文件，采用写块命令分离各图纸为单个CAD文件，如柱图、梁图等。若打开图纸的CAD版本与打开软件的CAD版本相同，则可以通过复制、粘贴命令导入图纸。

选择需导入的电子图，单击"确定"按钮，这时对话框消失，将选择的电子图插入到界面中。快速导入：操作方式同上，只是打开的对话框中没有"高级设置"按钮，导入电子图时不进行图纸处理，速度较快，但是图纸导入后需要后期处理。

2. 分解设计图

功能说明：有些以"块"保存的原电子图，导入到软件中时还不能直接使用，需要将导入的电子图进行分解，才能正常进行识别。

菜单位置：【导入图纸】→【分解图纸】。

命令代号：explode。

执行该命令后，命令栏提示："选择对象"。根据提示，光标在界面上选取需要分解的电子图文档，右键回车，即可将选中的电子图进行分解。

3. 字块处理

功能说明：处理导入的文字图块。

菜单位置：【导入图纸】→【字块处理】。

命令代号：zkzk。

如果导入的文字以块形式存在，程序将不能正确对其进行识别。本命令用于对导入的电子图文字进行处理。执行该命令后，命令栏提示："请选择需要处理的文字块或实体块"。根据提示，光标在界面上选取需要处理的字块，右键回车，即可将选中的文字进行处理。

4. 缩放图纸

功能说明：缩放导入的图纸。

菜单位置：【导入图纸】→【缩放图纸】。

命令代号：sftz。

本命令用于对电子图进行比例缩放。为了识别精确，准备识别的电子图须是 1:1 的比例。当导入的电子图比例不符合 1:1 的比例要求时，就需要使用缩放功能对电子图进行比例调整。输入命令后，按照命令提示操作。

第 1 步：选择缩放参照的标注或者标注的文字。

第 2 步：框选需要调整的图纸。

第 3 步：指定基点，回车，即图纸缩放完成。

指定基点是指在比例缩放中的基准点，其他图形以此为中心进行比例调整。

5. 清空底图

功能说明：清理导入电子文档所夹带的无图的元素和图层。

菜单位置：【导入图纸】→【清空底图】。

命令代号：qktz。

用户可以同时多楼层清理图纸，输入命令或点击菜单，弹出对话框。

6. 图层控制

功能说明：显示所有的图层，控制图层的冻结和解冻。

菜单位置：【导入图纸】→【图层控制】。

命令代号：tckz。

本命令将图层分成三类显示，即 CAD 图层、系统图层、辅助图层。执行该命令后，即可弹出对话框，在图层名称前的选项框中打"√"，表示显示此图层；不打"√"则表示不显示该图层。弹出的图层控制窗口是浮动窗口，可以拖放至屏幕边缘，随时展开操作。

5.3 算量软件的构件图形识别流程

1. 识别轴网

功能说明：自动识别建筑图上的轴网信息。

菜单位置：【识别】→【识别轴网】。

命令代号：szw。

执行该命令后，弹出"轴网识别"对话框，如图5-24所示。

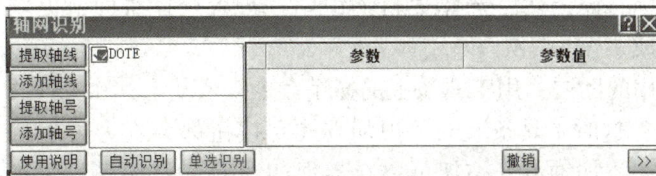

图5-24　"轴网识别"对话框

对话框选项和操作解释：

"提取轴线"：用于到界面中提取图元的轴线。

"添加轴线"：用于在界面的图元上添加需要用到的轴线。

"提取轴号"：用于到界面中提取图的轴线轴号。

"添加轴号"：用于在界面中的图元上添加需要用到的轴线的轴号。

"自动识别"：自动识别提取及添加的所有轴线和轴号。

"单选识别"：选取要识别的轴线，点一根识别一根轴线。

"补画图元"：根据需要用户可以补画一些有利于识别建模的图元。

"隐藏实体"：根据需要可以将暂时不会用到的实体隐藏起来，方便识别建模。

单击"识别设置"按钮，展开"识别设置"对话框，如图5-25所示。

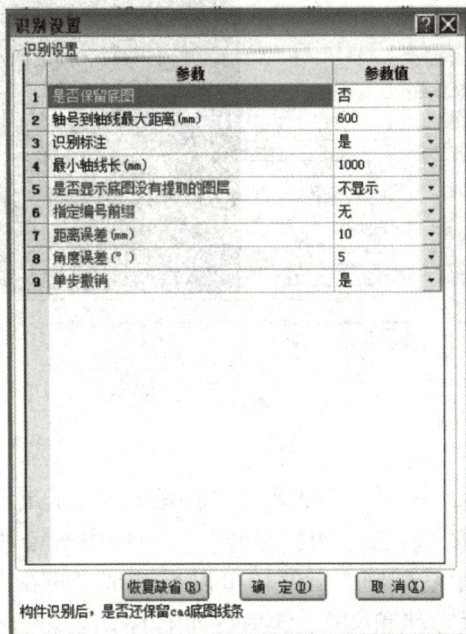

图5-25　"识别设置"对话框

在对话框中对各种参数进行设置，单击"参数值"单元格后面的"倒三角"按钮，会展开选项栏供用户在栏目内选择合适的值来进行识别操作。如果设置的内容不符合要求，单击"恢复缺省"按钮，将设置的内容恢复到软件缺省状态。

执行该命令后，单击"提取轴线"，命令行提示："选择轴网线或编号＜退出＞或自动识别（Z）单选识别（O）补画（I）隐藏（B）显示（S）编号（E）"，选中需要识别的轴网和轴号，单击鼠标右键，然后选择"自动识别"进入选择页面，提取所需轴线，单击右键确认，则识别完成。

如果选取了无用的图层，用工具条上的撤销命令来恢复上一次的操作，或者将这个图层名前的"√"去掉，这时工具条上的"识别方式"按钮都会变为可用状态，可选择各种方式来识别轴网；而"添加轴线"按钮可以在界面的图元上添加需要用到的轴线；"提取轴号"按钮可以到界面中提取图元中的轴线、轴号；"添加轴号"可以在界面中添加需要用到的轴线和轴号。

识别方式有"自动识别"和"单选识别"。选择"自动识别"，再提取及添加所有的轴线和轴号，最后单击右键即可；选择"单选识别"，再选取要识别的轴线，最后单根识别轴线。识别完成后，通过"补画图元"按钮，用户可以补画一些有利于识别建模的图元。而"隐藏实体"则可根据需要将暂时不会用到的实体隐藏起来，方便识别建模。

单击"新建轴网"按钮，出现"新建轴网"对话框，如图5-26所示。

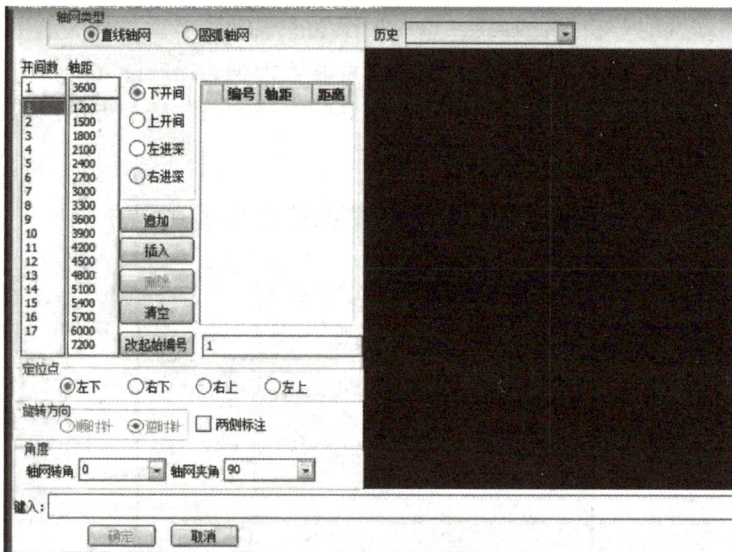

图5-26　"新建轴网"对话框

2. 识别独基

功能说明：由于基础在立面上有形状和尺寸的变化，故基础识别应首先将基础的编号和平面识别出来，再在"构件编号"对话框中指定基础的立面形状和尺寸，最后对界面使用基础刷。当然也可以反过来，先在"构件编号"对话框中指定基础的平立面形状和尺寸，再对界面上的基础编号和形状进行一次识别匹配。

菜单位置：【识别】→【识别独基】。

命令代号：sbdj。

执行该命令后，命令栏提示："请选择独基边线：＜退出＞或"标注线（J）/自助识别

(Z)/点选识别（D)/窗选识别（X）/手选识别（V）/补画（I）/隐藏（B）/显示（S）/编号（E）/独基表（N）"，同时弹出"独基识别"对话框，如图 5-27 所示。然后再选择识别方式，软件就会自动将编号的图层提取到编号所在层的栏目内。

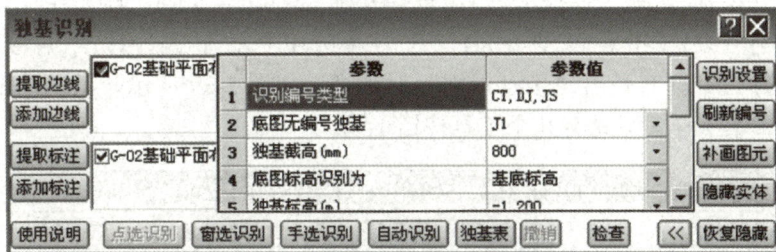

图 5-27　"独基识别"对话框

"独基表"：用于对独立基础表格的识别。

"识别设置"：单击"识别设置"按钮，弹出对话框，对话框如图 5-28 所示。在弹出的对话框中进行土、垫层、砖模等自购件的相关定义，识别基础时就会将这些内容一同匹配。

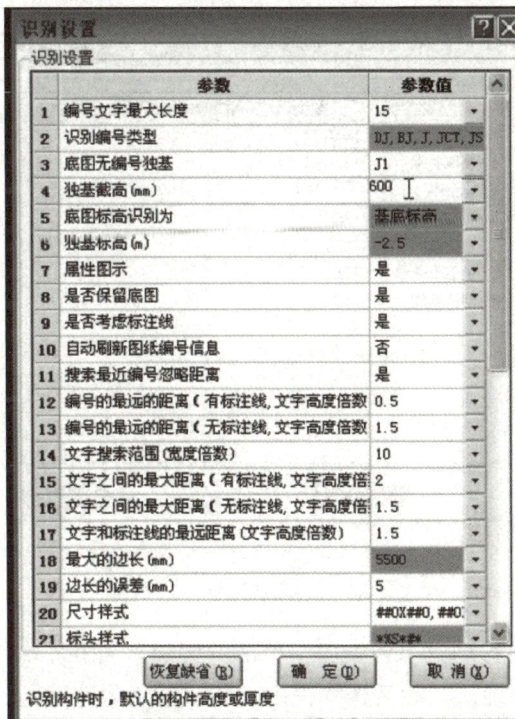

图 5-28　"识别设置"对话框

当导入的电子图中有"J"子目的构件编号时，再单击"识别独基承台"按钮或执行该命令时，软件会自动将编号的图层提取到编号所在层的栏目内。操作方式参见柱识别。独基表格的识别方法同"识别柱表"的方法。

3. 识别条基基础梁

功能说明：识别条基基础梁。

菜单位置:【识别】→【识别条基】。

命令代号:sbtj。

条基的识别流程跟独基的识别流程基本一样,只是有几个工具按钮不同。

选择"条基识别",命令栏提示:"请选择基础线<退出>或〔标注线(J)/自动识别(Z)/单选识别(O)/指定识别(X)/补画(I)/手动布置(Q)/编号(E)/隐藏(B)/显示(S)〕",同时弹出"条基识别"对话框,如图5-29所示。条基的识别流程与独基的识别流程基本一样,只是有几个工具按钮不同。

图5-29 "条基识别"对话框

在对话框中选择"识别设置",如图5-30所示。

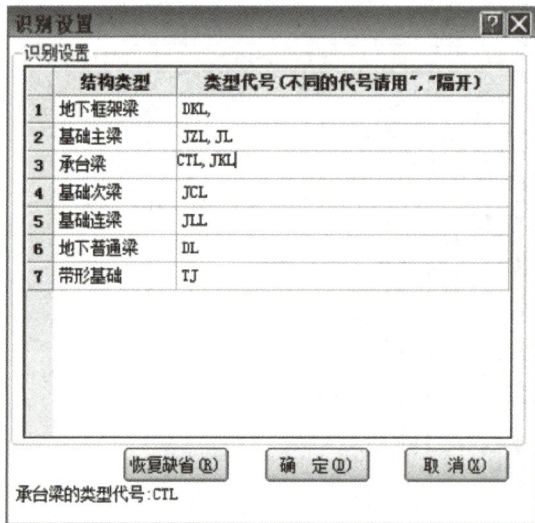

图5-30 "识别设置"对话框

根据图纸信息将JKL移动到承台梁内,单击"确定"即可。然后提取梁边线和梁标识,鼠标左键选择,鼠标右键确认,然后选择识别方式。常用单选识别,鼠标左键选择梁边线和梁编号,单击鼠标右键确认即可。

"单选识别":单选识别一条条基,单击一条条基的线条,就会将这条条基的多段线连起来一起识别,但是一次只能选择一条条基。

"全选识别":框选识别一条条基,并且一次应将一条条基的线全部选取亮显,但是一次只能选择一条条基。

"手动布置":用此按钮进行手工布置条基,因为经过图层的提取和对别的条基进行识别时已经将条基编号识别到"构件编号"内了,执行该命令会回到"条基识别",从导航器中选择需要布置的条基编号进行布置即可。

其他按钮的说明均同独基。

4. 识别桩基

功能说明：根据用户选择的实体转换为桩基。

菜单位置：【识别】→【识别桩基】。

命令代号：zjsb。

执行命令后出现"桩基识别"对话框，如图 5-31 所示。

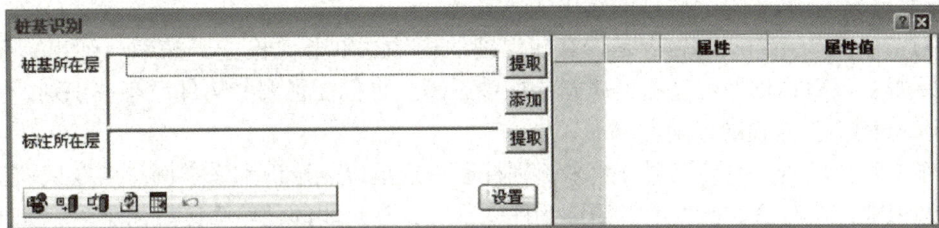

图 5-31　"桩基识别"对话框

对话框选项和操作解释：

1）识别方法同柱识别。

2）桩基编号可以在对话框中进行修改。

3）只能对圆形桩基进行识别，如果不是圆形，可以使用"相同替换"命令进行图纸处理。

5. 识别柱、暗柱

功能说明：识别柱、暗柱构件。

菜单位置：【识别】→【识别柱体】。

命令代号：sbzt。

识别柱前，应先将柱平面图导入软件，通过"移动"使基础轴网与软件中的轴网重合。

执行该命令后，命令栏提示："请选择柱边线：＜退出＞或［标注线（J）/自动识别（Z）/点选识别（D）/窗选识别（X）/选线识别（V）/补画（I）/隐藏（B）/显示（S）/编号（E）］"，同时弹出"柱和暗柱识别"对话框，如图 5-32 所示。

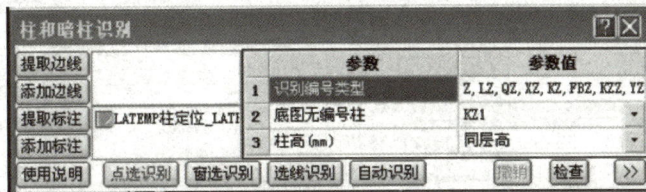

图 5-32　"柱和暗柱识别"对话框

"提取边线"：用于在 CAD 图纸上提取需要转化为当前构件的线条。

"添加边线"：用户可以在 CAD 图纸上继续添加未提取的底图线条到图层名称显示区。

"提取标注"：用于在 CAD 图纸上提取边线对应的标注信息。

"添加标注"：用于在界面中的图元上添加需要用到的轴线的轴号。

"点选识别"：点封闭的区域内部进行识别。

"窗选识别"：在框选的范围内进行识别。

"选线识别"：选取要识别的柱边线轴线进行识别。

"自动识别"：自动识别出所有的柱子。

"补画图元"：当提取过来的柱线条中存在残缺，如柱边不封闭等，可以采用此方式，重新到图中补画一些线，让程序能够自动识别所有的柱。

"隐藏实体"：隐藏界面上当前不需编辑的选中实体对象，使界面清晰、方便操作。

"恢复隐藏"：将界面上隐藏的选中实体打开。

"检查"：用于用户实时检查是否有漏识别的构件。单击"检查"按钮，弹出"差异处理"对话框，该对话框即可显示出遗漏的构件，图上也标注了哪些构件没有被识别。

"识别设置"：同轴网识别。

操作说明：可通过各种识别方式来识别柱子。这里以点选识别来举例，点取识别工具条上的点选识别，这时命令行提示：请选择柱内部点，在封闭的柱轮廓区域内单击，如果识别成功，则在命令行提示出识别的编号和截面数据。假设识别成功一个矩形柱，命令行提示为：柱号 Z2，矩形：$b = 500$，$h = 500$。

识别柱，也可切换成其他识别方式。其他识别方式都是通过选取组成柱的图元和柱所在的图层名，选取后会在图层列表中显示，且被选中的图层会被隐藏。若选择了错误图层，可用撤销命令来撤销。选取完成后，单击鼠标右键即可。柱的编号图层不用提取，系统会自动找到。柱子通过封闭区域来识别，如果线条不封闭就不能被识别，需对电子图进行调整，或用补画图元方式使之成为能够识别的区域。

6. 识别混凝土墙

功能说明：识别混凝土墙构件。

菜单位置：【识别】→【识别混凝土墙】。

命令代号：sbqt。

操作说明：执行该命令后，命令行提示"请选择墙线 < 退出 > 或标注线（J）自动（Z）全选（X）单选（O）补画（I）编号（E）"，同时弹出"混凝土墙识别"对话框，如图 5-33 所示。

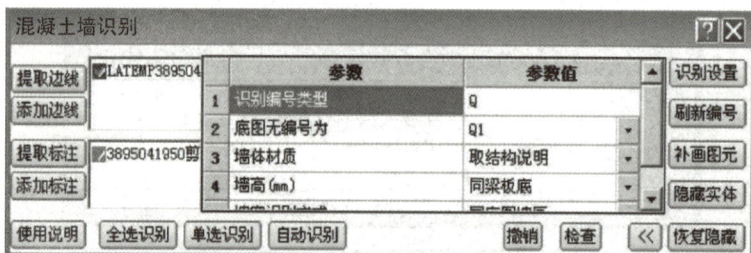

图 5-33   "混凝土墙识别"对话框

这里采用全选识别，如果不想用这种识别方式，可在工具条上切换至单选识别，选取要识别的墙，右键完成选取。如果识别成功，就会在命令行显示出识别成功墙的编号和截面信息，例如提示：Q1300 × 1200。

单选识别：选取一侧或两侧的墙，软件自动识别墙线方向上所有满足条件的墙段，可同时选多条线。编号不用选择，识别时程序会自动在界面中查找。

全选识别：同时选择墙的两条边线识别墙，且只在选择范围内进行识别。可以选编号，但只能选一个编号，且所有识别出来的墙都是这个编号。

7. 识别梁体

功能说明：识别梁体。

菜单位置：【识别】→【识别梁体】。

命令代号：sblt。

执行该命令后，命令栏提示："请选择编号和梁线：＜退出＞或［梁层（Y）/标注线（J）/自动（Z）/全选（X）/关联（N）/补画（I）/布置（O）/编号（E）］"，同时弹出"梁识别"对话框，如图5-34所示。取边线和标注后的对话框如图5-35所示。

图5-34　"梁识别"对话框

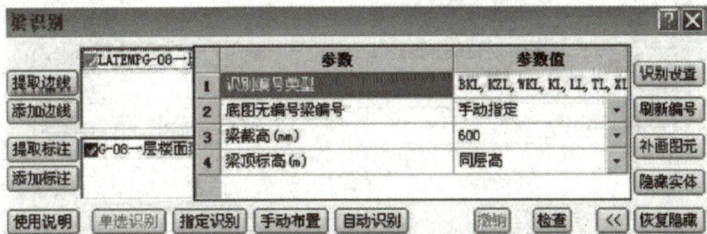

图5-35　取边线和标注后的对话框

梁的识别与条基识别基本一样，即在对话框中提取边线和标注。如果没有识别出梁，可对线条进行断开或缝合，使线条的段数与梁编号描述的跨数相同。如果编号描述的信息与梁跨符合，则识别的梁变为红色。

8. 识别构造柱

功能说明：识别构造柱。

菜单位置：【识别】→【识别构造柱】。

命令代号：sbgz。

操作说明：执行该命令后，命令行提示："请选择编号和梁线：＜退出＞或梁层（Y）标注线（J）自动（Z）全选（X）关联（N）补画（I）布置（O）编号（E）"，同时弹出"构造柱识别"对话框。构造柱的识别同柱识别。

9. 识别砌体墙

功能说明：识别砌体墙。

菜单位置：【识别】→【识别砌体墙】。

命令代号：sbqq。

操作说明：执行该命令后，命令行提示："请选择墙线 < 退出 > 或标注线（J）门窗线（N）自动（Z）全选（X）单选（O）补画（I）编号（E）"，同时弹出"砌体墙识别"对话框，如图 5-36 所示。

图 5-36   "砌体墙识别"对话框

识别方法同"识别混凝土墙"，只是增加了门窗线的选择。当墙上有洞口时，会将墙体识别成两段。解决的方法是在识别墙的同时选择门窗线条，同时作为墙体图层，这样做还可以在识别墙的同时将门窗也识别出来。

单击"门窗线"按钮或执行该命令，弹出"墙：门窗识别"对话框，如图 5-37 所示。

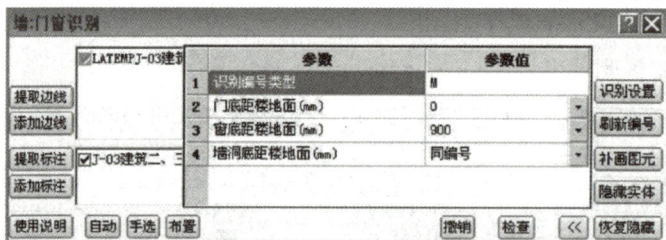

图 5-37   "墙：门窗识别"对话框

按钮操作、识别方法同"识别混凝土墙"。

10. 识别门窗

功能说明：识别门窗。

菜单位置：【识别】→【识别门窗】。

命令代号：sbmc。

操作说明：执行该命令后，命令行提示：" < 请选择门框线 > 或自动（Z）手选（O）"，同时弹出"门窗识别"对话框，如图 5-38 所示。

图 5-38   "门窗识别"对话框

　　根据命令行提示，光标移至界面上选择门窗标注和门窗线条，回车，对话框内就会显示提取的门窗编号和门窗线条的图层。

　　选择内容后进入对话框，按照对话框中的识别方式，选择对应的方式对门窗进行识别。识别门窗之前，应先识别门窗表，或先定义门窗编号；识别时按门窗编号生成门窗；识别后找到附近的墙，将门窗布置到墙上。

11. 识别门窗表

　　功能说明：对门窗表进行识别。

　　菜单位置：【识别】→【识别门窗表】。

　　操作说明：执行命令后，命令栏提示："请选择表格的相关直线"，选择组成表格的所有直线，右击确定退出选择，此时弹出"识别门窗表"对话框，如图5-39所示。

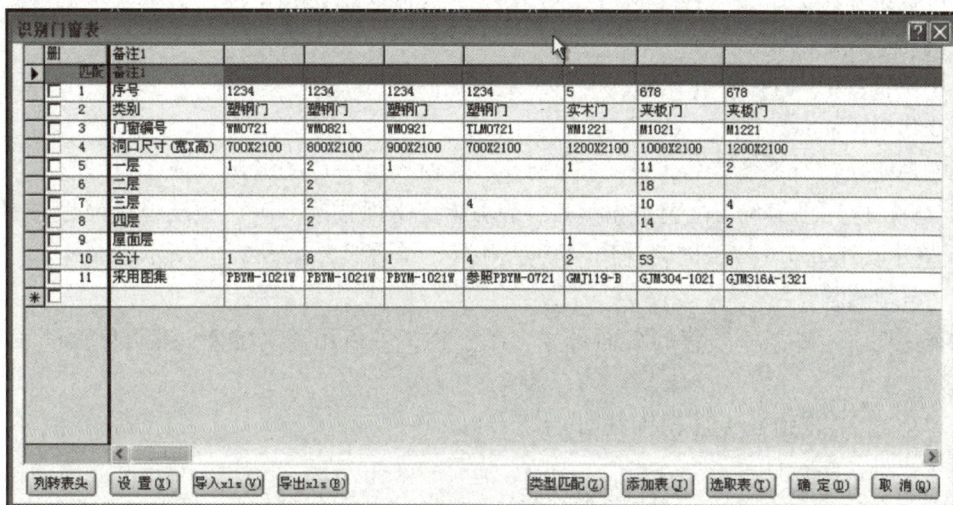

图5-39　"识别门窗表"对话框

　　保存门窗表数据说明。如果在栏目中增加了同编号的门窗，单击"确定"按钮，将弹出"编号冲突"对话框，然后进行下一步的操作。

　　选择"忽略"就不覆盖原编号，选择"替换"就替换原来的编号。选择"应用到所有的编号"，对所有的编号冲突都按照这次的选择来处理，不再弹出提示对话框。门窗表识别后，数据将记录到定义编号中，可以到"定义编号"对话框中对门窗编号再进行编辑。

　　需要注意的是：软件是按照门窗编号的表头来区别门窗的，表格类别中有"门"的就认为是门编号，有"窗"的就认为是窗编号。如果类别为空就按照编号来区别门窗。编号中有"M"的认为是门，有"C"的认为是窗。

12. 识别等高线

　　功能说明：识别等高线。

　　菜单位置：【网格土方】→【识别等高线】。

　　命令代号：sbdg。

　　操作说明：执行该命令后，命令行提示："请选择等高线的标高：＜退出＞或等高线层（Y）标注样式（J）自动识别（Z）布置（O）补画（I）隐藏（B）显示（S）编号（E）"，同时弹出"等高线识别"对话框，如图5-40所示。

图 5-40 "等高线识别"对话框

13. 识别内外

功能说明：用于快速确定需要分内外计算的构件。识别内外，不光只识别内外，也对局部构件进行识别区分。如"柱"构件，计算柱纵筋时就需要分角柱、边柱、中间柱，以便于判定钢筋至顶后的收头。

菜单位置：【识别】→【识别内外】。

命令代号：sbnw。

操作说明：执行该命令后，命令行提示："请输入第一点＜退出＞或多义线框选实体识别内外（D）应用平面位置配色方案（Z）手动指定平面描述（N）楼层位置属性重量计算（L）调整外墙外边（A）"，同时弹出"识别内外"对话框，如图 5-41 所示。

14. 识别截面

功能说明：有些条基每跨的截面尺寸会不一样，可以用该功能对每跨的截面尺寸进行识别。

菜单位置：【识别】→【识别截面】。

命令代号：sbjm。

执行命令后，命令行提示："请选择梁、条基的截面文字识别＜退出＞或标注层（Y）标注样式（J）最小间距（N）最大间距（V）"，对话框如图 5-42 所示。

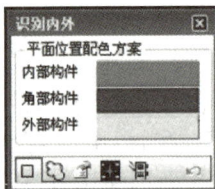

图 5-41 "识别内外"对话框

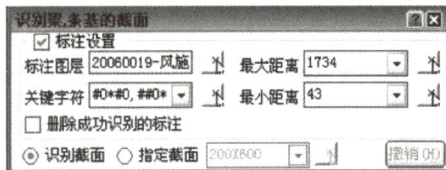

图 5-42 "识别梁、条基的截面"对话框

5.4 算量软件的构件钢筋识别流程

1. 钢筋描述转换

功能说明：钢筋描述转换，所谓转换就是将电子图上标注的钢筋描述文字、线条转换为程序能够识别处理的文字、线条。

菜单位置：【建模辅助】→【钢筋描述转换】。

命令代号：mszh。

执行该命令后，弹出"描述转换"对话框，如图 5-43 所示。

执行命令后，命令栏提示："选择钢筋文字 ＜退出＞"。

根据提示，光标在界面上选取钢筋描述如"8@100/200"文字，"待转换钢筋描述"栏内会显示钢筋描述的原始数据"％％1308@100/200（2）"，其中钢筋级别特征码对应的原始数据为钢筋级别"％％130"，转换为"表示的钢筋级别"中的系统钢筋级

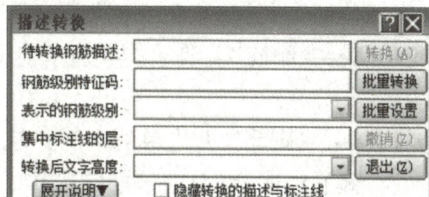

图 5-43 "描述转换"对话框

别 A 级，表示普通一级钢筋。在这里提供有多种钢筋级别可选，如 A、B、C、D 等。钢筋"描述转换"对话框如图 5-44 所示。若选择集中标注线，则"集中标注线的层"输入框中显示出该标注线所在层，如图 5-45 所示。

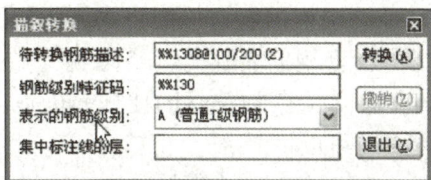

图 5-44 已转换的钢筋描述

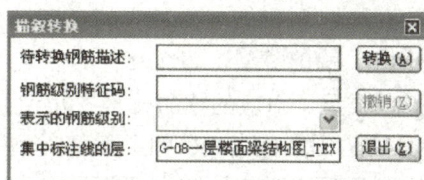

图 5-45 集中标注线所在层

2. 识别柱筋

功能说明：识别生成柱筋。

菜单位置：【柱体】→【识别柱体】→【识别柱筋】。

命令代号：sbzj。

执行该命令后，软件会先进入"柱表钢筋"对话框，如图 5-46 所示。单击对话框中的"识别柱表"按钮，便可进入识别柱表流程。

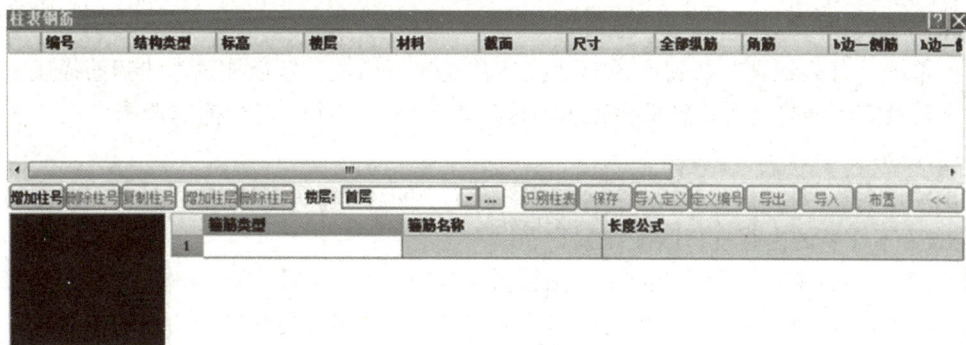

图 5-46 "柱表钢筋"对话框

"标高"：用于选择柱的起始标高。

"楼层"：用于输入标高对应的楼层。

"材料"：用于输入材料的名称。

"截面"：用于输入编号对应的截面类型。

"尺寸"：用于输入截面的尺寸参数，可以通过弹出的辅助对话框输入。

"全部纵筋"：其是指柱上所有纵筋，如果填写了所有纵筋，则不能填写后面的纵筋。

"角筋"：其是指角部钢筋。

"b——侧筋"：其是指 b 边单侧钢筋，软件默认对称布置，计算钢筋时钢筋的数量会乘以 2。

"h——侧筋" h 边单侧钢筋，软件默认对称布置。

"箍筋描述"：对应箍筋的描述。

"箍筋类型"：柱箍筋对应的类型编号，如果没有编号，可以自定义一个编号。

"加密长"：如果需要指定柱的加密区长度，可以自行输入，否则按照标准计算加密。

对话框右下部位的表格用于输入柱表表格箍筋类型对应的箍筋。

"箍筋类型"：柱表表格中的箍筋类型。

"钢筋名称"：箍筋类型对应的箍筋名称。

"长度公式"：钢筋名称对应的长度公式，可以手动调整钢筋的长度公式。例如，在柱表表格中将"箍筋类型"设为 1，然后到右下表格中指定钢筋名称为"矩形箍（4×4）"，就表示箍筋类型 1 对应的箍筋就是"矩形箍（4×4）"，如果其他编号的柱箍筋也是"矩形箍（4×4）"，则在柱表表格的"箍筋类型"中输入 1 就可以了。

"识别柱表"：单击，弹出"识别柱表"对话框，进入柱表识别功能。

"保存"：把柱表数据以及对应的箍筋设置数据保存到工程中。

"导入定义"：把工程中各个楼层定义的柱、暗柱、构造柱的编号导入到柱表中。

"定义编号"：把柱表中的编号定义到各个楼层。

"导出"：把柱表表格中的数据导出到 Excel 中，包括表头。

"导入"：把选择的 Excel 数据导入到柱表，导入前需要先打开 Excel 表，选择要导入的数据，然后单击"导入"即可，注意选择数据时不能选择表头。

"布置"：把输入好的钢筋按编号布置到各楼层构件上。

钢筋布置

进行柱表识别之前应将柱表内的描述文字进行转换，然后再进行识别，识别柱表的步骤如下：

1）单击"柱表识别"按钮，弹出"描述转换"对话框，转换柱表中的钢筋描述。

2）转换完钢筋描述后，软件会提示选择柱表表格线，此时用光标框选图中的所有表格线，右击确定。

"识别柱表"对话框只是识别柱钢筋表的一个中间环节，用于将电子图上不匹配的内容和柱筋布置不需要的内容进行匹配和删除。

对话框顶部的删除：柱号、b×h（圆柱直径）、标高、全部纵筋、箍筋，是软件固定的内容，当识别过来的表头与这些固定的内容不相符时，单击绿色栏单元格内的按钮，在展开的选项栏内选择一个名称与之对应。使对话框中的上下两项表头选项一致后，单击"确定"按钮，回到"柱表钢筋"对话框，这时对话框中就已经有了钢筋数据。在实际工程中，一般当柱子识别完成后，即单击钢筋布置，很少使用识别柱钢筋功能。

3. 识别梁筋

功能说明：识别生成梁筋。

菜单位置：【梁体】→【识别梁体】→【识别梁筋】。

命令代号：sblj。

梁钢筋的分类

　　在识别梁钢筋前，应先将当层梁钢筋平面图导入软件，通过"移动"使基础轴网与软件中的轴网重合。然后单击钢筋描述转换，选择图纸中的钢筋符号即可。最后单击"转换"按钮，采用同样的方法，将图纸中所有类型的钢筋符号转换完成（集中标注的线条也需要转换）。

　　转换完成后，单击"识别梁筋"，选择"识别方式"，可以选择"自动识别"与"选梁识别"。然后通过梁筋布置，检查每跨梁钢筋布置是否正确，若不正确则修改钢筋信息"梁筋布置"对话框如图5-47所示。

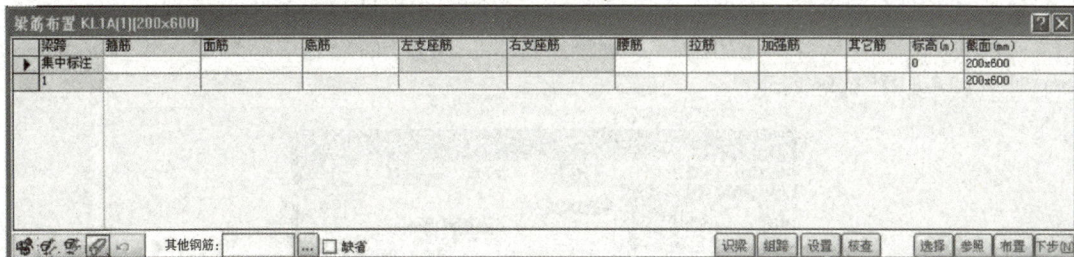

梁筋	箍筋	面筋	底筋	左支座筋	右支座筋	腰筋	拉筋	加强筋	其它筋	标高(m)	截面(mm)
集中标注										0	200×600
1											200×600

图5-47   "梁筋布置"对话框

　　（1）自动识别操作说明　　自动识别梁、条基钢筋。操作方式有两种：①如果电子图很规范，文字的位置与梁线间距离合适，这类情况可以采用自动识别来识别电子图上的梁筋；②布置好钢筋后，可以用来增加在结构总说明中的构造钢筋，例如腰筋、吊筋、节点加密箍等。单击自动识别梁筋的按钮后，其对话框就会有变化。进行钢筋自动识别之前，如果没有对钢筋描述进行转换，应单击"转换"按钮，将钢筋描述文字进行转换后再识别。

　　第一种情况，先确定柱、梁等构件已经布置好的编号与集中标注的编号相同，转换好钢筋描述和集中标注线。单击自动识别，确认是识别梁筋还是识别条基钢筋。根据提示，选择好识别的对象，软件根据图上的平法标注来识别所有的直形梁的钢筋，并弹出进程条。进程条显示现在经识别的梁的百分比。在这个过程中，可以按Esc键退出识别过程，但是这个操作可能使得识别出错。因此，最好是让它识别完成。

　　第二种情况，图纸上标注的钢筋已经布置好，电子图已经清理干净，但是结构总说明中的构造钢筋还没有加入，这时可以采用自动识别方法批量布置整层的构造钢筋。先单击"设置"按钮，进入到"钢筋选项"中的"梁识别设置"，根据设计要求设置好各个数据。如果工程中有构造腰筋表，则进入"腰筋设置"页面，设置腰筋规则。设置完成后，单击"自动识别"按钮，就可以将构造钢筋批量加入。如果在第一种情况下已经设置好说明类构造钢筋，也可以同时把设计图上的钢筋和说明类构造钢筋布置完成识别好的筋，可以用"布置钢筋"来修改。

　　（2）选梁识别操作说明　　选择图形中的梁来识别梁筋时，可以点选或者是框选任意一段梁，然后右击，程序将自动识别这条梁附近的梁钢筋文字描述。使用选梁识别，对话框内会增加一个"自动"的复选框"□"，用于将识别出的钢筋直接布置或确认布置到构件的选择，在选项前的框内打"√"，识别和布置是同时进行的，如果不将自动选项勾选，则识别的内容会先放到对话框内让用户校对，确认后单击"布置"按钮，再将钢筋布置到界面中的梁上。

　　（3）选梁和文字识别操作说明　　在选择图形中的梁和相应的文字来进行梁筋识别时。当梁排布密集，这时梁的文字描述挤成一团，软件分不清梁筋文字与梁的关系时，用前述两种方式识别梁筋往往会出错，软件提供本功能进行梁筋识别。操作方法同前述，但是要同时选择梁线和钢筋描述文字，这样才能识别成功。

4. 识别板筋

功能说明：识别生成板筋。

菜单位置：【板体】→【现浇板】→【识别板筋】。

命令代码：sbbj。

在识别板钢筋前，应先将当层板钢筋平面图导入软件，通过"移动"使板钢筋平面图轴网与软件中的轴网重合，同时不需要绘制完成板构件，就能进行板钢筋识别。

在钢筋描述转化完成后，单击"识别钢筋"或"布置板筋"，识别板筋与布置板筋共用一个对话框，如图5-48所示。

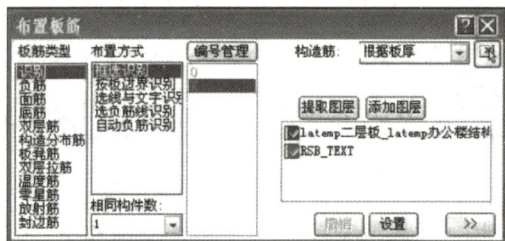

图5-48 "布置板筋"对话框

首先选择"编号管理"，软件默认的"0–所有板厚"表示图纸中未标明而是以文字说明表示的钢筋（此默认构件不能删除），也可在编号管理中根据板厚不同增加编号，如图5-49所示。编号定义完成后，按不同方式识别相应钢筋，例如选负筋线识别负筋。

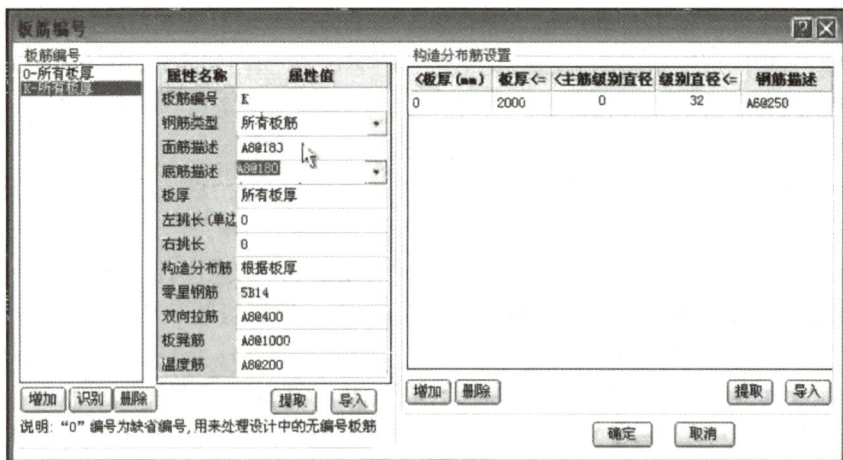

图5-49 "板筋编号"对话框

（1）框选识别　执行命令后，命令栏提示："请选择要识别的板筋线 < 退出 >"，根据提示光标至界面中点取需要识别的板筋线，可以一次选择多条钢筋线，右击确认选择结束，命令栏又提示："点取分布范围的起点 < 退出 >"，根据提示光标至界面中点取当前正识别的板筋分布起点，命令栏又提示："点取分布范围的终点 < 退出 >"，根据提示光标至界面中点取当前正在识别的板筋分布终点，一类板钢筋就识别成功了。钢筋的描述判定见"系统判定说明"第3条。

（2）按板边界识别　识别的方式与框选识别类似，但识别时会根据钢筋与板之间的关系，动态判定是否按板边界进行分布。

（3）选线与文字识别　执行命令后，命令栏提示："请框选要识别的板筋线和文字信息＜退出＞"，根据提示光标至界面中框选到所有这个钢筋中要用的信息，然后点取分长度的第一点、第二点，右击就将板筋识别了。

（4）选负筋线识别　此种识别方式是由程序自动判定钢筋的分布范围，是判定一条梁或是墙在一个段内是一直线的形状时，直接将这条直线梁或墙上分布上板筋。

执行命令后，命令栏提示："请选择要识别的板筋线＜退出＞"，根据提示光标至界面中点取需要识别的板筋线，右击，钢筋就识别完成了。钢筋的描述同上面的选线识别板筋的判定一样。

（5）自动负筋识别　执行命令后，命令栏提示："请选择一条需要识别的负筋线＜退出＞"，根据提示光标至界面中点取需要识别的板筋线，右击，界面中的板负筋就全部被识别出来了。

有些情况下，需将板钢筋进行明细长度的调整，具体操作步骤如下。

第一步：显示需要调整的板钢筋明细线条。

第二步：单击板钢筋线条，右击，调整钢筋，弹出"钢筋线条编辑"的对话框。

具体操作参照 CAD 的剪切和延伸命令，根据不同情况选择相应的操作方式。

系统判定说明如下：

1）通过选择的板筋线是否带有弯钩或者直钩信息，来判断是底还是面。

2）如果选择的线是断开的，系统会把断点距离 10mm 内的两段线连在一起。

3）同时系统会自动去查找选择到的板筋线 350mm 附近的钢筋描述、钢筋标注以及钢筋编号，现默认的信息都是与板筋线平行的，找到的信息会填写到对话框中。

4）如果找到了 3 种信息即找到钢筋描述、标注以及编号时，就会把这个编号添加到钢筋列表记录中；如果只是找到编号，就会到钢筋列表记录中找到与这个编号匹配的钢筋。

5）如果找到钢筋标注，则板筋外包长度是标注中的长度，否则取板筋线的长度。

6）如果识别的是面筋，而且没有找到板筋的两个支座，会自动布置分布筋。

其他板筋采用同样的方式识别。

5. 识别大样

功能说明：识别柱、暗柱大样图中的钢筋。

菜单位置：【柱体】→【柱、暗柱】→【识别大样】。

命令代号：sbdy。

执行命令后，弹出"柱筋大样识别"对话框，如图 5-50 所示。

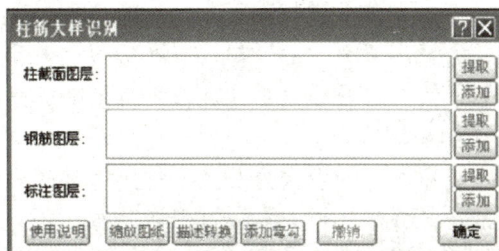

图 5-50　"柱筋大样识别"对话框

"使用说明"：大样识别的步骤以及注意事项。

"缩放图纸"：对电子图进行缩放。

"描述转换"：把图中的文字转化成软件可以识别的文字。

"清除对象"：清除识别出来的临时对象。

"撤销"：撤销上步操作。

"编号第 ［ ］ 行"：大样的编号在第几行。

"编号后有 ［ ］ 行"：编号行的后面描述还有几行。

"编号行高 ［ ］"：编号所在行的高度。

"弯钩线长 ［ ］"：箍筋弯钩平直段长。

"误差：± ［ ］%"：箍筋弯钩平直段的误差范围。

"添加弯勾"：如果图纸中的箍筋没有设计135°弯的平直段，可以用此功能来添加弯勾平直段。

操作步骤如下：

1）进入界面，首先设置右侧参数。

2）提取柱截面图层、钢筋图层、标注图层。

三维算量软件
"查看工程量"

3）框选柱大样信息，如果大样中有标高信息，则前楼层的标高必须在大样中的标高范围之内；如果标高不在大样图标高范围内，识别的时候，只要不选择大样标高，也能识别出来。

4）可以单个大样逐个识别，此时只需要设置弯勾线长和误差值即可。

5）也可以一次性框选多个大样，但需要将右侧的参数全部设置好。

钢筋计算

6）识别好的柱筋会以柱筋平法的形式显示。

素质拓展案例

数字建筑

数字建筑

数字建筑，指利用BIM和云计算、大数据、物联网、移动互联网、人工智能等信息技术引领产业转型升级的业务战略，它结合先进的精益建造理论方法，集成人员、流程、数据、技术和业务系统，实现建筑的全过程、全要素、全参与方的数字化、在线化、智能化，从而构建项目、企业和产业的平台生态新体系。

数字化、在线化、智能化是"数字建筑"的三大典型特征。其中数字化是基础，围绕建筑本体实现全过程、全要素、全参与方的数字化解构的过程。在线化是关键，通过泛在连接、实时在线、数据驱动，实现虚实有效融合的数字孪生的链接与交互。智能化是核心，通过全面感知、深度认知、智能交互，基于数据和算法逻辑无限扩展，实现以虚控实，虚实结合进行决策与执行的智能化革命。

数字建筑作为建筑产业转型升级的引擎，其对建筑业的影响必然是全价值链的渗透与融合，通过数字建筑驱动建筑产品升级，产业变革与创新发展。

通过数字建筑打造的全新数字化生产线，让项目全生命周期的每个阶段发生新的改变，未来的全过程中将在实体建筑建造之前，衍生纯数字化虚拟建造的过程，在实体建造阶段和运维的阶段将会是虚实融合的过程。

本章小结

　　本章主要介绍了斯维尔三维算量软件的基本操作、算量软件图纸的识别、算量软件的构件图形识别流程、算量软件的构件钢筋识别流程。希望同学们能够掌握并熟练运用本章的知识点，举一反三，学以致用。

实训练习

一、单选题

1. 下列有关斯维尔三维算量软件的基本操作的说法错误的是（　　）。
   A. 运行该款三维算量软件不需要安装 AutoCAD
   B. "砌体材料布置"：操作方法和混凝土材料设置基本一样
   C. 如果要恢复某个楼层名称的图形文件，请确认当前处于未被打开的状态
   D. 设置楼层时要注意：首层是软件的系统，名称是不能修改的

2. 下列关于算量软件图纸的识别的说法错误的是（　　）。
   A. 绘制电子图的 CAD 版本必须要比三维算量软件所用 CAD 版本低
   B. 如果导入的文字以块形式存在，程序将不能正确对其进行识别
   C. 如果导入的图形元素以复杂组合形式存在，程序可能需要额外的处理步骤才能正确识别
   D. 有些以"块"保存的原电子图，需要将要导入的电子图进行分解，才能正常进行识别

3. 下列关于"识别轴网"的说法正确的是（　　）。
   A. 识别方式有"自动识别"和"单选识别"
   B. "添加轴线"：可以在界面的图元上随意添加轴线
   C. "单选识别"：选取要识别的轴线，点一根识别一根轴线
   D. 如果在识别时选取了无用的图层，用工具条上的撤销命令来恢复上一次的操作

4. 下列选项中关于钢筋描述转换的说法错误的是（　　）。
   A. 在进行钢筋的"描述转换"时，可进行"批量转换"
   B. 菜单位置：【建模辅助】→【钢筋描述转换】
   C. 钢筋描述转换就是不同级别之间的钢筋进行随意转换
   D. 若选择集中标注线，则"集中标注线的层"输入框中显示出该标注线所在层

5. 下列关于识别梁筋的流程说法错误的是（　　）。
   A. 在识别梁钢筋前，应先将当层梁钢筋平面图导入软件
   B. 选择图形中的梁来识别梁筋时，可以点选或者是框选任意一段梁，然后右击即可
   C. 当梁排布密集时，可选择选梁和文字识别的方式进行识别操作
   D. 自动识别梁、条基钢筋的操作方式有三种

二、多选题

1. 下列选项中属于"工程设置"的有（　　　）。

 A. "计量模式"   B. "楼层设置"   C. "工程特征"

 D. "钢筋设置"   E. "结构说明"

2. 下列选项中不属于三维算量软件主界面菜单的组成部分的有（　　　）。

 A. 系统菜单栏   B. 布置修改栏   C. 计价导入栏

 D. 图形修改工具栏   E. 快捷画图栏

3. 下列选项中属于"柱和暗柱识别"的识别方式的有（　　　）。

 A. "点选识别"   B. "自动识别"   C. "单选识别"

 D. "选线识别"   E. "框选识别"

4. 下列选项中属于"识别板筋"的识别方式的有（　　　）。

 A. 单选识别   B. 按板边界识别   C. 选线与文字识别

 D. 选负筋线识别   E. 自动负筋识别

5. 下列关于识别板筋的系统判定说明的说法错误的有（　　　）。

 A. 如果选择的线是断开的，系统会把断点距离 15mm 内的两段线连在一起

 B. 如果只是找到编号，在钢筋列表记录中就不能找到与这个编号匹配的钢筋

 C. 通过选择的板筋线是否带有弯钩或者直钩信息，来判断是底还是面

 D. 如果找到钢筋标注，则板筋外包长度是标注中的长度，否则取板筋线的长度

 E. 如果识别的是面筋，而且没有找到板筋的两个支座，会自动布置分布筋

三、简答题

1. 简述条基基础梁的识别方法。

2. 在自动识别梁筋时，可能会遇到哪几种情况？

3. 简述"识别大样"的步骤。

实训工作单

班级		姓名		日期	
教学项目		斯维尔三维算量软件应用			
学习项目	三维算量软件的基本操作、算量软件图纸的识别、算量软件的构件图形的识别流程、算量软件的构件钢筋的识别流程	学习要求		了解三维算量软件的基本操作、了解算量软件图纸的识别、了解算量软件的构件图形的识别流程、了解算量软件的构件钢筋的识别流程	
相关知识		算量软件构件的钢筋布置			
其他内容					
学习记录					
评语				指导老师	

第6章

技能操作与提高

【学习目标】

1. 掌握算量软件应用技能操作案例
2. 掌握软件应用技能操作案例

【素质目标】

了解智能建筑，反映了人类社会发展进步的历史，激发学生坚定使命担当和创新创造精神。

【教学目标】

本章要点	掌握层次	相关知识点
掌握算量软件应用技能操作案例	掌握算量软件应用技能操作案例—开闭所计量	广联达土建计量平台的实际操作
掌握计价软件应用技能操作案例	掌握计价软件应用技能操作案例—开闭所计价	广联达计价软件的实际应用

【项目案例导入】

某同学在通过广联达计价软件进行项目组价时，同学之间展开交流学习，发现自己在砌块墙清单组价方面与同学不同，同学是区分 3.6m 以上和 3.6m 以下两个清单，自己是只编制了一个清单。

【问题导入】

通过上面的案例，思考砌体墙 3.6m 以下以及 3.6m 以上计价时有何不同？

6.1 算量软件应用技能操作案例

1. 工程信息

在新建工程时首先应根据图纸来设置本工程的主要信息，如图 6-1 所示。

根据建筑图和施工图来设置上述软件中的工程信息，其中蓝色的为必须设置的信息。

2. 楼层设置

软件中的楼层设置需根据建施图中剖面图和结施图的基础图来综合设置，楼层设置中的底标高为结构底标高，如图 6-2 所示。

图 6-1　工程信息的设置

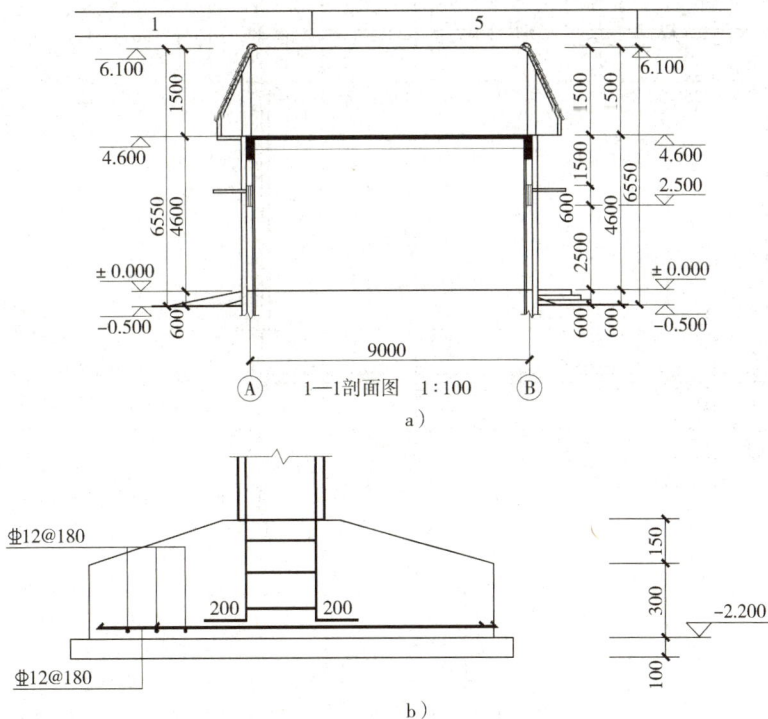

a)

b)

图 6-2　楼层标高设置

a）1—1 剖面图　b）基础剖面图

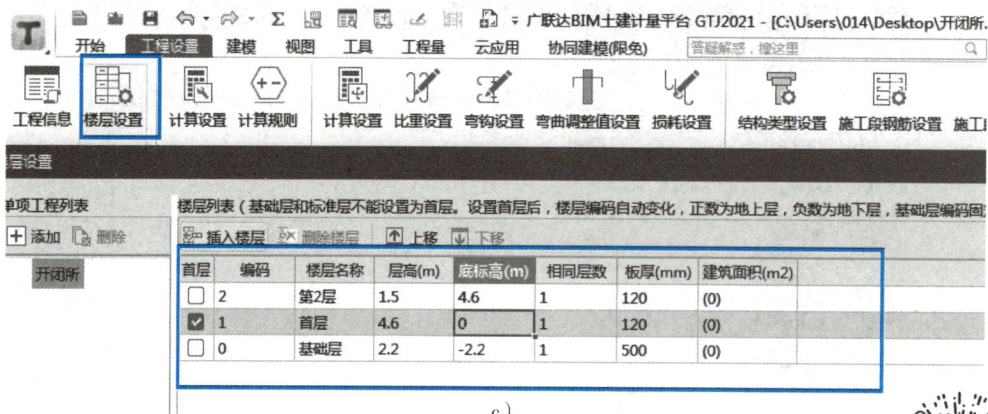

图 6-2　楼层标高设置（续）

c）广联达中的楼层设置

3. 基础层的绘制

基础的平面布置图和基础详图如图 6-3 所示。

基础层绘图构件
工程量计算书

a）

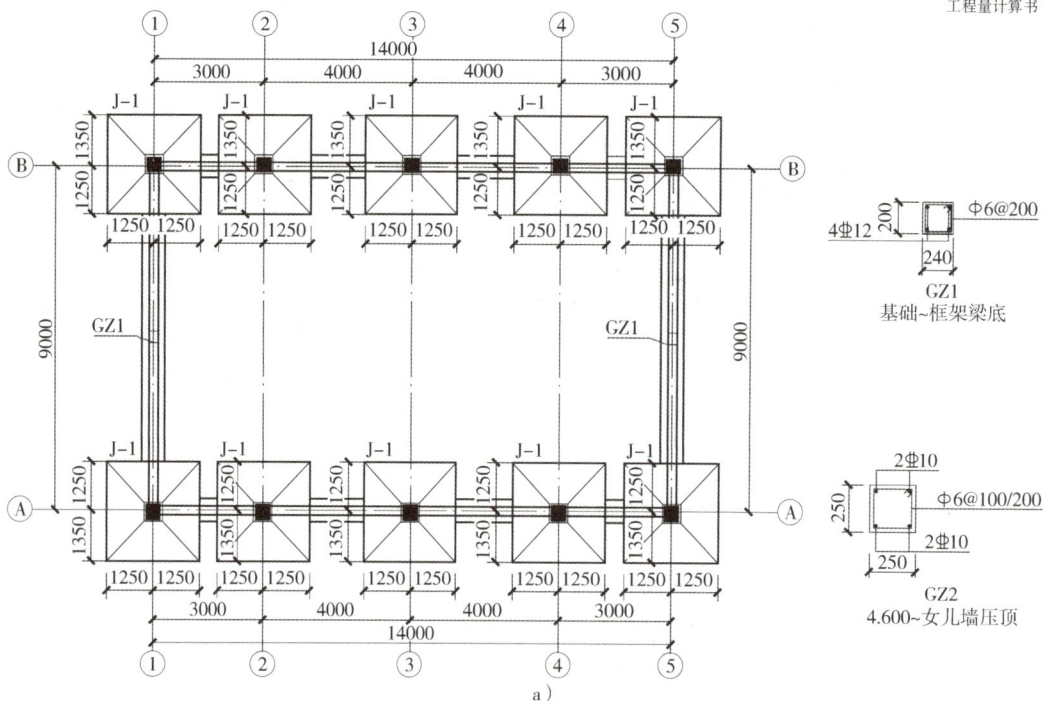

b）

图 6-3　基础信息图

a）基础平面布置图　b）基础剖面图

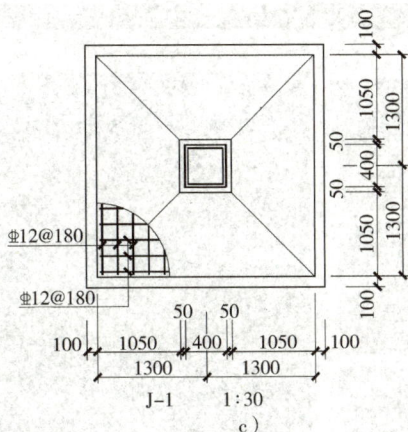

图6-3　基础信息图（续）
c）基础详图

　　打开基础层，在模块导航栏中点中独立基础，然后单击【新建】命令中的"新建独立基础"。

　　再次单击【新建】命令，单击【新建】命令中的"新建参数化独立基础单元"，如图6-4所示。

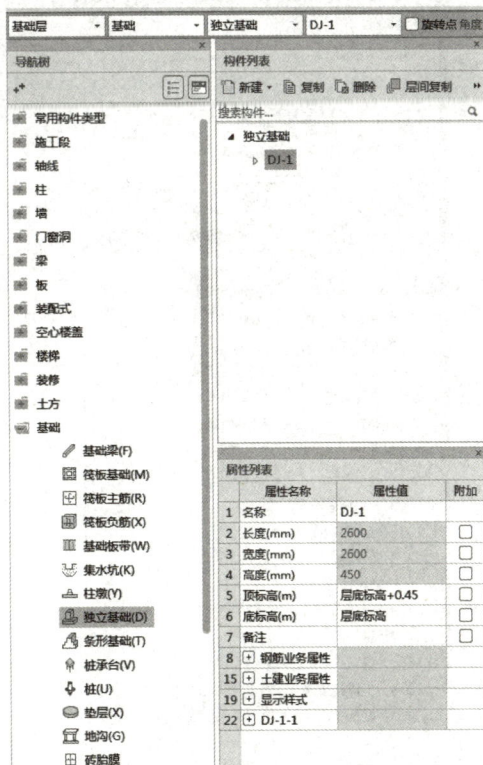

图6-4　独立基础建立

　　输入参数化图形属性值，如图6-5所示。

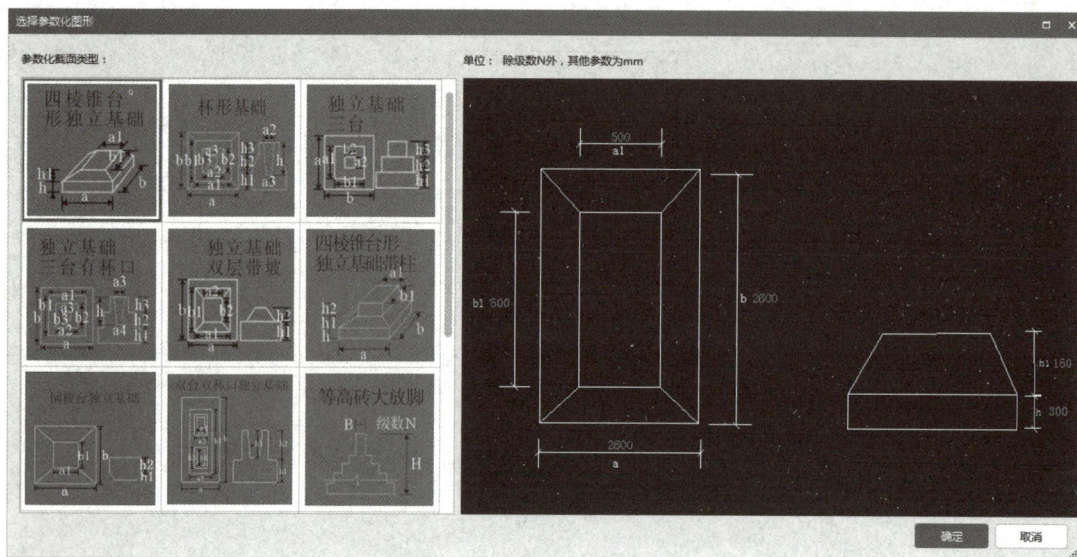

图 6-5　输入参数化图形属性值

输入独立基础基本信息，如图 6-6 所示。

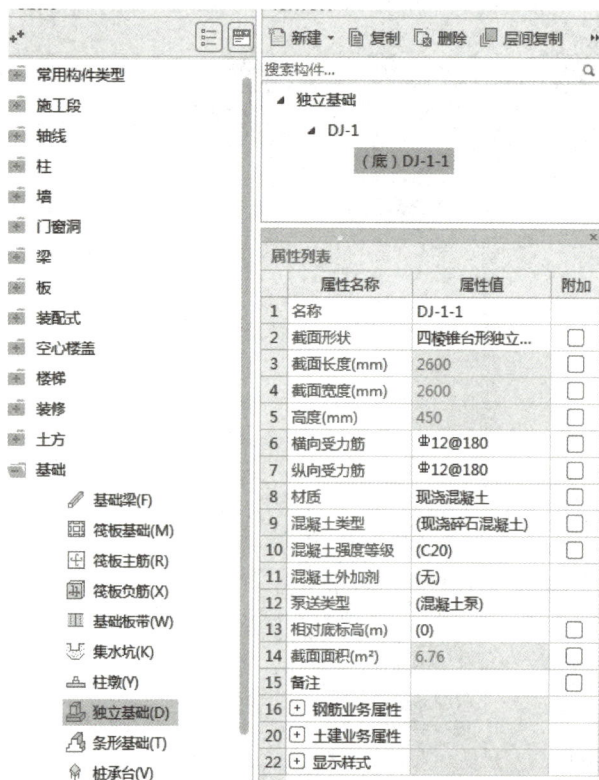

图 6-6　输入独立基础基本信息

绘制独立基础，如图 6-7 所示。

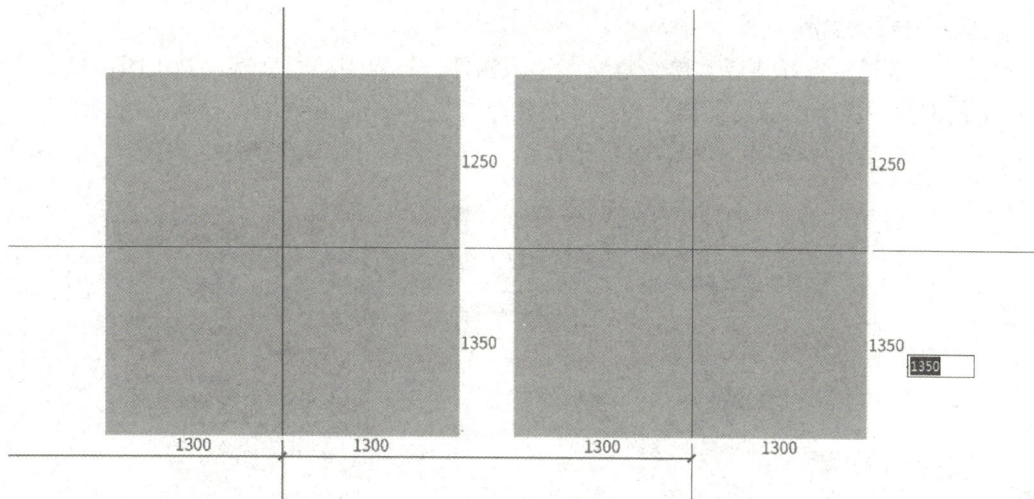

图 6-7　独立基础的绘制

填充墙的基础平面图如图 6-8 所示。

打开基础层，在模块导航栏中点中独立基础，然后单击【新建】命令中的"新建条形基础"，进行条形基础信息的修改，如图 6-9 所示。

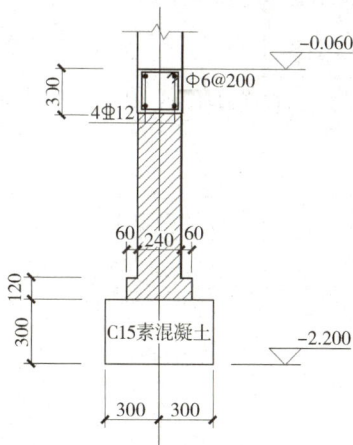

图 6-8　填充墙基础平面图

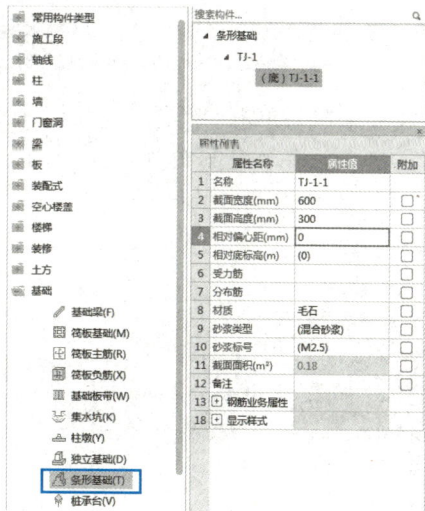

图 6-9　新建条形基础

基础层的基础绘制如图 6-10 所示。

图 6-10　基础层的基础绘制

垫层

4. 基础垫层的绘制

在模块导航栏中选择垫层，单击定义，进入构件编辑界面，根据基础施工图中填充墙基础和 J-1 的剖面图给予的信息可知，此次要新建厚度为 100mm 的垫层，独基采用的是点式垫层，条基采用的是矩形垫层，如图 6-11 所示。

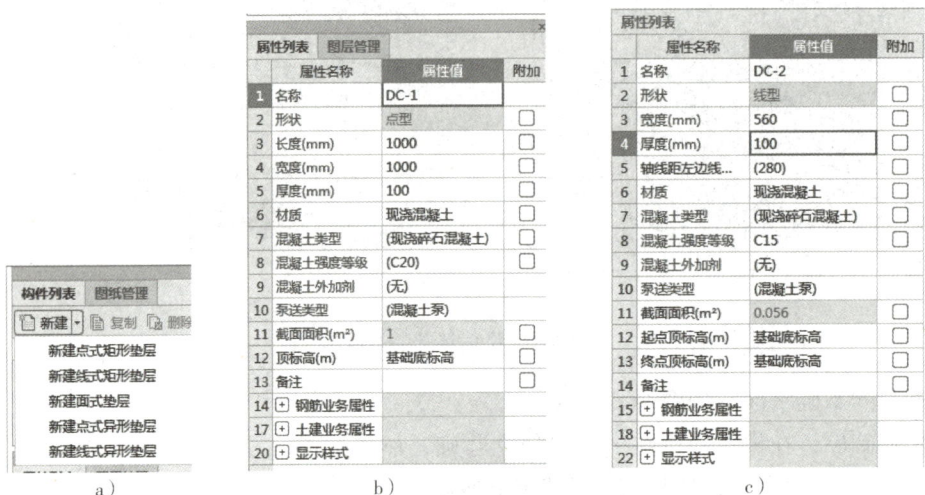

构件列表 图纸管理
新建 复制 删除
新建点式矩形垫层
新建线式矩形垫层
新建面式垫层
新建点式异形垫层
新建线式异形垫层

属性列表 图层管理

	属性名称	属性值	附加
1	名称	DC-1	
2	形状	点型	☐
3	长度(mm)	1000	☐
4	宽度(mm)	1000	☐
5	厚度(mm)	100	☐
6	材质	现浇混凝土	
7	混凝土类型	(现浇碎石混凝土)	
8	混凝土强度等级	(C20)	
9	混凝土外加剂	(无)	
10	泵送类型	(混凝土泵)	
11	截面面积(m²)	1	☐
12	顶标高(m)	基础底标高	☐
13	备注		☐
14	⊞ 钢筋业务属性		
17	⊞ 土建业务属性		
20	⊞ 显示样式		

属性列表

	属性名称	属性值	附加
1	名称	DC-2	
2	形状	线型	
3	宽度(mm)	560	☐
4	厚度(mm)	100	☐
5	轴线距左边线...	(280)	☐
6	材质	现浇混凝土	
7	混凝土类型	(现浇碎石混凝土)	
8	混凝土强度等级	C15	
9	混凝土外加剂	(无)	
10	泵送类型	(混凝土泵)	
11	截面面积(m²)	0.056	☐
12	起点顶标高(m)	基础底标高	☐
13	终点顶标高(m)	基础底标高	☐
14	备注		☐
15	⊞ 钢筋业务属性		
18	⊞ 土建业务属性		
22	⊞ 显示样式		

a)　　　　　　b)　　　　　　c)

图 6-11　垫层的属性编辑

a）垫层的选择　b）点式垫层属性的编辑　c）线型垫层属性的编辑

垫层定义完毕后，单击"绘图"按钮，切换到绘图界面。点式垫层的绘制可以直接使用智能布置方法：单击"智能布置"→"独基"，拉框选择所有绘制好的独基，单击右键，垫层就会自动生成，如图 6-12 所示。

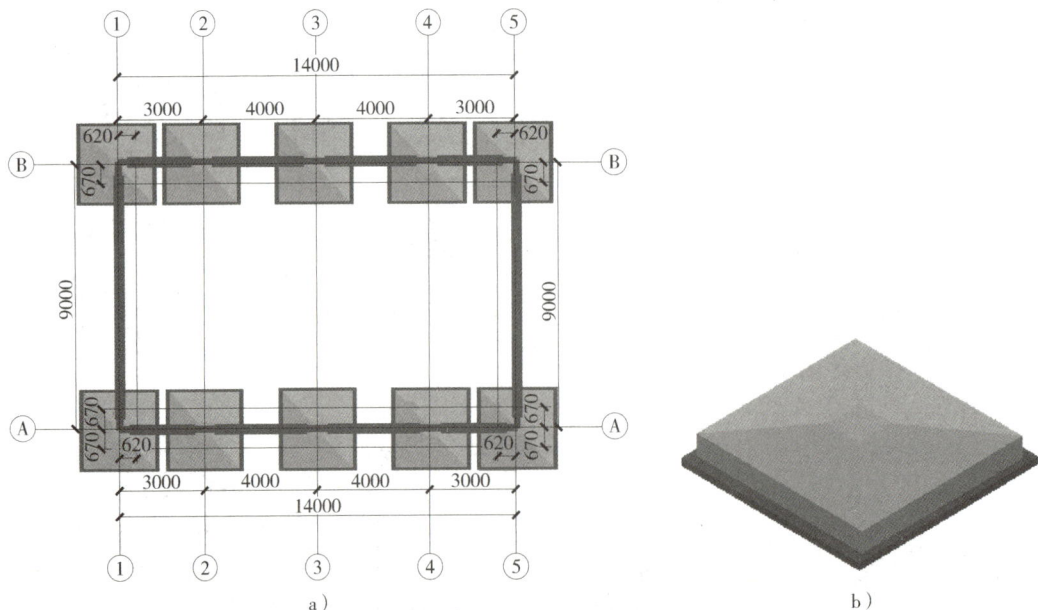

a)　　　　　　　　　　　　　　　b)

图 6-12　独基垫层构件绘制方法

a）独基垫层平面图　b）独基垫层三维图

　　新建线式矩形垫层时，垫层宽度可以为空，按条基或梁中心线智能布置时，绘制到条基或基础梁上的垫层，宽度直接取条基或基础梁宽度并可以设置出边距离，如图6-13所示。出边距离设置完成后，单击确定，垫层就会自动生成，如图6-14所示。

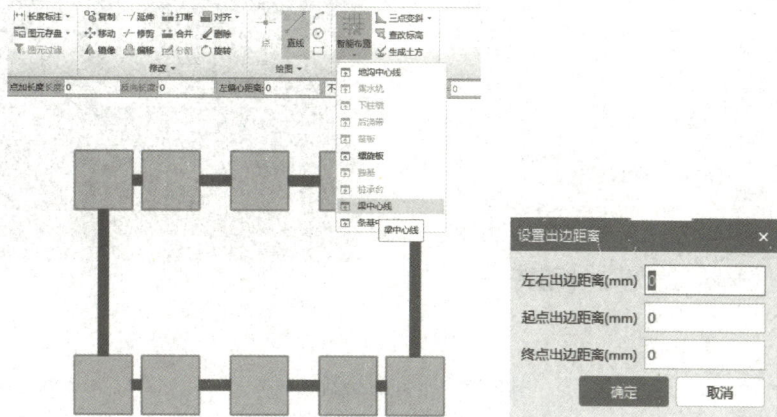

图6-13　线式垫层的绘制

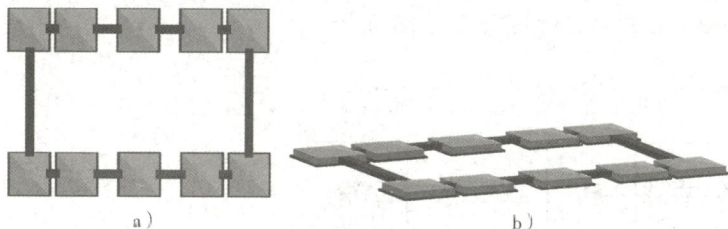

a）　　　　　　　　　　　　　b）

图6-14　垫层构件绘制完成

a）垫层平面图　b）垫层三维图

基坑土方

5. 土方的绘制

　　垫层绘制完成后，单击右上角的"自动生成土方"，在弹出对话框中根据图纸信息选择生成基坑土方、基槽土方。选择合适的土方生成类型及起始放坡位置后，根据图纸并查询相关资料填写有关数值，随后，单击确定，土方绘制完成，如图6-15所示。

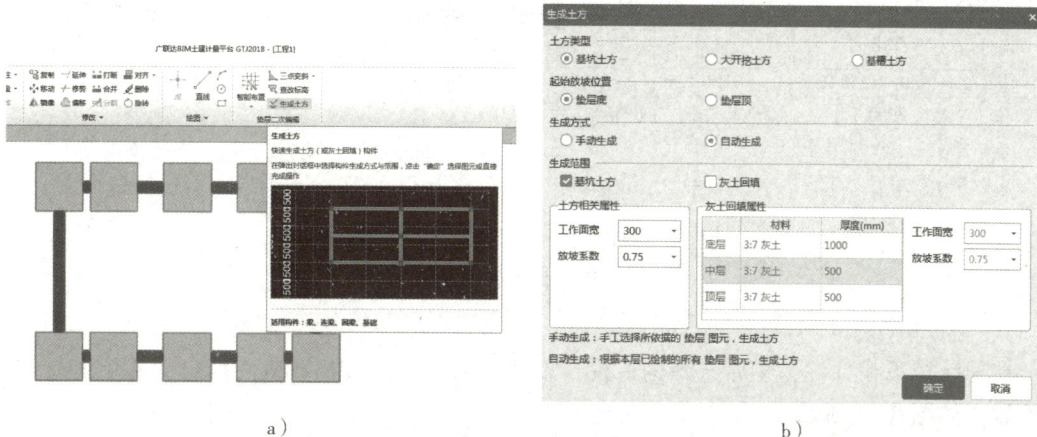

a）　　　　　　　　　　　　　b）

图6-15　土方的绘制

a）土方的生成　b）基坑土方的生成

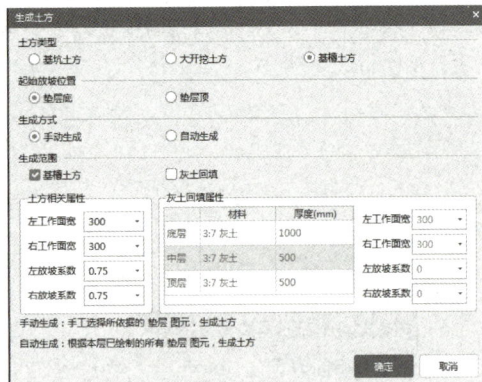

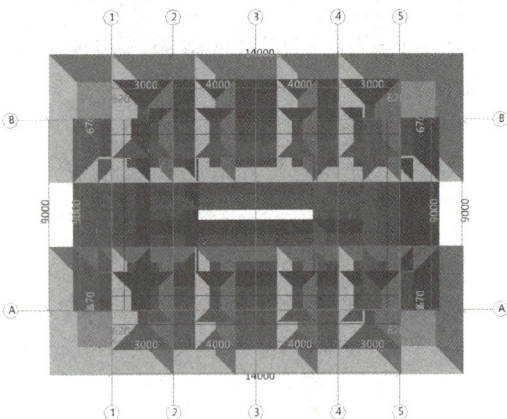

c)   d)

图 6-15   土方的绘制（续）

c）基槽土方的生成   d）土方构件绘制完成

6. 柱子的绘制

（1）构造柱的绘制   构造柱信息图如图 6-16 所示。

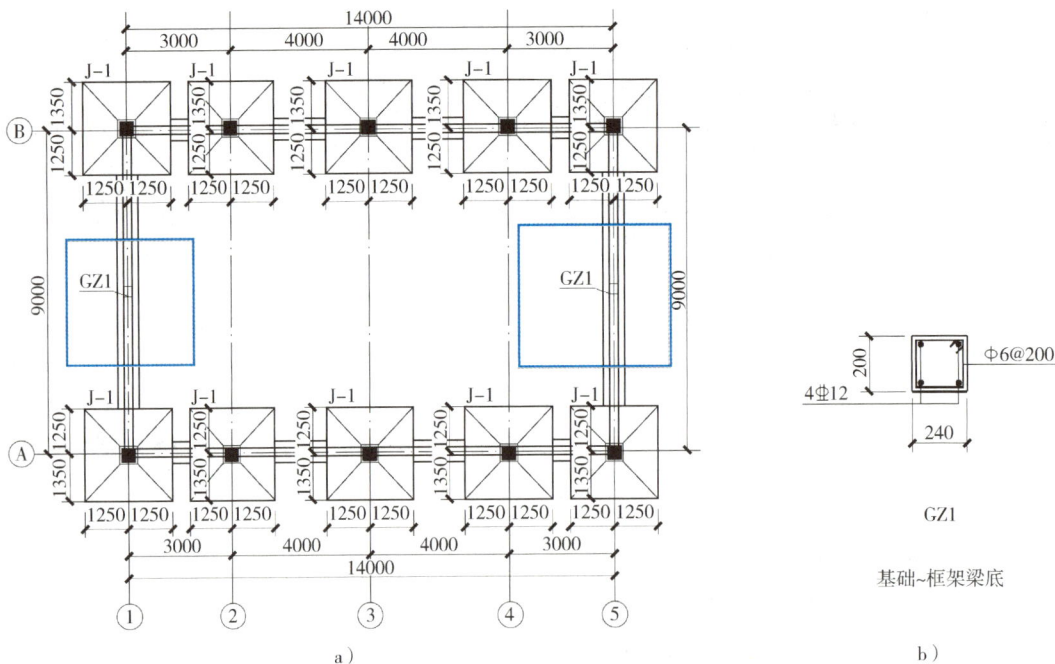

a)   b)

图 6-16   构造柱信息图

a）构造柱平面示意图   b）构造柱节点详图

在导航树下找到柱，然后选择构造柱，新建构造柱，输入相对应的信息，然后进行构件的绘制。如图 6-17 所示。

（2）框架柱的定义与绘制   框架柱的平面布置图及信息图如图 6-18 所示。

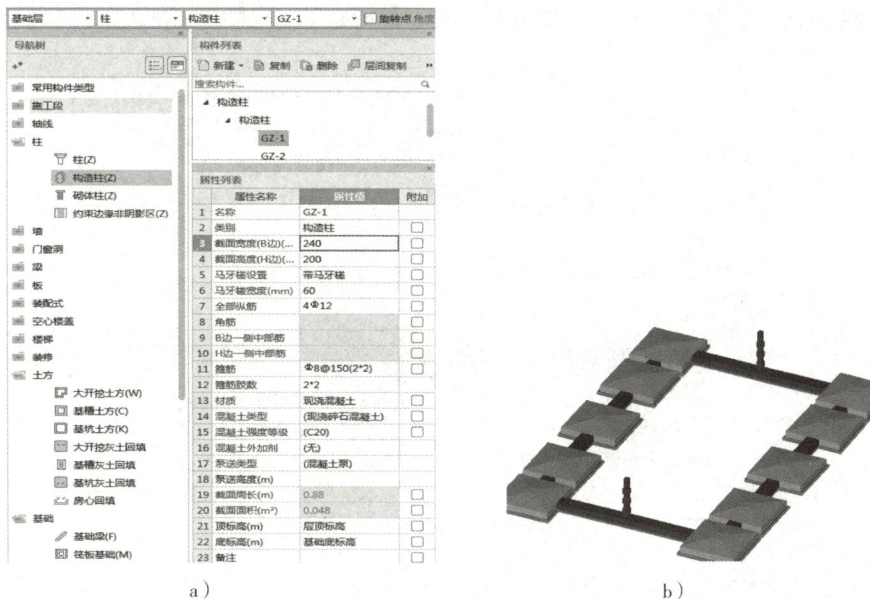

图 6-17 构造柱的绘制

a）构造柱的信息输入 b）构造柱三维图

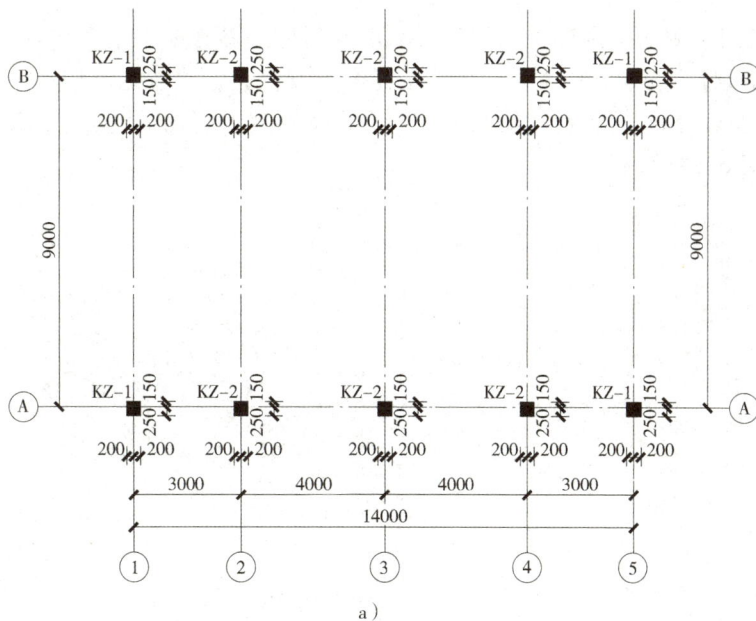

a）

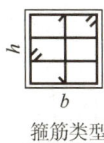

箍筋类型

柱号	标高	框架柱尺寸		角筋	b边纵筋	h边纵筋	箍筋类型号	箍筋
		b	h					
KZ-1	基础顶面～屋面板顶	400	400	4⊈22	1⊈22	1⊈22	3×3	⊈8@100
KZ-2	基础顶面～屋面板顶	400	400	4⊈22	2⊈22	1⊈22	3×4	⊈8@100/200

b）

图 6-18 框架柱的平面布置图及信息图

a）框架柱平面布置图 b）框架柱信息图

1）在绘图输入的树状构件列表中选择"柱"，如图 6-19 所示。

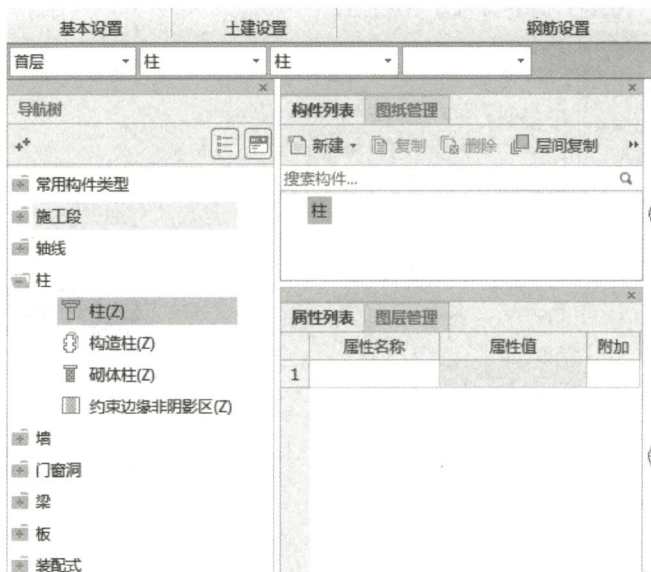

图 6-19　定义柱

2）新建 KZ-1。单击"新建"，选择"新建矩形柱"，新建 KZ-1，下方显示 KZ-1 的"属性编辑"，柱的属性主要包括柱类别、截面信息和钢筋信息，以及主类型等，这些决定柱钢筋的计算，需要按图纸实际情况进行输入。下面以 KZ-1 的属性输入为例，来介绍柱构件的属性输入，如图 6-20 所示。

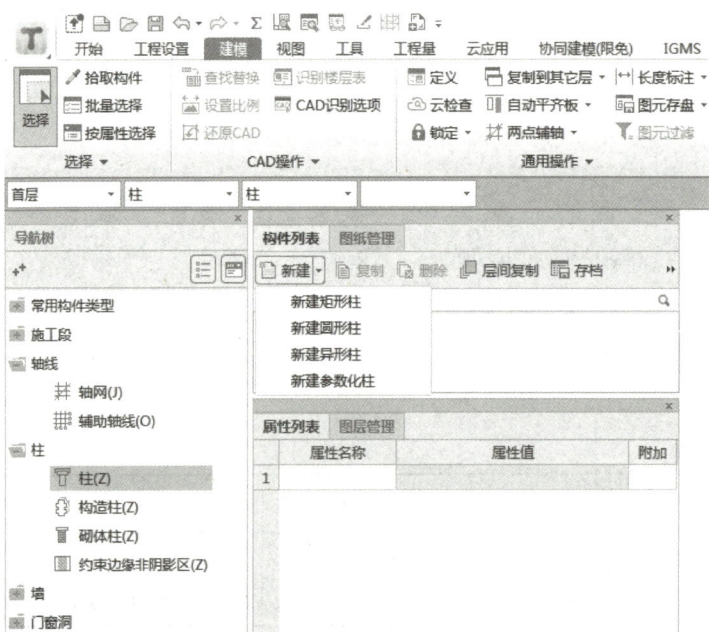

图 6-20　新建柱

柱的信息设置详见如图 6-21 所示。

图 6-21 柱的信息设置

3）属性编辑。名称：软件默认按 KZ-1、KZ-2 顺序生成，可根据图纸实际情况，手动修改名称。此处按默认名称 KZ-1 即可，如图 6-22 所示。

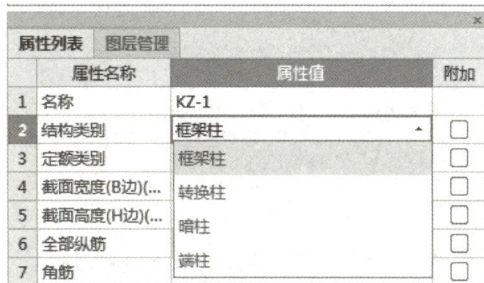

图 6-22 柱类别

截面高和截面宽：按图纸输入"400"和"400"。

全部纵筋：输入柱的全部纵筋，该项在"角筋""B 边一侧中部筋""H 边一侧中部筋"

均为空时才允许输入，不允许和这三项同时输入。

角筋：输入柱的角筋，按照柱表，KZ-1 此处输入"4Φ22"。

B 边一侧中部筋：输入柱的 B 边一侧的中部筋，按照柱表，KZ-1 此处输入"1Φ22"。

H 边一侧中部筋：输入柱的 H 边一侧的中部筋，按照柱表，KZ-1 此处输入"1Φ22"。

箍筋：输入柱的箍筋信息，按照柱表，KZ-1 此处输入"Φ8@100"。

肢数：输入柱的箍筋肢数，按照柱表，KZ-1 此处输入"3×3"。

7. 梁的绘图与输入

（1）梁的平面布置图　梁的平面布置图及钢筋分布如图 6-23 所示。

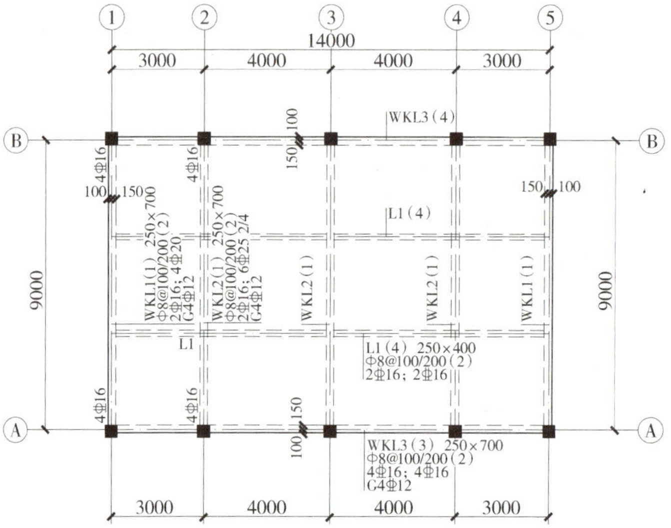

说明：
1. 次梁支承在主梁上时，应在次梁两侧各附加3组箍筋，其直径同主梁箍筋，间距50。
2. 未定位的梁均为轴线居中或靠柱边。
3. 混凝土强度等级为C30。

a）

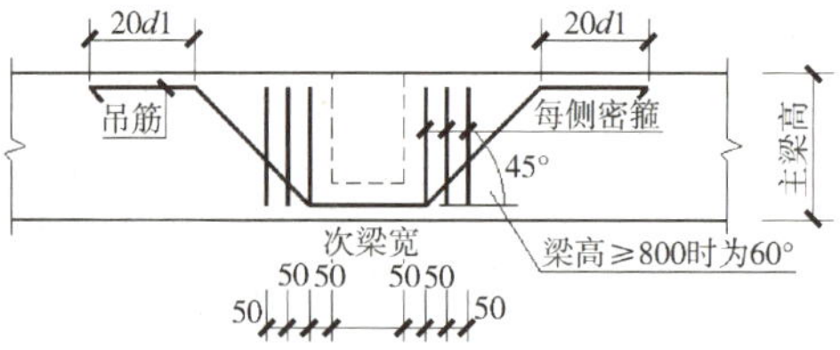

说明：
1. 当次梁高≥500时，主梁每侧密箍3Φd，吊筋按图示。
2. 当次梁400mm≤梁高<500mm时，主梁每侧密时，主梁每侧密箍3Φd，吊筋2Φ16。
3. 当次梁高<400mm时，主梁每侧密箍3Φd，吊筋2Φ14。
4. d为相应主梁箍筋直径，肢数同相应主梁。

b）

图 6-23　梁的平面布置图及结构说明
a）梁平面布置　b）梁的钢筋分布

（2）屋面框架梁的定义　下面以 WKL-1（1）为例，来讲解楼层框架梁的定义和绘制。在软件界面左侧的树状构件列表中选择"梁"构件组下面的"梁"构件，进入梁的定义界面，新建矩形梁 WKL-1（1）。根据 WKL-1（1）图纸中的集中标注，在如图 6-24 所示的属性编辑器中输入各属性的值。

第3层 ▼	梁 ▼	梁 ▼	WKL-1 ▼	分层1 ▼	□点加长度

导航树

| 构件列表 | 图纸管理 |
| 新建 ▼ | 复制 | 删除 | 层间复制 | 存档 |

搜索构件...

▲ 梁
　▲ 屋面框架梁
　　WKL-1

常用构件类型
施工段
轴线
柱
　柱(Z)
　构造柱(Z)
　砌体柱(Z)
　约束边缘非阴影区(Z)
墙
门窗洞
梁
　梁(L)
　连梁(G)
　圈梁(E)
板
装配式
空心楼盖
楼梯
装修
土方
基础
其他
自定义

| 属性列表 | 图层管理 |
	属性名称	属性值	附加
1	名称	WKL-1(1)	
2	结构类别	屋面框架梁	□
3	跨数量		
4	截面宽度(mm)	250	
5	截面高度(mm)	700	
6	轴线距梁左边...	(125)	□
7	箍筋	Φ8@100/200(2)	□
8	肢数	2	
9	上部通长筋	2Φ16	□
10	下部通长筋	4Φ20	□
11	侧面构造或受...		□
12	拉筋		□
13	定额类别	单梁	□
14	材质	现浇混凝土	□
15	混凝土类型	(现浇碎石混凝土)	□
16	混凝土强度等级	(C20)	□
17	混凝土外加剂	(无)	
18	泵送类型	(混凝土泵)	
19	泵送高度(m)		
20	截面周长(m)	1.9	□
21	截面面积(m²)	0.175	□
22	起点顶标高(m)	层顶标高	□
23	终点顶标高(m)	层顶标高	□
24	备注		□
25	⊞ 钢筋业务属性		
35	⊞ 土建业务属性		
43	⊞ 显示样式		

图 6-24　屋面框架梁的输入

名称：按照图纸输入"WKL-1（1）"

类别：此处选择"屋面框架梁"。

截面尺寸：WKL-1（1）的截面尺寸为 250mm × 700mm，截面宽度和高度分别输入"250"和"700"。

轴线距梁左边线的距离：按照软件默认，保留"（125）"，用来设置梁的中心线相对于轴线的偏移。软件默认梁中心线与轴线重合，即 250 的梁，轴线距左边线的距离为 125mm。此时 WKL-1（1）中心线与轴线未重合，所以可以把轴线距梁左边距离改成 100mm。

跨数量：名称输入"WKL-1（1）"后，自动取"1"跨。

箍筋：输入"Φ8@100/200（2）"。

箍筋肢数：自动取箍筋信息中的肢数，箍筋信息中不输入"（2）"时，可以手动在此处输入"2"。

上部通长筋：按照图纸输入"2Φ16"。

WKL

下部通长筋：输入方式与上部通长筋一致，按照图纸输入"4Φ20"。

侧面纵筋：格式为"G 或 N + 数量 + 级别 + 直径"，WKL-1（1）没有侧面纵筋，此处不输入。

拉筋：按照计算设置中设定的拉筋信息自动生成，没有侧面钢筋时，软件不计算拉筋。

（3）非框架梁的定义　对于非框架梁，在定义时，需要在属性的"类别"中选择相应的类别，其他的属性与屋面框架梁的输入方式一致。

下面以 L1（4）为例来介绍非框架梁的定义，如图 6-25 所示。

图 6-25　非框架梁编辑

（4）梁的绘制　梁在绘制时，要先主梁后次梁。在识别梁时，主梁为次梁的支座，当次梁互为支座时，要设置其中一道梁箍筋贯通。通常在画梁时，按先上后下、先左后右方向来绘制，以保证所有的梁都能够全部计算。

1）直线绘制：梁为线状图元，直线型的梁直接绘制，比较简单，如 WKL-1（1），WKL-2 直接绘制即可。

2）梁柱对齐：WKL-1 和 WKL-3 其中心线不在轴线上，可以使用"对齐"功能。

①在轴线上绘制 WKL-1（1），绘制完成后，选择"建模"界面"修改"菜单上的"对齐"，然后单击"单图元对齐"命令，将柱的上侧边线与 WKL-1（1）的上侧边线对齐。

②选需对齐的梁，右键打开列表，选择"对齐"，先选择柱上侧的边线，再选择梁上侧的边线，对齐成功，如图 6-26 所示。

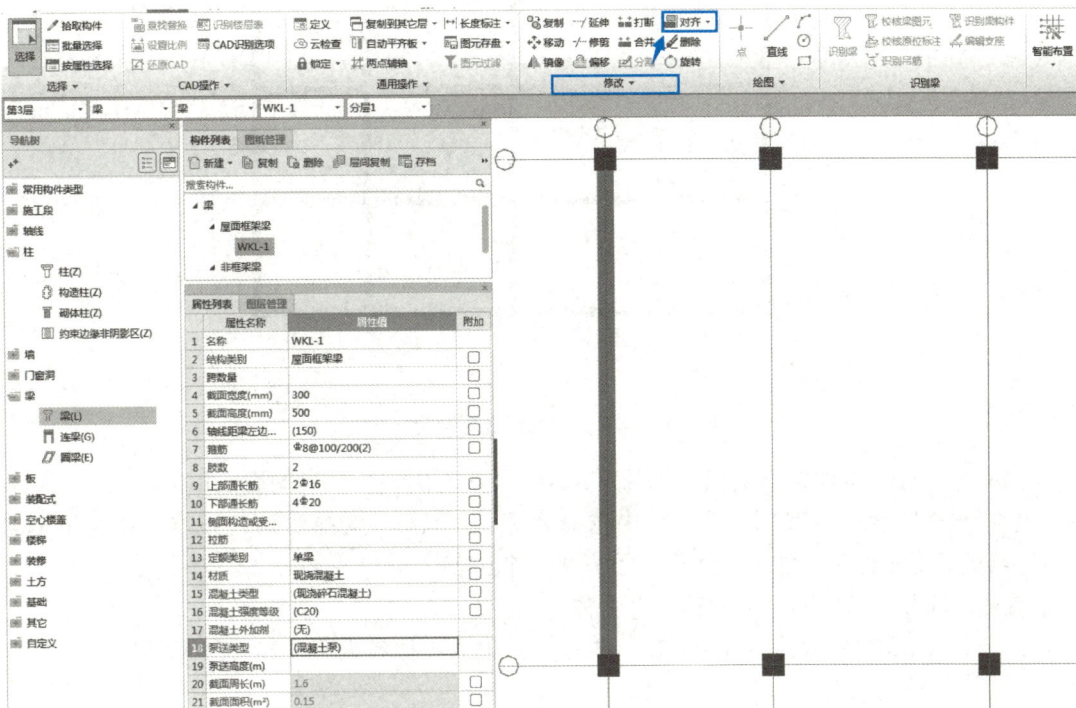

图 6-26　偏移梁

3）捕捉绘制：对于非框架梁，Ⓐ轴到Ⓑ轴之间竖向的 L1，其两个端点位于两端的框架梁上，并与之垂直，可以采用捕捉"垂点"的方法来绘制 L1。

①在捕捉工具栏中选择"垂点"，如图 6-27 所示。

图 6-27　捕捉工具栏

②选择框架柱位置的端点，将鼠标移到上方端点处的框架柱上，单击"shift"，然后单击左键，根据图纸要求输入 Y 为"3000"，X 为"0"，最后单击确定绘制完毕，如图 6-28 所示。

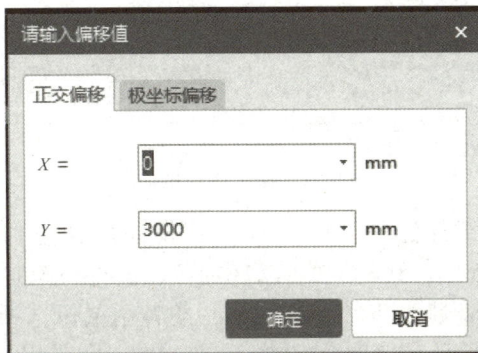

图 6-28　输入偏移值

③最后采用直"线"命令进行绘制，如图6-29所示。

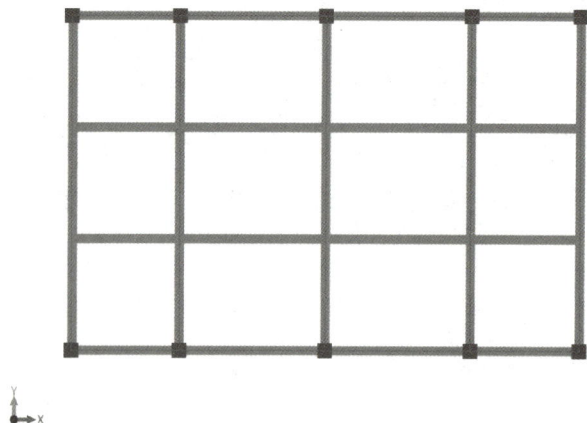

图6-29　非框架梁的绘制

（5）梁的原位标注　下面以①轴的WKL-1（1）为例，介绍梁的原位标注输入。

在"建模"界面"梁二次编辑"中选择"原位标注"，选择要输入原位标注的WKL-1（1），绘图区显示原位标注的输入框，下方显示平法表格。

首先上部和下部钢筋信息的输入有两种方式。

1）在绘图区域显示的原位标注输入框中进行输入，比较直观，如6-30所示。

图6-30　原位标注

2）也可以在"梁平法表格"中输入，如图6-31所示。

图6-31　梁平法表格输入

绘图区输入：按照图纸标注的WKL-1的原位标注信息输入；"1跨左支座筋"输入"4C16"，按"Enter"键确定；跳到"1跨跨中筋"，此处没有原位标注信息，不用输入，可以直接再次按"Enter"键跳到下一个输入框，或者用鼠标选择下一个需要输入的位置，然后按照图纸的要求输入即可。

进行原位标注后的梁显示为绿色，如图6-32所示。

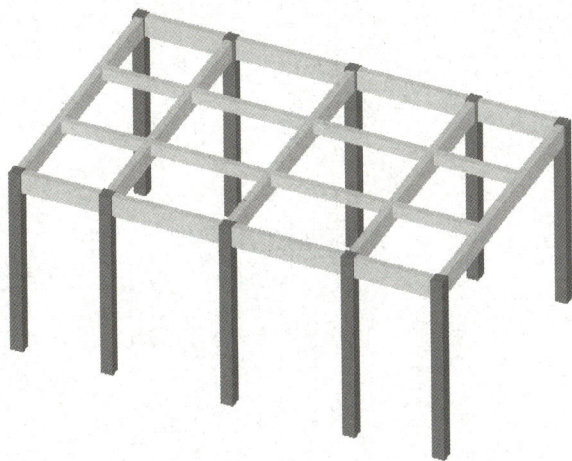

图 6-32　原位标注的梁（显示为绿色）

8. 砌体墙的绘制

在模块导航栏中进入"墙"中"砌体墙"，新建砌体墙，砌体墙的绘制采用直线绘制，如图 6-33 所示。

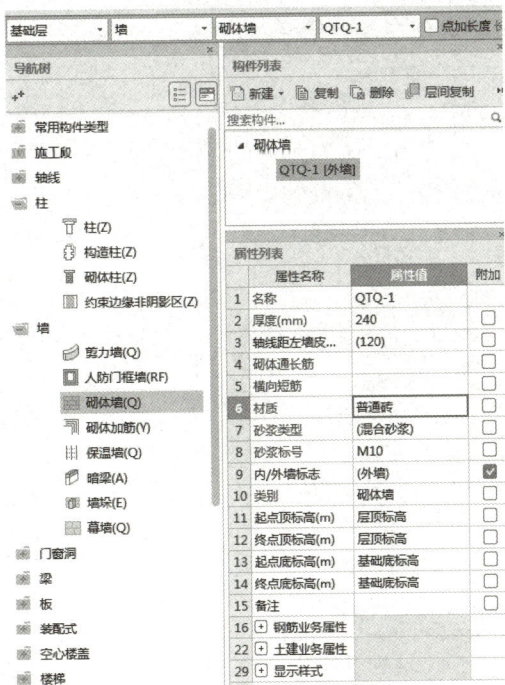

a）

b）

图 6-33　砌体墙的绘制
a）砌体墙的信息输入　b）砌体墙三维图

9. 圈梁的绘图与输入

根据图纸信息可以看出填充墙的上部带有圈梁，圈梁信息如图 6-34 所示。

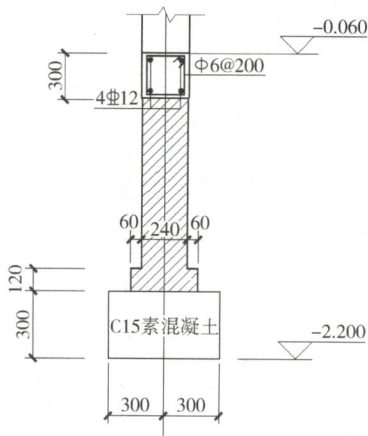

图 6-34　圈梁信息

在导航树下找到梁构件，单击圈梁，新建矩形圈梁，根据图中所涉及的构件信息进行输入，如图 6-35 所示。

图 6-35　圈梁的信息输入

单击智能布置上的生成圈梁，单击按墙中心线进行布置，如图 6-36 所示。

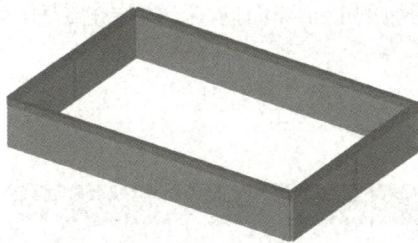

图 6-36　圈梁的三维图

10. 板的绘图与输入

现浇板绘制完成之后，接下来布置板上的钢筋。步骤还是先定义、再新建、最后绘制。分析图纸板配筋为：双层双向⾖8@150，板配筋信息图如图 6-37 所示。

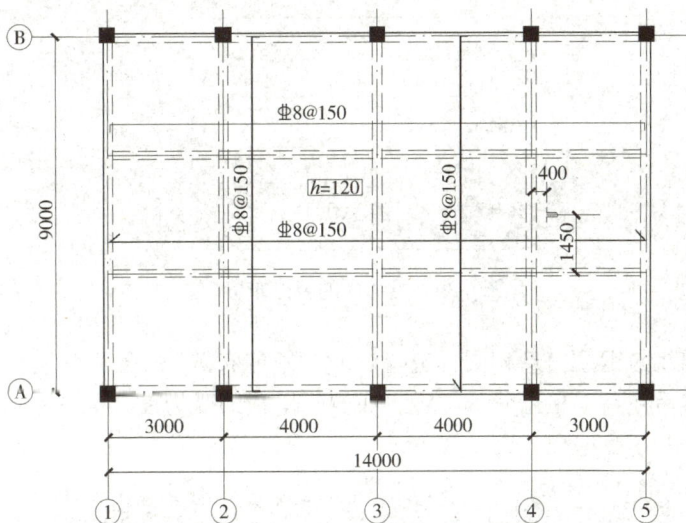

图 6-37　板配筋信息图

进入【板】→【板受力筋】，定义板受力筋，如图 6-38 所示。

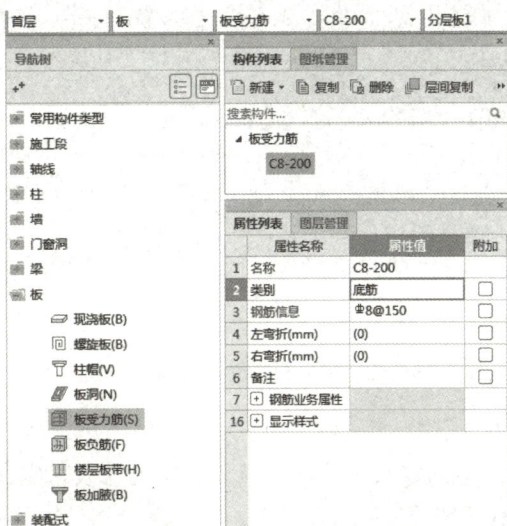

图 6-38　板受力筋定义界面

由施工图可以知道，屋面板的底筋和面筋各个方向的钢筋信息一致，这里我们采用"XY方向"来布置。

选择【单板】，选择【XY向布置】，选择其中一块板，弹出如图6-39所示对话框。

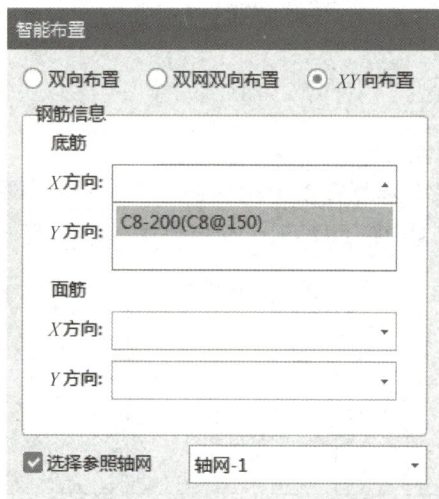

板

图6-39　受力筋的智能布置

由于板的双网双向钢筋信息相同，选择"双网双向布置"，在"钢筋信息"中选择相应的受力筋名称，然后在板上单击鼠标左键，布置上单板的受力筋。如图6-40所示。

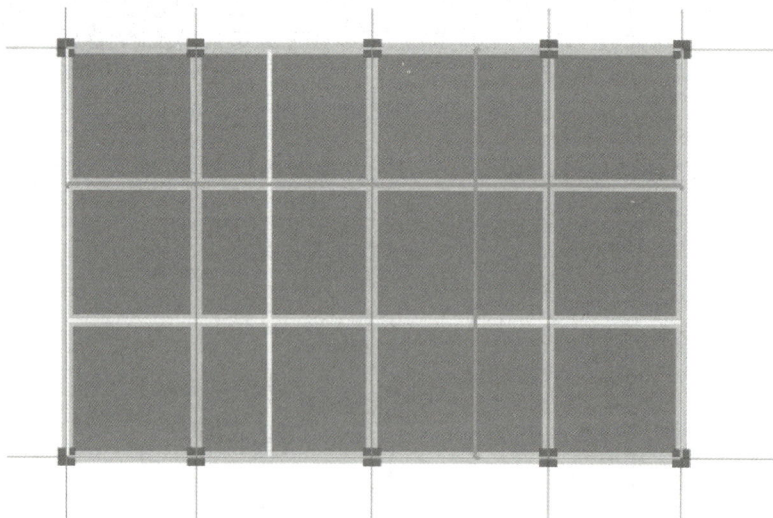

图6-40　屋面板的受力筋布置完成

11. 门窗的定义与输入

参照建施图进行门窗洞口的定义和绘制。首先，按门窗表来定义门窗洞口。下面以M-1为例来演示门窗洞口的定义和绘制。

在构件列表中选择"门窗洞"构件组下的"门"，切换到定义界面，如图6-41所示。

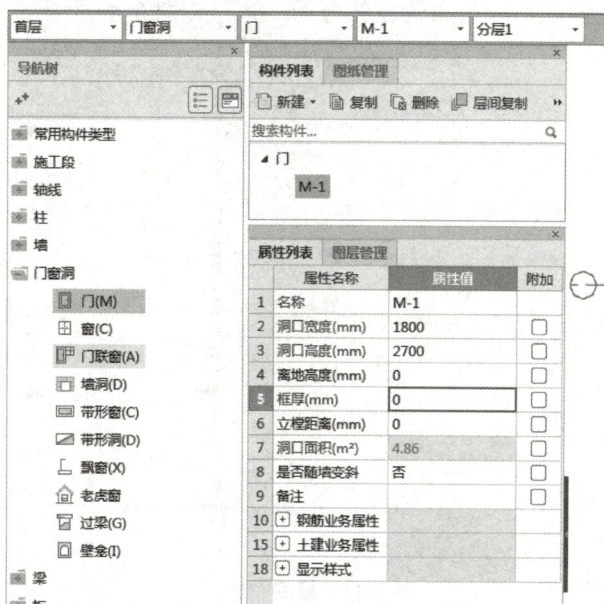

图6-41　定义门窗洞口

名称：修改为 M-1。

洞口宽度和洞口高度：根据门窗表输入 JXMI 宽度和高度分别为"1800"和"2700"。

按照同样的方法，定义本层其他的门和窗。

(1) 绘制门窗　门构件定义完毕后，切换到绘图输入，绘制门图元。门窗最常用的绘制方式是"点"绘制。门窗的"点"绘制，提供了输入定位尺寸的方法。

选择构件，选择"点"按钮，把鼠标移到门窗洞口所在的墙上，显示如图6-42所示。

按"Tab"键在输入框之间切换，输入相应的距离，按"Enter"键确定，即可绘制上。

下面主要以 M-1 为例，介绍门窗洞口的"精确布置"方法。

1）选择 M-1，在绘图区域右击鼠标，在弹出的对话框中选择"精确布置"。

2）鼠标单击Ⓐ轴和①轴的交点，软件弹出输入"3600"，如图6-43所示。

图6-42　绘制门

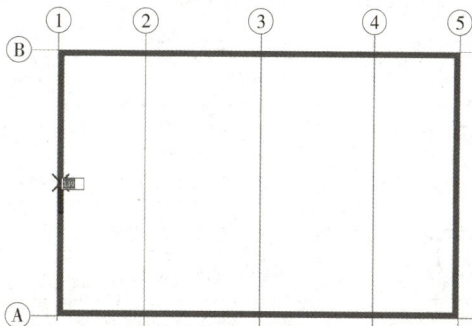

图6-43　偏移值

3）单击"确定"按钮后，门布置在相应的位置，如图 6-44 所示。

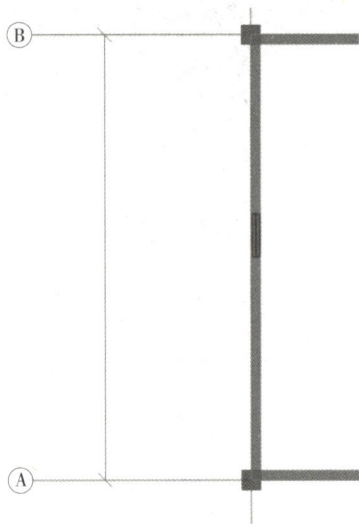

图 6-44　精确布置门

（2）门窗平面图和三维图　门窗平面图和三维图如图 6-45、图 6-46 所示。

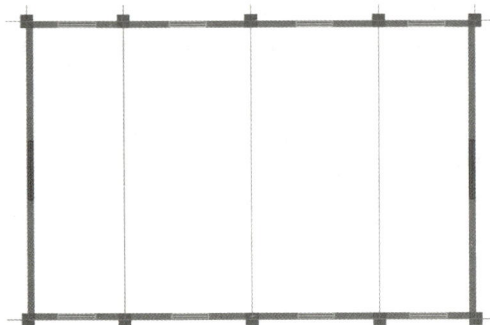

图 6-45　门窗平面图

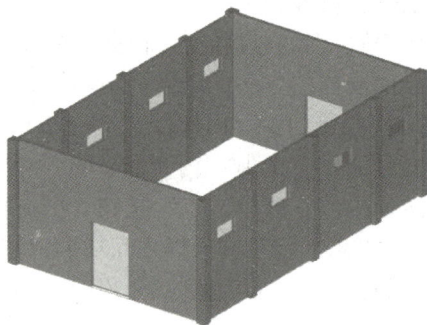

图 6-46　门窗三维图

12. 过梁的定义与输入

门窗洞口上需设置过梁，过梁示意图及信息如图 6-47 所示。

过梁配筋表（混凝土强度等级为C20）

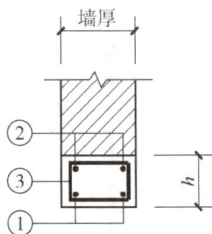

L	h	a	①	②	③
≤1200	100	250	2⏀10	2⏀8	Φ8@150
1200<L≤1500	150	250	2⏀12	2⏀8	Φ8@150
1500<L<1800	150	250	3⏀12	2⏀8	Φ8@150
1800≤L<2400	180	250	3⏀14	2⏀10	Φ8@150
2400≤L<3000	240	350	3⏀16	2⏀10	Φ8@150

注：荷载仅考虑$L/3$高度墙体自重，当超过或梁上作用有其他荷载时，应另行计算。
L为过梁长度，h为过梁高，a为过梁宽。

图 6-47　过梁示意图及信息

如图 6-48 所示，进入"门窗洞"，单击"过梁"，新建一道过梁。

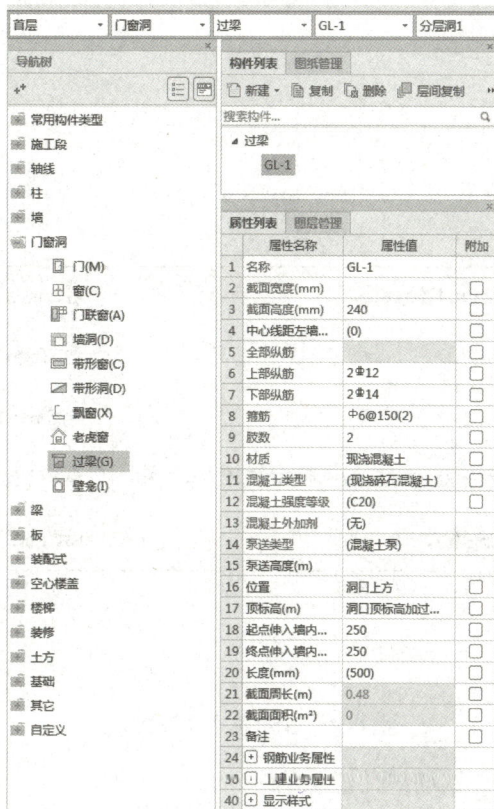

首层	▼ 门窗洞	▼ 过梁	▼ GL-1	▼ 分层洞1

导航树

构件列表　图纸管理

新建 ▼　复制　删除　层间复制

搜索构件...

◢ 过梁
　　GL-1

- 常用构件类型
- 施工段
- 轴线
- 柱
- 墙
- 门窗洞
  - 门(M)
  - 窗(C)
  - 门联窗(A)
  - 墙洞(D)
  - 带形窗(C)
  - 带形洞(D)
  - 飘窗(X)
  - 老虎窗
  - 过梁(G)
  - 壁龛(I)
- 梁
- 板
- 装配式
- 空心楼盖
- 楼梯
- 装修
- 土方
- 基础
- 其它
- 自定义

属性列表　图层管理

	属性名称	属性值	附加
1	名称	GL-1	
2	截面宽度(mm)		☐
3	截面高度(mm)	240	☐
4	中心线距左墙...	(0)	☐
5	全部纵筋		☐
6	上部纵筋	2Φ12	☐
7	下部纵筋	2Φ14	☐
8	箍筋	Φ6@150(2)	☐
9	肢数	2	☐
10	材质	现浇混凝土	☐
11	混凝土类型	(现浇碎石混凝土)	☐
12	混凝土强度等级	(C20)	☐
13	混凝土外加剂	(无)	☐
14	泵送类型	(混凝土泵)	
15	泵送高度(m)		
16	位置	洞口上方	☐
17	顶标高(m)	洞口顶标高加过...	☐
18	起点伸入墙内...	250	☐
19	终点伸入墙内...	250	☐
20	长度(mm)	(500)	☐
21	截面周长(m)	0.48	☐
22	截面面积(m²)	0	☐
23	备注		☐
24	⊞ 钢筋业务属性		
30	⊞ 土建业务属性		
40	⊞ 显示样式		

图 6-48　新建过梁

按图 6-47 上的信息结合门窗的尺寸来设置过梁构件信息，过梁定义完毕后，回到绘图界面，绘制过梁。过梁的布置可以采用"点"画法，或者在门窗洞口"智能布置"。

按照不同的洞口宽度，选择不同的过梁进行绘制。

"点"：选择"点"，选择要布置过梁的门窗洞口，即可布置上过梁。

"智能布置"：选择"智能布置"命令，选择布置方式，然后进行绘图，即可布置上过梁。如图 6-49 所示。

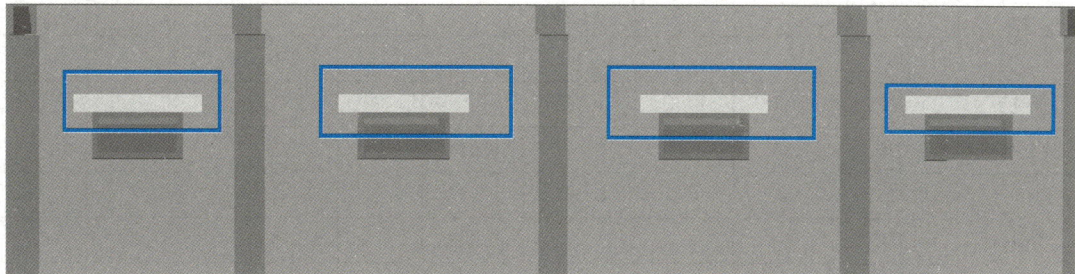

图 6-49　过梁三维图

13. 开闭所工程量汇总

（1）工程技术经济指标　工程技术经济指标如图 6-50 所示。

设计单位：

编制单位：

建设单位：

项目名称：开闭所

项目代号：

工程类别：	结构类型：框架结构	基础形式：筏形基础
结构特征：	地上层数：	地下层数：
抗震等级：三级抗震	设防烈度：7	檐高(m)：6.1
建筑面积(㎡)：130.64	实体钢筋总重(未含措施/损耗/贴焊锚筋)(T)：6.583	单方钢筋含量(kg/㎡)：50.39
损耗重(T)：0	措施筋总重(T)：0	贴焊锚筋总重(T)：0
编制人：	审核人：	

编制日期：2020-11-19

图 6-50　工程技术经济指标

钢筋明细表

（2）钢筋统计汇总表　钢筋统计汇总见表6-1。

表 6-1　钢筋统计汇总

构件类型	合计/t	级别	6	8	12	14	16	20	22	25
柱	1.667	C		0.472				0.618	0.577	
构造柱	0.081	A	0.081							
	0.342	B			0.342					
过梁	0.011	A	0.011							
	0.081	C			0.033	0.048				
梁	0.032	A	0.027	0.005						
	2.409	C		0.463	0.196	0.017	0.836	0.197		0.7
现浇板	1.332	C		1.332						
独立基础	0.629	C			0.629					
合计/t	0.125	A	0.12	0.005						
	0.342	B			0.342					
	6.117	C		2.266	0.858	0.065	0.836	0.815	0.577	0.7

（3）钢筋接头汇总表　钢筋接头汇总见表6-2。

表6-2　钢筋接头汇总

搭接形式	楼层名称	构件类型	搭接长度	
			16mm	25mm
直螺纹连接	首层	梁	34	
		合计	34	
	整楼	—	34	
套管挤压	首层	梁		18
		合计		18
	整楼	—		18

（4）清单汇总表（部分）　清单汇总表（部分）如图6-51所示。

序号	编码	项目名称	单位	工程里
		实体项目		
⊞ 1	010101003001	挖沟槽土方	m³	18.0828
⊞ 2	010101004001	挖基坑土方	m³	222.0744
⊞ 3	010402001001	砌块墙 3.高3.6以上	m³	2.1936
⊞ 4	010402001002	砌块墙 1.200厚加气混凝土砌块 2.M7.5混合砂浆 3.高3.6以下	m³	23.5896
⊞ 5	010501001001	垫层	m³	7.84
⊞ 6	010501002001	带形基础	m³	1.818
⊞ 7	010501003001	独立基础	m³	24.435
⊞ 8	010502001001	矩形柱 1.混凝土种类:商品混凝土 2.混凝土强度等级:C30 3.高度4.6m	m³	7.36
⊞ 9	010502002001	构造柱 1.混凝土等级C20 2.柱高4.6	m³	4.0968
⊞ 10	010503002001	矩形梁 雨篷梁	m³	0.12
⊞ 11	010503002002	矩形梁	m³	0
⊞ 12	010505001001	有梁板	m³	27.3053
⊞ 13	010801001001	木质门 1.甲级防火门 2.洞口尺寸1800×2700	m²	9.72
⊞ 14	010807002001	金属防火窗 1.洞口尺寸1200×600 2.防火窗	m²	5.76
⊞ 15	011101001001	水泥砂浆楼地面	m²	121.44
⊞ 16	011105001001	水泥砂浆踢脚线	m²	6.48
⊞ 17	011201001001	墙面一般抹灰	m²	193.7358
⊞ 18	011301001001	天棚抹灰	m²	164.8725
⊞ 19	011407001001	墙面喷刷涂料	m²	229.0528

图6-51　清单汇总表（部分）

清单部位计算书

6.2 计价软件应用技能操作案例

1. 新建项目

1）首先在计算机桌面找到并双击"广联达云计价平台 GCCP6.0",进入新建工程界面,单击"新建"按钮,选择"新建预算",如图 6-52 所示。

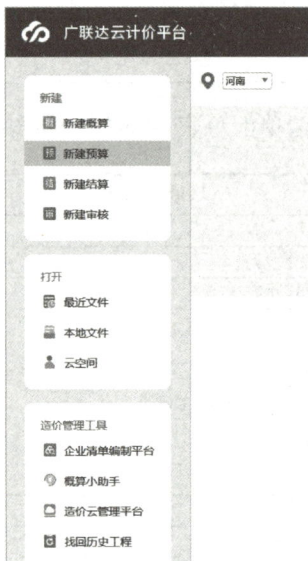

图 6-52　新建预算

2）单击"新建预算"后,出现如图 6-53 所示界面,新建预算中包含招标项目、投标项目、定额项目、单位工程/清单、单位工程/定额。

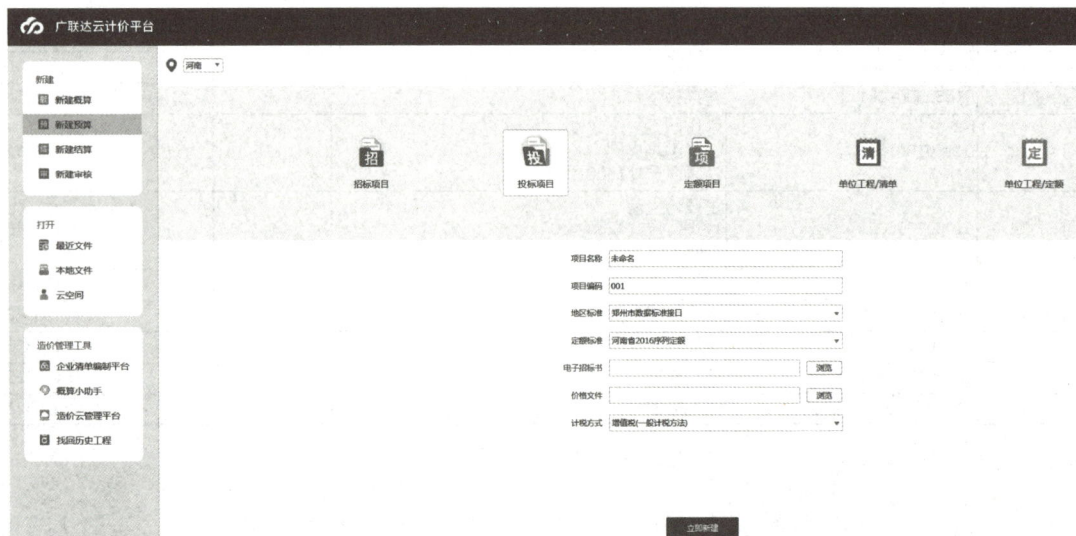

图 6-53　新建工程

3）选择投标项目后，根据图纸信息，填写项目名称，选择地区标准；根据实际需求选择定额标准，如图6-54所示。

4）选择项目开闭所，然后单击新建，进入新建单项工程，如图6-55所示。

图6-54　新建投标项目

图6-55　新建单项工程

5）信息填写完成，单击立即创建，进入编制界面，然后选择单项工程，单击新建，进入新建单位工程界面，如图6-56所示，根据项目信息填写单位工程名称、清单库、清单专业、定额库等信息，新建工程就完成了。

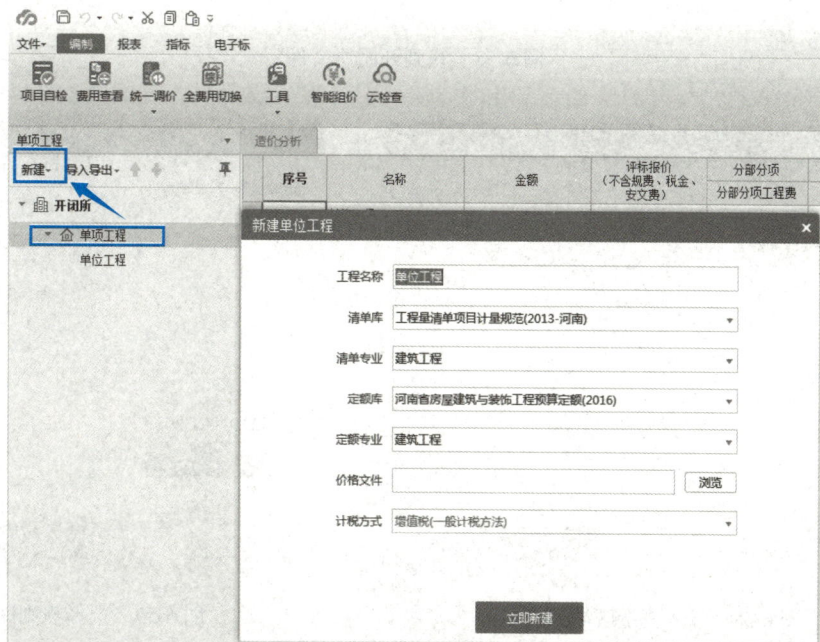

图6-56　新建单位工程

2. 导入算量文件

项目新建完成后，选择量价一体化，找到开闭所.GTJ 文件，然后导入计价软件中，如图 6-57 所示。在弹出的选择导入算量区域界面进行选择，如图 6-58 所示，选择规则库，如图 6-59 所示，最后选择导入的清单项目和措施项目，如图 6-60、图 6-61 所示。选择完成后单击导入。

图 6-57 找到开闭所文件

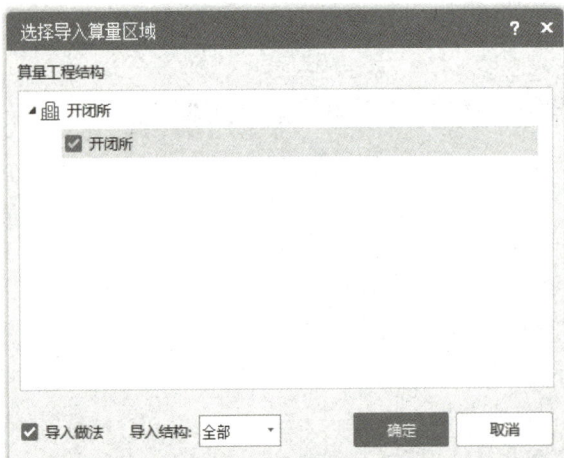

图 6-58 导入算量区域界面

图 6-59 选择规则库

算量工程文件导入

清单项目　措施项目
全部选择　全部取消

	导入	编码	类别	名称	单位	工程量
7	☑	010501001001	项	垫层	m³	7.84
8	☑	010501002001	项	带形基础	m³	1.818
9	☑	010501003001	项	独立基础	m³	24.435
10	☑	010502001001	项	矩形柱	m³	7.36
11	☑	5-11	定	现浇混凝土 矩形柱	10m³	0.736
12	☑	010502002001	项	构造柱	m³	3.9816
13	☑	5-12	定	现浇混凝土 构造柱	10m³	0.39816
14	☑	010503002001	项	矩形梁	m³	0.12
15	☑	010503002002	项	矩形梁	m³	0
16	☑	010505001001	项	有梁板	m³	27.3053
17	☑	010801001001	项	木质门	m²	9.72
18	☑	8-6	定	木质防火门安装	100m²	0.0972
19	☑	010807002001	项	金属防火窗	m²	5.76
20	☑	8-62	定	隔热断桥铝合金 普通窗安装 推拉	100m²	0.0576
21	☑	011105001001	项	水泥砂浆踢脚线	m²	6.48
22	☑	011201001001	项	墙面一般抹灰	m²	193.659
23	☑	011301001001	项	天棚抹灰	m²	164.8725
24	☑	011407001001	项	墙面喷刷涂料	m²	228.976

导入　关闭　☐清空导入

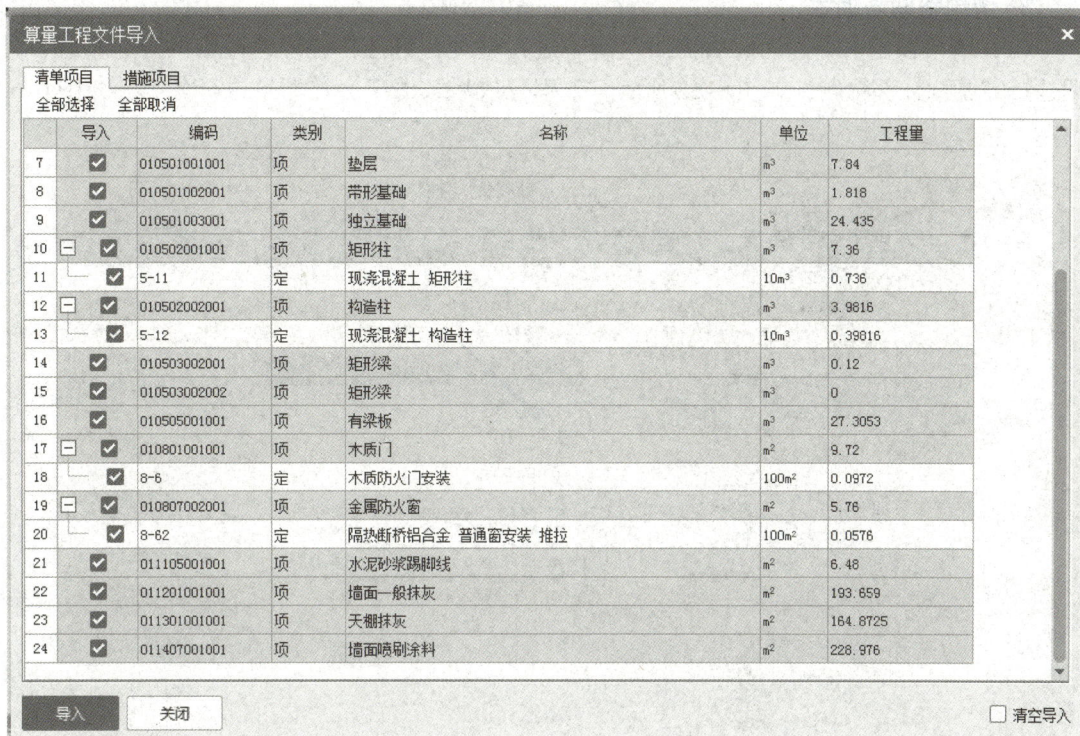

图 6-60　清单项目

算量工程文件导入

清单项目　措施项目
全部选择　全部取消

	导入	编码	类别	名称	单位	工程量	对应的措施项目	父措施项	可计量措施
1	☑	011702002001	项	矩形柱	m²	68.053			☑
2	☑	5-220	定	现浇混凝土模板 矩形柱 复合模板 钢支撑	100m²	0.7284			
3	☑	011702003001	项	构造柱	m²	43.896			☑
4	☑	5-220	定	现浇混凝土模板 矩形柱 复合模板 钢支撑	100m²	0.5088			
5	☑	011702006001	项	矩形梁	m²	1.5			☑
6	☑	011702006002	项	矩形梁	m²	0			☑
7	☑	011702014001	项	有梁板	m²	223.295			☑

导入　关闭　☐清空导入

图 6-61　措施项目

3. 清单整理与锁定

（1）清单锁定　导入完成后需要对清单进行整理，可选择整理清单中的分部整理，然后选择需要章分部标题，如图 6-62 所示，整理完成后，清单会按照章进行分类，如图 6-63 所示。

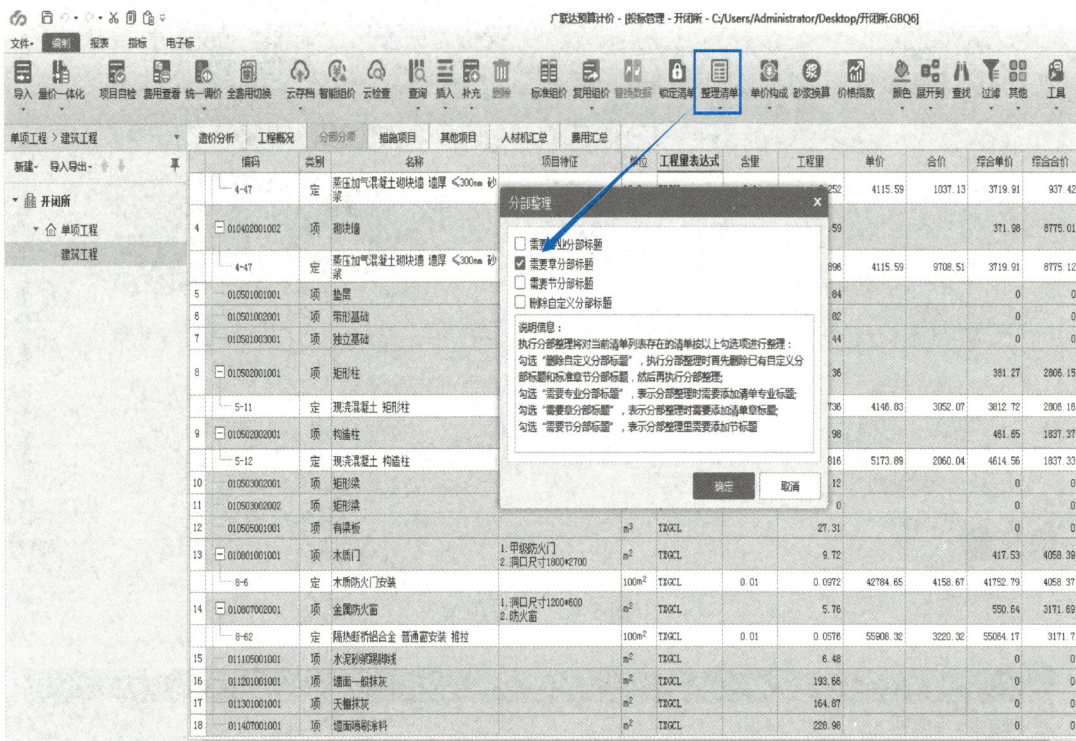

图 6-62　需要章分部标题

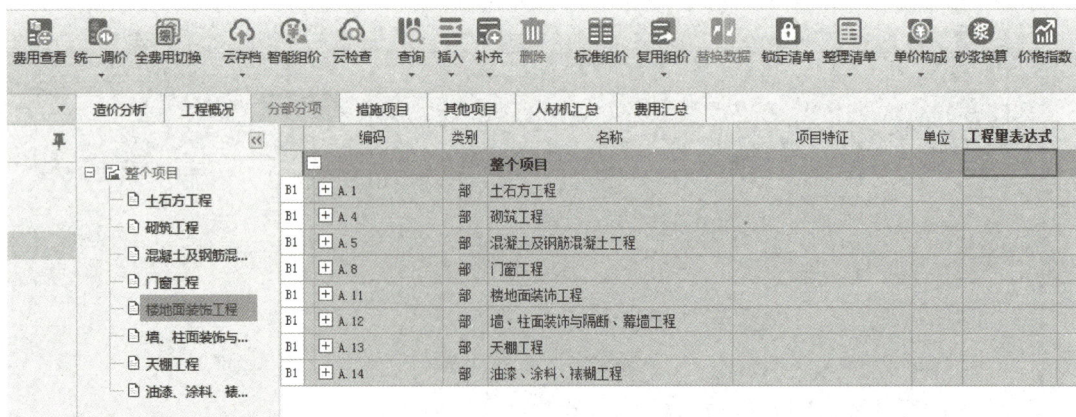

图 6-63　整理完成

（2）清单锁定　清单锁定是把导入到计价中的清单进行锁定，锁定后将无法对清单描述、工程量等内容进行修改。锁定清单位置如图 6-64 所示，选择锁定，将改变为如图 6-65 所示，解除清单锁定样式。

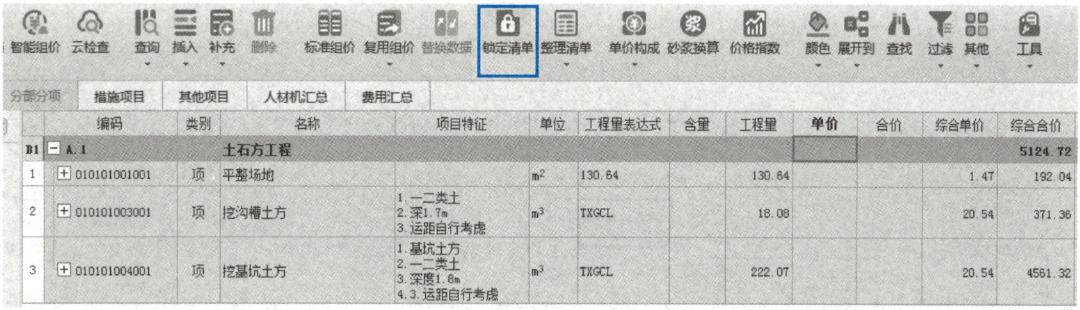

图 6-64　锁定清单位置

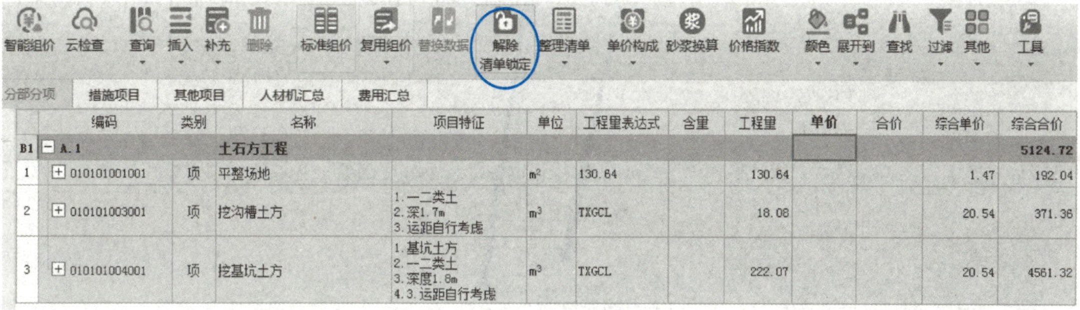

图 6-65　解除清单锁定样式

4. 清单组价

（1）土石方工程　开闭所项目为柱下独立基础结构，基础填充墙下设素混凝土基础，因此土石方工程涉及清单有平整场地、挖基坑土方和挖沟槽土方，如图 6-66 所示。

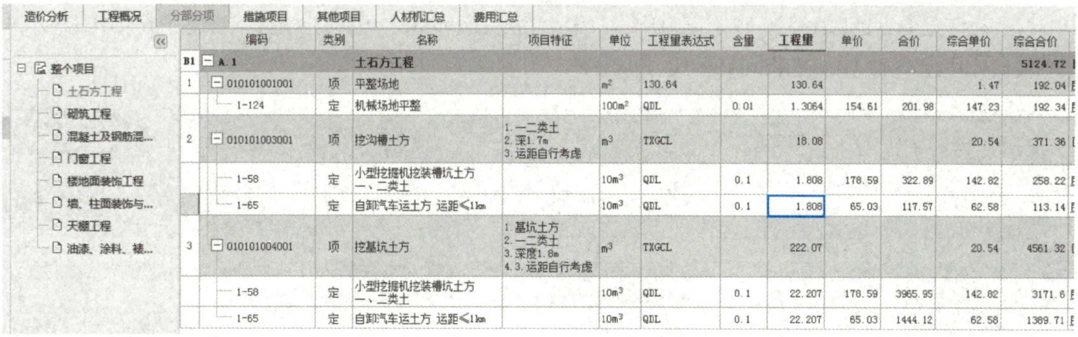

图 6-66　土石方工程

（2）砌筑工程　本项目墙体做法如图 6-67 所示，因此砌筑工程清单有基础填充墙、女儿墙以及 ±0.000 以上墙体 3.6m 以上和 3.6m 以下四项。

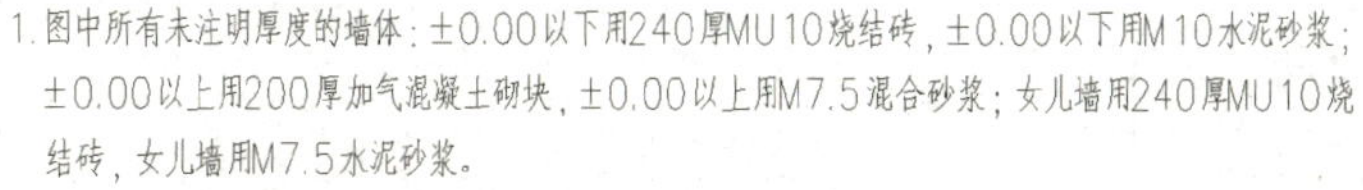

1. 图中所有未注明厚度的墙体：±0.00 以下用 240 厚 MU10 烧结砖，±0.00 以下用 M10 水泥砂浆；
±0.00 以上用 200 厚加气混凝土砌块，±0.00 以上用 M7.5 混合砂浆；女儿墙用 240 厚 MU10 烧结砖，女儿墙用 M7.5 水泥砂浆。

图 6-67　墙体做法

定额的墙体砌筑层高是按照 3.6m 编制的，如超过 3.6m，3.6m 以上部分是需要进行换算的，因此在编制清单时可直接按照 3.6m 以上或以下区分编制，如图 6-68 所示，3.6m 以上定额套取之后需要进行换算，因此在标准换算中勾选第二项墙体高度的换算，然后换算M7.5砂浆。

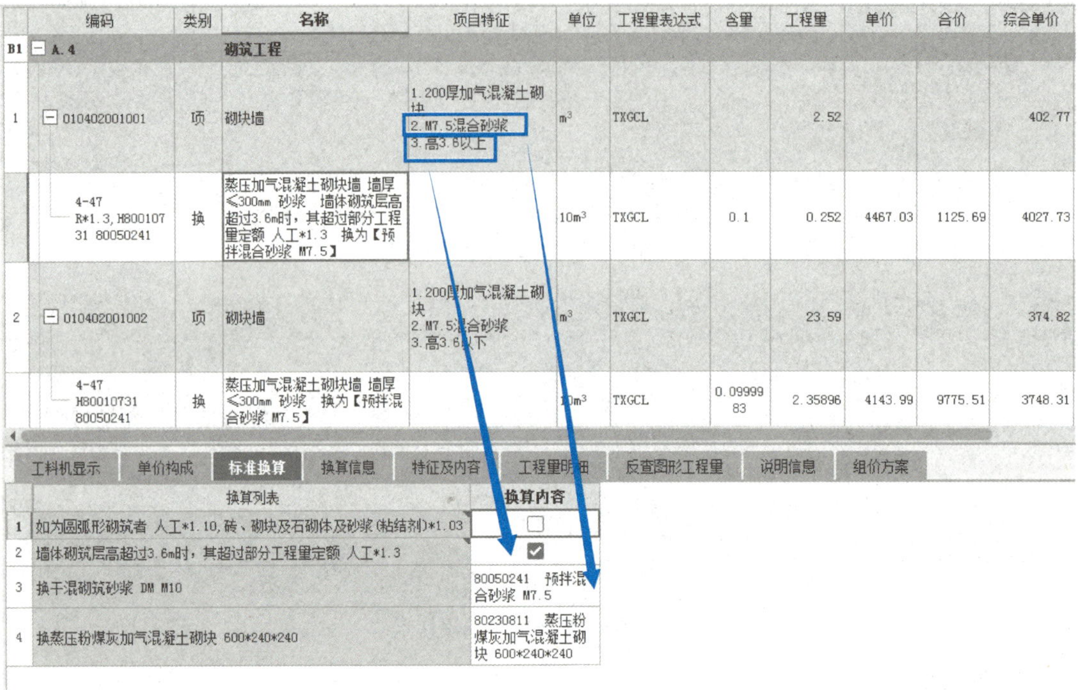

编码	类别	名称	项目特征	单位	工程量表达式	含量	工程量	单价	合价	综合单价
B1	⊟ A.4		砌筑工程								
1	⊟ 010402001001	项	砌块墙	1.200厚加气混凝土砌块 2.M7.5混合砂浆 3.高3.8以上	m³	TXGCL		2.52			402.77
	4-47 R*1.3,H800107 31 80050241	换	蒸压加气混凝土砌块墙 墙厚≤300mm 砂浆 墙体砌筑层高超过3.6m 其超过部分工程量定额 人工*1.3 换为【预拌混合砂浆 M7.5】		10m³	TXGCL	0.1	0.252	4467.03	1125.69	4027.73
2	⊟ 010402001002	项	砌块墙	1.200厚加气混凝土砌块 2.M7.5混合砂浆 3.高3.6以下	m³	TXGCL		23.59			374.82
	4-47 H80010731 80050241	换	蒸压加气混凝土砌块墙 墙厚≤300mm 砂浆 换为【预拌混合砂浆 M7.5】		10m³	TXGCL	0.09999 83	2.35896	4143.99	9775.51	3748.31

工料机显示 | 单价构成 | **标准换算** | 换算信息 | 特征及内容 | 工程量明细 | 反查图形工程量 | 说明信息 | 组价方案

	换算列表	换算内容
1	如为圆弧形砌筑者 人工*1.10,砖、砌块及石砌体及砂浆(粘结剂)*1.03	
2	墙体砌筑层高超过3.6m时,其超过部分工程量定额 人工*1.3	☑
3	换干混砌筑砂浆 DM M10	80050241　预拌混合砂浆 M7.5
4	换蒸压粉煤灰加气混凝土砌块 600*240*240	80230811　蒸压粉煤灰加气混凝土砌块 600*240*240

图6-68　墙体砌筑层高区分

基础填充墙采用240mm厚烧结砖墙，因此可直接套取混水砖墙定额，从工料机显示中可看出主材是普通烧结砖，砂浆是DM M10干混砌筑砂浆，也对应清单描述中的MU10水泥砂浆，因此无需换算，如图6-69所示。

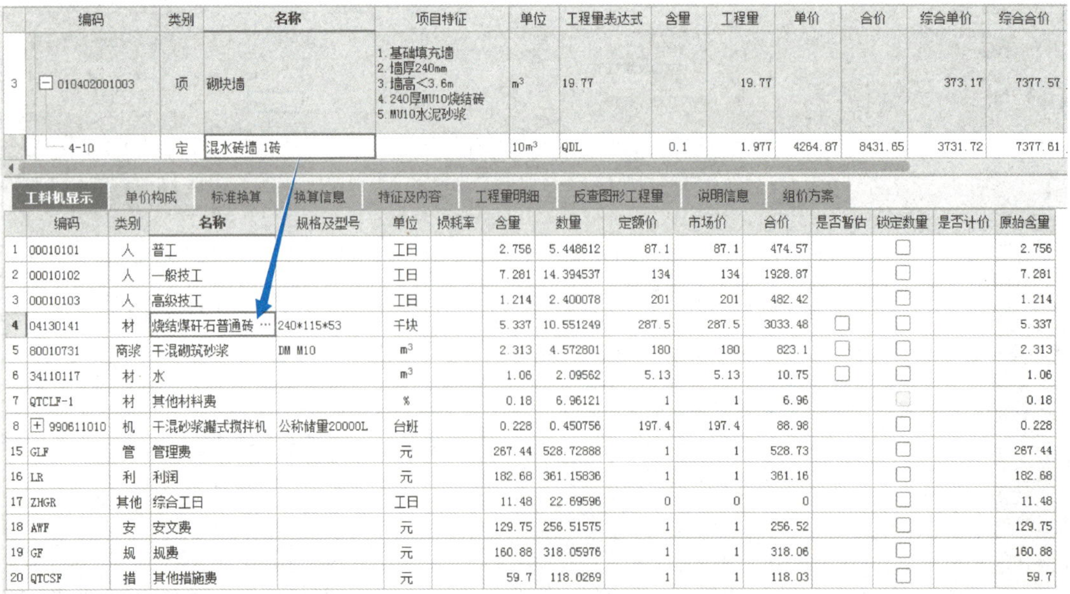

	编码	类别	名称	项目特征	单位	工程量表达式	含量	工程量	单价	合价	综合单价	综合合价
3	⊟ 010402001003	项	砌块墙	1.基础填充墙 2.墙厚240mm 3.墙高<3.6m 4.240厚MU10烧结砖 5.MU10水泥砂浆	m³	19.77		19.77			373.17	7377.57
	└ 4-10	定	混水砖墙 1砖		10m³	QDL	0.1	1.977	4264.87	8431.65	3731.72	7377.61

工料机显示 | 单价构成 | 标准换算 | 换算信息 | 特征及内容 | 工程量明细 | 反查图形工程量 | 说明信息 | 组价方案

	编码	类别	名称	规格及型号	单位	损耗率	含量	数量	定额价	市场价	合价	是否暂估	锁定数量	是否计价	原始含量
1	00010101	人	普工		工日		2.756	5.448612	87.1	87.1	474.57				2.756
2	00010102	人	一般技工		工日		7.281	14.394537	134	134	1928.87				7.281
3	00010103	人	高级技工		工日		1.214	2.400078	201	201	482.42				1.214
4	04130141	材	烧结煤矸石普通砖 …	240*115*53	千块		5.337	10.551249	287.5	287.5	3033.48	☐			5.337
5	80010731	商浆	干混砌筑砂浆	DM M10	m³		2.313	4.572801	180	180	823.1	☐			2.313
6	34110117	材	水		m³		1.06	2.09562	5.13	5.13	10.75	☐			1.06
7	QTCLF-1	材	其他材料费		%		0.18	6.96121	1	1	6.96	☐			0.18
8	⊞ 990611010	机	干混砂浆罐式搅拌机	公称储量20000L	台班		0.228	0.450756	197.4	197.4	88.98				0.228
15	GLF	管	管理费		元		267.44	528.72888	1	1	528.73				267.44
16	LR	利	利润		元		182.68	361.15836	1	1	361.16				182.68
17	ZHGR	其他	综合工日		工日		11.48	22.69596	0	0	0				11.48
18	AWF	安	安文费		元		129.75	256.51575	1	1	256.52				129.75
19	GF	规	规费		元		160.88	318.05976	1	1	318.06				160.88
20	QTCSF	措	其他措施费		元		59.7	118.0269	1	1	118.03				59.7

图6-69　砖墙工料机显示

女儿墙在套取混水砖墙 1 砖之后需要进行砂浆换算，清单描述中砂浆为 M7.5 水泥砂浆，因此需要在标准换算中把砂浆换算为 DM M7.5，如图 6-70 所示。

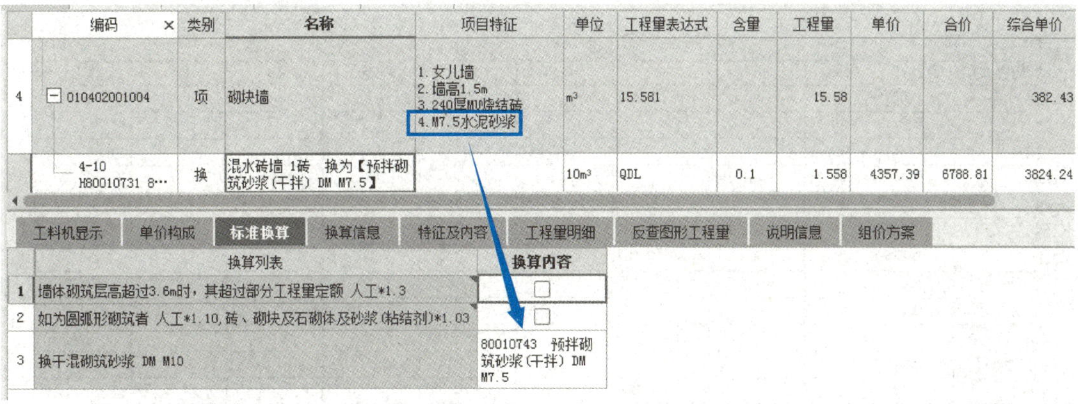

	编码	×	类别	名称	项目特征	单位	工程量表达式	含量	工程量	单价	合价	综合单价
4	⊟ 010402001004		项	砌块墙	1.女儿墙 2.墙高1.5m 3.240厚MU砌结砖 4.M7.5水泥砂浆	m³	15.581		15.58			382.43
	4-10 H80010731 8…		换	混水砖墙 1砖　换为【预拌砌筑砂浆(干拌) DM M7.5】		10m³	QDL	0.1	1.558	4357.39	6788.81	3824.24

工料机显示　单价构成　**标准换算**　换算信息　特征及内容　工程量明细　反查图形工程量　说明信息　组价方案

	换算列表	换算内容
1	墙体砌筑层高超过3.6m时，其超过部分工程量定额 人工*1.3	☐
2	如为圆弧形砌筑者 人工*1.10,砖、砌块或石砌体及砂浆(粘结剂)*1.03	☐
3	换干混砌筑砂浆 DM M10	80010743　预拌砌筑砂浆(干拌) DM M7.5

图 6-70　女儿墙

（3）混凝土与钢筋混凝土工程　混凝土工程清单定额如图 6-71 所示，涉及最多的换算就是混凝土等级的换算。

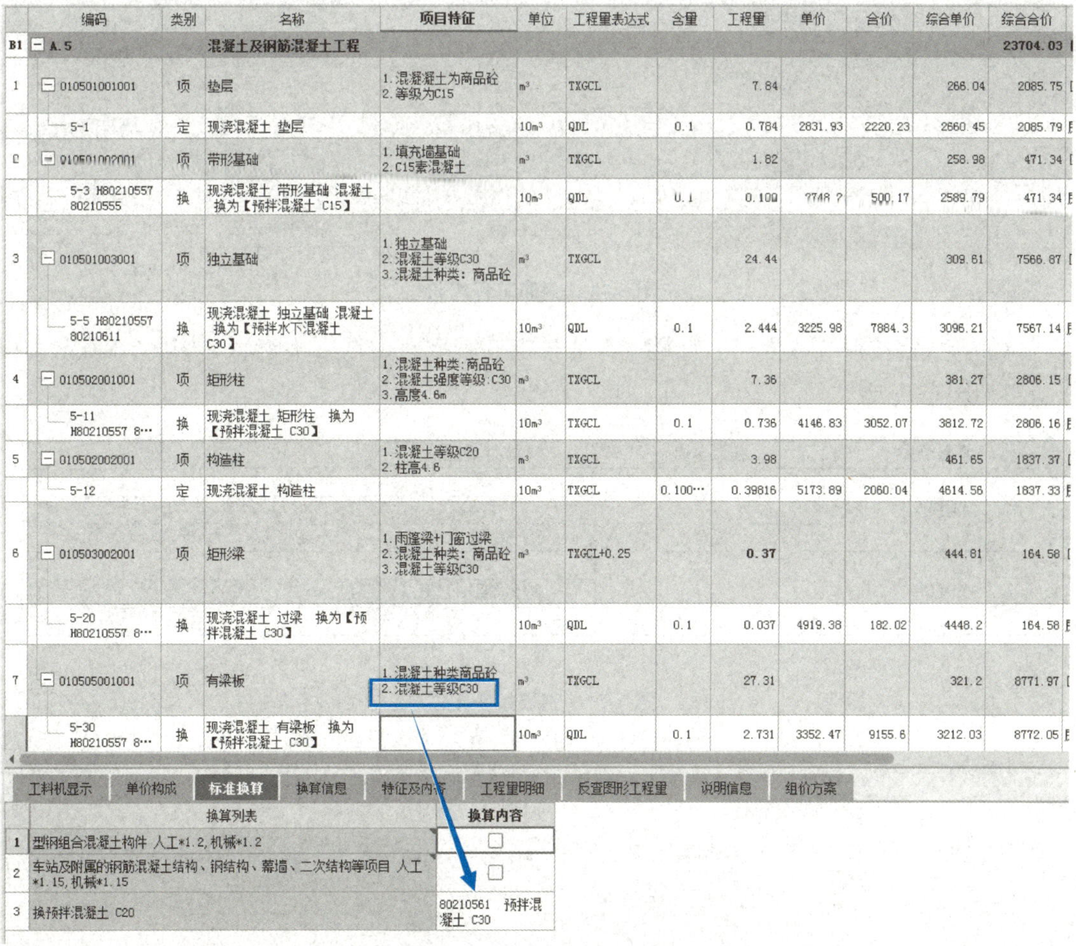

	编码	类别	名称	项目特征	单位	工程量表达式	含量	工程量	单价	合价	综合单价	综合合价
B1	⊟ A.5		混凝土及钢筋混凝土工程									23704.03
1	⊟ 010501001001	项	垫层	1.混凝土为商品砼 2.等级为C15	m³	TXGCL		7.84			266.04	2085.75
	5-1	定	现浇混凝土 垫层		10m³	QDL	0.1	0.784	2831.93	2220.23	2860.45	2085.79
2	⊟ 010501002001	项	带形基础	1.填充墙基础 2.C15素混凝土	m³	TXGCL		1.82			258.98	471.34
	5-3 H80210557 80210555	换	现浇混凝土 带形基础 混凝土 换为【预拌混凝土 C15】		10m³	QDL	0.1	0.109	2748.?	500.17	2589.79	471.34
3	⊟ 010501003001	项	独立基础	1.独立基础 2.混凝土等级C30 3.混凝土种类:商品砼	m³	TXGCL		24.44			309.61	7566.87
	5-5 H80210557 80210611	换	现浇混凝土 独立基础 混凝土 换为【预拌水下混凝土 C30】		10m³	QDL	0.1	2.444	3225.98	7884.3	3096.21	7567.14
4	⊟ 010502001001	项	矩形柱	1.混凝土种类:商品砼 2.混凝土强度等级:C30 3.高度4.6m	m³	TXGCL		7.36			381.27	2806.15
	5-11 H80210557 8…	换	现浇混凝土 矩形柱　换为【预拌混凝土 C30】		10m³	TXGCL	0.1	0.736	4146.83	3052.07	3812.72	2806.16
5	⊟ 010502002001	项	构造柱	1.混凝土等级C20 2.柱高4.6	m³	TXGCL		3.98			461.65	1837.37
	5-12	定	现浇混凝土 构造柱		10m³	TXGCL	0.100…	0.39816	5173.89	2060.04	4614.56	1837.33
6	⊟ 010503002001	项	矩形梁	1.雨蓬梁+门窗过梁 2.混凝土种类:商品砼 3.混凝土等级C30	m³	TXGCL+0.25		0.37			444.81	164.58
	5-20 H80210557 8…	换	现浇混凝土 过梁　换为【预拌混凝土 C30】		10m³	QDL	0.1	0.037	4919.38	182.02	4448.2	164.58
7	⊟ 010505001001	项	有梁板	1.混凝土种类:商品砼 2.混凝土等级C30	m³	TXGCL		27.31			321.2	8771.97
	5-30 H80210557 8…	换	现浇混凝土 有梁板　换为【预拌混凝土 C30】		10m³	QDL	0.1	2.731	3352.47	9155.6	3212.03	8772.05

工料机显示　单价构成　**标准换算**　换算信息　特征及内容　工程量明细　反查图形工程量　说明信息　组价方案

	换算列表	换算内容
1	型钢组合混凝土构件 人工*1.2,机械*1.2	☐
2	车站及附属的钢筋混凝土结构、钢结构、幕墙、二次结构等项目 人工*1.15,机械*1.15	☐
3	换预拌混凝土 C20	80210561　预拌混凝土 C30

图 6-71　混凝土工程清单定额

191

钢筋工程需要按照钢筋级别、直径分别套清单定额，钢筋工程汇总如图 6-72 所示，组价如图 6-73 所示。

	构件类型	合计/t	级别	6	8	12	14	16	20	22	25
1	柱	1.667	Φ		0.472				0.618	0.577	
2	构造柱	0.081	Φ	0.081							
3		0.342	Φ			0.342					
4	过梁	0.011	Φ	0.011							
5		0.081	Φ			0.033	0.048				
6	梁	0.032	Φ	0.027	0.005						
7		2.409	Φ		0.463	0.196	0.017	0.836	0.197		0.7
8	现浇板	1.332	Φ		1.332						
9	独立基础	0.629	Φ			0.629					
10	合计/t	0.125	Φ	0.12	0.005						
11		0.342	Φ			0.342					
12		6.117	Φ		2.266	0.858	0.065	0.836	0.815	0.577	0.7

图 6-72　钢筋工程汇总

9	010515001001	项	现浇构件钢筋		t	0.12+0.005		0.125			5142.88	642.86
	5-89	定	现浇构件圆钢筋 钢筋HPB300 直径 ≤10mm		t	QDL	1	0.125	5566.78	695.85	5142.81	642.85
10	010515001002	项	现浇构件钢筋		t	2.266		2.266			4768.91	10806.35
	5-93	定	现浇构件带肋钢筋 带肋钢筋 HRB400以内 直径 ≤10mm		t	QDL	1	2.266	5121.47	11605.25	4768.91	10806.35
11	010515001003	项	现浇构件钢筋		t	0.342+0.858+0.065+0.836		2.101			4821.07	10129.07
	5-94	定	现浇构件带肋钢筋 带肋钢筋 HRB400以内 直径 ≤18mm		t	QDL	1	2.101	5124.58	10766.74	4821.07	10129.07
12	010515001004	项	现浇构件钢筋		t	0.815+0.577+0.7		2.092			4350.37	9100.97
	5-95	定	现浇构件带肋钢筋 带肋钢筋 HRB400以内 直径 ≤25mm		t	QDL	1	2.092	4558.89	9537.2	4350.37	9100.97

图 6-73　钢筋工程组价

钢筋接头需按照连接方式、直径进行清单定额套取，钢筋接头汇总如图 6-74 所示，接头清单如图 6-75 所示。

	搭接形式	楼层名称	构件类型	16	25
1	直螺纹连接	首层	梁	34	
2			合计	34	
3		整楼	--	34	
4	套管挤压	首层	梁		18
5			合计		18
6		整楼	--		18

图 6-74　钢筋接头汇总

13	010515001005	项	现浇构件钢筋		t	34		34			18.22	619.48
	5-153	定	钢筋焊接、机械连接、植筋 直螺纹钢筋接头 钢筋直径 ≤20mm		10个	QDL	0.1	3.4	209.63	712.74	182.22	619.55
14	010515001006	项	现浇构件钢筋		t	18		18			23.67	426.06
	5-159	定	钢筋焊接、机械连接、植筋 锥螺纹钢筋接头 钢筋直径 ≤25mm		10个	QDL	0.1	1.8	287.25	481.05	236.65	425.97

图 6-75　接头清单

（4）门窗工程　门窗表如图 6-76 所示，依据门窗表添加清单以及清单描述，其中防火窗在河南省定额中没有对应子目，可先套取塑钢窗，然后在工料机显示中按照市场价格进行主材价格调整，如图 6-77 所示。

门 窗 表

序号	名称	构件编号	洞口尺寸	图 集 编 号	数量	备 注
1	门	M-1	1800X2700	05YJ4-2-GFM01-1827	2	甲级防火门
2		M-2	900X2100	05YJ4-2-GFM01-0921	1	甲级防火门
3	窗	C-1	1200X600	05YJ4-2-FC01-1209	8	防火窗
4						
5						

图 6-76　门窗表

措施项目　其他项目　人材机汇总　费用汇总

	编码	类别	名称	项目特征	单位	工程量表达式	含量	工程量	单价	合价	综合单价	综合合价
B1	A.8		门窗工程									5712.55
1	010801001001	项	木质门	1.甲级防火门 2.洞口尺寸1800*2700	m²	TXGCL		9.72			417.53	4058.39
	8-6	定	木质防火门安装		100m²	TXGCL	0.01	0.0972	42784.65	4158.67	41752.79	4058.37
2	010807002001	项	金属防火窗	1.洞口尺寸1200*600 2.防火窗	m²	TXGCL		5.76			287.18	1654.16
	8-73	定	塑钢成品窗安装 推拉		100m²	QDL	0.01	0.0576	29413.67	1694.23	28717.79	1654.14

工料机显示　单价构成　标准换算　换算信息　特征及内容　工程量明细　反查图形工程量　说明信息　组价方案

	编码	类别	名称	规格及型号	单位	损耗率	含量	数量	定额价	市场价	合价	是否暂估	锁定数量	是否计价	原始含量
1	00010101	人	普工		工日		4.462	0.257011	87.1	87.1	22.39		☐		4.462
2	00010102	人	一般技工		工日		8.923	0.513965	134	134	68.87		☐		8.923
3	00010103	人	高级技工		工日		1.487	0.085651	201	201	17.22		☐		1.487
4	11110221	材	塑钢推拉窗	(含5mm玻璃)	m²		94.53	5.444928	195.17	195.17	1062.69	☐	☐		94.53
5	03032347	材	铝合金门窗配件固…	3mm*30mm*300mm	个		580.124	33.415142	0.63	0.63	21.05	☐	☐		580.124
6	14410219	材	聚氨酯发泡密封胶(…		支		142.719	8.220614	23.3	23.3	191.54	☐	☐		142.719
7	14410181	材	硅酮耐候密封胶		kg		98.717	[illegible]	41.53	41.53	236.14	☐	☐		98.717
8	03010619	材	镀锌自攻螺钉	ST5*16	个		603.099	34.738502	0.03	0.03	1.04	☐	☐		603.099
9	03012857	材	塑料膨胀螺栓		套		585.868	33.745997	0.5	0.5	16.87	☐	☐		585.868
10	34110103	材	电		kW·h		7	0.4032	0.7	0.7	0.28	☐	☐		7
11	QTCLF-1	材	其他材料费		%		0.2	3.059239	1	1	3.06				0.2
12	GLF	管	管理费		元		319.35	18.39456	1	1	18.39		☐		319.35
13	LR	利	利润		元		148.33	8.543808	1	1	8.54		☐		148.33
14	ZHGR	其他	综合工日		工日		14.87	0.856512	0	0	0		☐		14.87
15	AWF	安	安文费		元		168.06	9.680256	1	1	9.68		☐		168.06
16	GF	规	规费		元		208.39	12.003264	1	1	12		☐		208.39
17	QTCSF	措	其他措施费		元		77.32	4.453632	1	1	4.45		☐		77.32

图 6-77　门窗表清单

（5）楼地面　楼地面、踢脚做法为水泥砂浆楼地面，因此直接套水泥砂浆地面、水泥砂浆踢脚线即可，如图 6-78 所示。

	编码	类别	名称	项目特征	单位	工程量表达式	含量	工程量	单价	合价	综合单价	综合合价
B1	A.11		楼地面装饰工程									2967.68
1	011105001001	项	水泥砂浆踢脚线		m²	TXGCL		6.48			59.69	386.79
	11-57	定	踢脚线 水泥砂浆		100m²	QDL	0.01	0.0648	7591.27	491.91	5969.01	386.79
2	011101001001	项	水泥砂浆楼地面		m²	124.44		124.44			20.74	2580.89
	11-6	定	水泥砂浆楼地面 混凝土或硬基层上 20mm		100m²	QDL	0.01	1.2444	2557.93	3183.09	2072.83	2579.43

工料机显示　单价构成　标准换算　换算信息　特征及内容　工程量明细　反查图形工程量　说明信息　组价方案

	换算列表	换算内容
1	实际厚度(mm)	20
2	换干混地面砂浆 DS M20	80010751 干混地面砂浆 DS M20

图 6-78　楼地面

（6）墙面　墙面做法为抹灰墙面，因此直接套墙面抹灰即可，如图6-79所示。

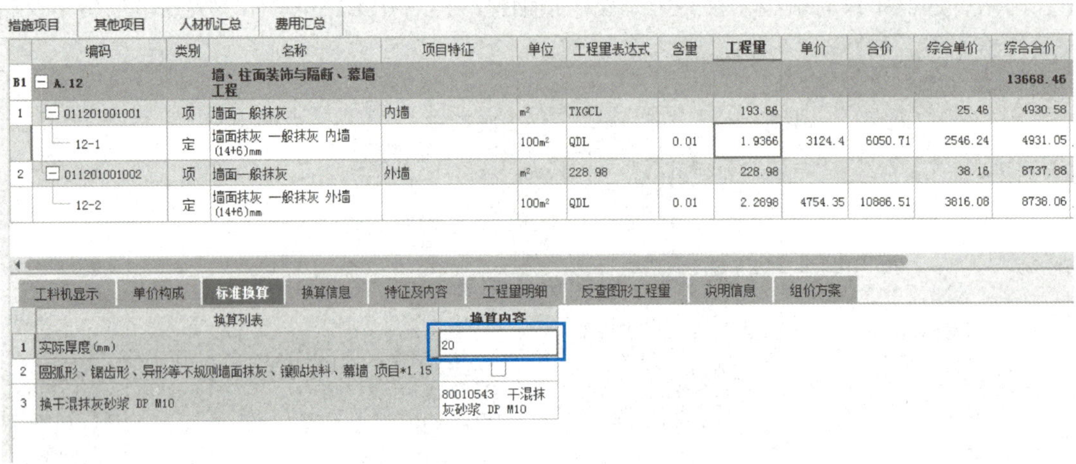

	编码	类别	名称	项目特征	单位	工程量表达式	含量	工程量	单价	合价	综合单价	综合合价
B1	□ A.12		墙、柱面装饰与隔断、幕墙工程									13668.46
1	□ 011201001001	项	墙面一般抹灰	内墙	m²	TXGCL		193.66			25.46	4930.58
	└ 12-1	定	墙面抹灰 一般抹灰 内墙(14+6)mm		100m²	QDL	0.01	1.9366	3124.4	6050.71	2546.24	4931.05
2	□ 011201001002	项	墙面一般抹灰	外墙	m²	228.98		228.98			38.16	8737.88
	└ 12-2	定	墙面抹灰 一般抹灰 外墙(14+6)mm		100m²	QDL	0.01	2.2898	4754.35	10886.51	3816.08	8738.06

工料机显示　单价构成　标准换算　换算信息　特征及内容　工程量明细　反查图形工程量　说明信息　组价方案

	换算列表	换算内容
1	实际厚度(mm)	20
2	圆弧形、锯齿形、异形等不规则墙面抹灰、镶贴块料、幕墙 项目*1.15	
3	换干混抹灰砂浆 DP M10	80010543 干混抹灰砂浆 DP M10

图6-79　墙面

（7）天棚　天棚做法为抹灰天棚，因此直接套天棚抹灰即可，如图6-80所示。

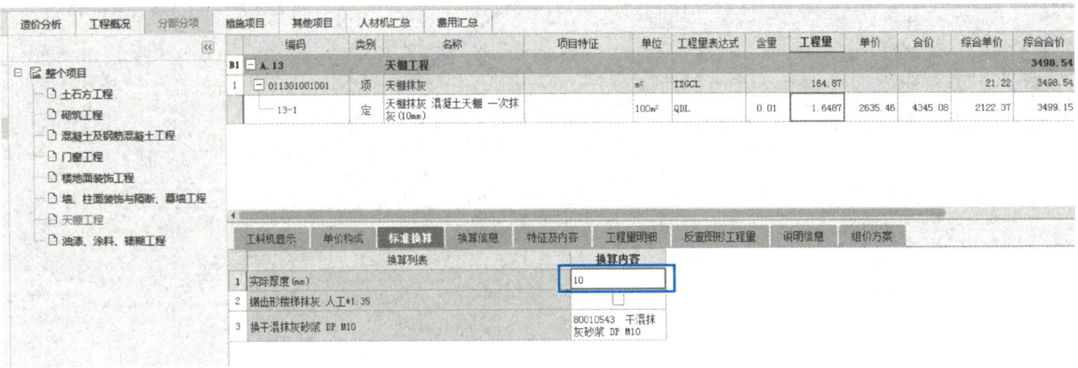

造价分析　工程概况　分部分项　墙面项目　其他项目　人材机汇总　费用汇总

	编码	类别	名称	项目特征	单位	工程量表达式	含量	工程量	单价	合价	综合单价	综合合价
B1	□ A.13		天棚工程									3498.54
1	□ 011301001001	项	天棚抹灰		m²	TXGCL		164.87			21.22	3498.54
	└ 13-1	定	天棚抹灰 混凝土天棚 一次抹灰(10mm)		100m²	QDL	0.01	1.6487	2635.46	4345.08	2122.37	3499.15

整个项目
　土石方工程
　砌筑工程
　混凝土及钢筋混凝土工程
　门窗工程
　楼地面装饰工程
　墙、柱面装饰与隔断、幕墙工程
　天棚工程
　油漆、涂料、裱糊工程

工料机显示　单价构成　标准换算　换算信息　特征及内容　工程量明细　反查图形工程量　说明信息　组价方案

	换算列表	换算内容
1	实时厚度(mm)	10
2	锯齿形楼梯抹灰 人工*1.35	
3	换干混抹灰砂浆 DP M10	80010543 干混抹灰砂浆 DP M10

图6-80　天棚

（8）措施项目　措施项目费是指为完成建设工程施工，发生于该工程施工前和施工过程中的技术、生活、安全、环境保护等方面的费用。措施项目有总价措施费和单价措施费两种。总价措施费包括安全文明施工费和其他措施费（费率类），其他措施费包括夜间施工增加费、二次搬运费、冬雨期施工增加费以及其他四种。

总价类措施项目是自动列项，如图6-81所示。

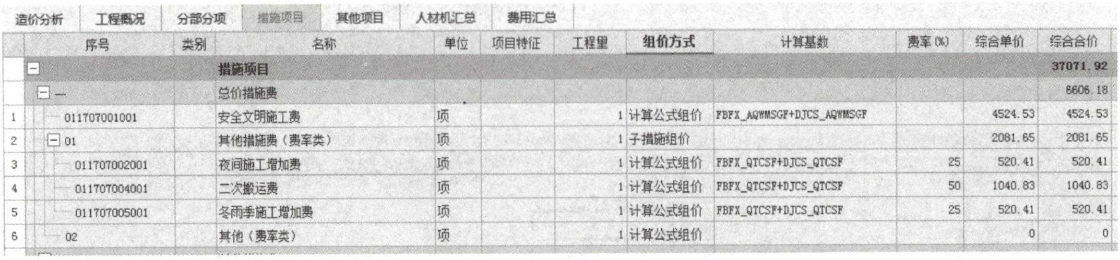

造价分析　工程概况　分部分项　措施项目　其他项目　人材机汇总　费用汇总

	序号	类别	名称	单位	项目特征	工程量	组价方式	计算基数	费率(%)	综合单价	综合合价
	□		措施项目								37071.92
	□		总价措施费								8606.18
1	011707001001		安全文明施工费	项		1	计算公式组价	FBFX_AQWMSGF+DJCS_AQWMSGF		4524.53	4524.53
2	□ 01		其他措施费（费率类）	项		1	子措施组价			2081.65	2081.65
3	011707002001		夜间施工增加费	项		1	计算公式组价	FBFX_QTCSF+DJCS_QTCSF	25	520.41	520.41
4	011707004001		二次搬运费	项		1	计算公式组价	FBFX_QTCSF+DJCS_QTCSF	50	1040.83	1040.83
5	011707005001		冬雨季施工增加费	项		1	计算公式组价	FBFX_QTCSF+DJCS_QTCSF	25	520.41	520.41
6	□ 02		其他（费率类）	项		1	计算公式组价			0	0

图6-81　总价类措施项目

单价类措施项目需要根据项目进行列项，如图6-82所示。

										36296.24
	二		单价措施费							36296.24
7	011702002001		矩形柱	m²	柱模板	68.05	可计量清单		66.77	4543.7
	5-220	定	现浇混凝土模板 矩形柱 复合模板 钢支撑	100m²		0.7284			6238.35	4544.01
8	011702003001		构造柱	m²	构造柱模板	43.9	可计量清单		72.31	3174.41
	5-220	定	现浇混凝土模板 矩形柱 复合模板 钢支撑	100m²		0.5088			6238.35	3174.07
9	011702006001		矩形梁	m²	雨篷梁模板	1.5	可计量清单		77.64	116.46
	5-238	定	现浇混凝土模板 过梁 复合模板 钢支撑	100m²		0.015			7763.95	116.46
10	011702014001		有梁板	m²	板模板	223.3	可计量清单		60.07	13413.63
	5-256	定	现浇混凝土模板 有梁板 复合模板 钢支撑	100m²		2.233			6006.84	13413.27
11	011702009001		过梁	m²		0.37	可计量清单		77.67	28.74
	5-238	定	现浇混凝土模板 过梁 复合模板 钢支撑	100m²		0.0037			7763.95	28.73
12	011702029001		散水	m²		24.64	可计量清单		67.28	1657.78
	5-285	定	现浇混凝土模板 台阶 复合模板木支撑	100m²…		0.2464			6726.59	1657.43
13	011705001001		大型机械设备进出场及安拆	台·次		1	可计量清单		4221.61	4221.61
	17-129	定	进出场费 履带式 挖掘机 1m3以内	台次		1			4221.61	4221.61
14	011701001001		综合脚手架	m²		130.64	可计量清单		37.1	4846.74
	17-1	定	单层建筑综合脚手架 建筑面积 500m2以内	100m²		1.3064			3709.35	4845.89
15	011701003001		里脚手架	m²		193.66	可计量清单		6.1	1181.33
	17-56	定	单项脚手架 里脚手架	100m²		1.9366			609.44	1180.24
16	011703001001		垂直运输	m²		130.64	可计量清单		23.82	3111.84
	17-76	定	垂直运输 20m (6层)以内卷扬机施工 现浇框架	100m²		1.3064			2382.5	3112.5

图6-82 单价类措施项目

（9）其他项目 其他项目费主要包括暂列金额、专业工程暂估价、计日工费、总承包服务费。

暂列金额：建设单位在工程量清单中暂定并包括在工程合同价款中的一笔款项。用于施工合同签订时尚未确定或者不可预见的所需材料、工程设备、服务的采购，施工中可能发生的工程变更、合同约定调整因素出现时的工程价款调整以及发生的索赔、现场签证确认等的费用。

计日工：在施工过程中，施工企业完成建设单位提出的施工图纸以外的零星项目或工作所需的费用。

总承包服务费：总承包人为配合、协调建设单位进行的专业工程发包，对建设单位自行采购的材料、工程设备等进行保管以及施工现场管理、竣工资料汇总整理等服务所需的费用。

其他项目如图6-83所示。

	序号	名称	计算基数	费率(%)	金额	费用类别	不可竞争费	不计入合价	备注
1		其他项目			0				
2	1	暂列金额	暂列金额		0	暂列金额	☐	☐	
3	2	暂估价	专业工程暂估价		0	暂估价	☐	☐	
4	2.1	材料（工程设备）暂估价	ZGJCLHJ		0	材料暂估价	☐	☑	
5	2.2	专业工程暂估价	专业工程暂估价		0	专业工程暂估价	☐	☑	
6	3	计日工	计日工		0	计日工	☐	☐	
7	4	总承包服务费	总承包服务费	▼	0	总承包服务费	☐	☐	

图6-83 其他项目

5. 人材机汇总界面材料信息价调整

人材机汇总是本项目所有涉及的人工、材料、机械数量及价格的汇总，在这里可以对材料进行价格调整，一般调整为信息价，如图 6-84 所示，在信息价没有该材料的时候，如图 6-85 所示，可参考专业测定价或其他价格，如图 6-86 所示。

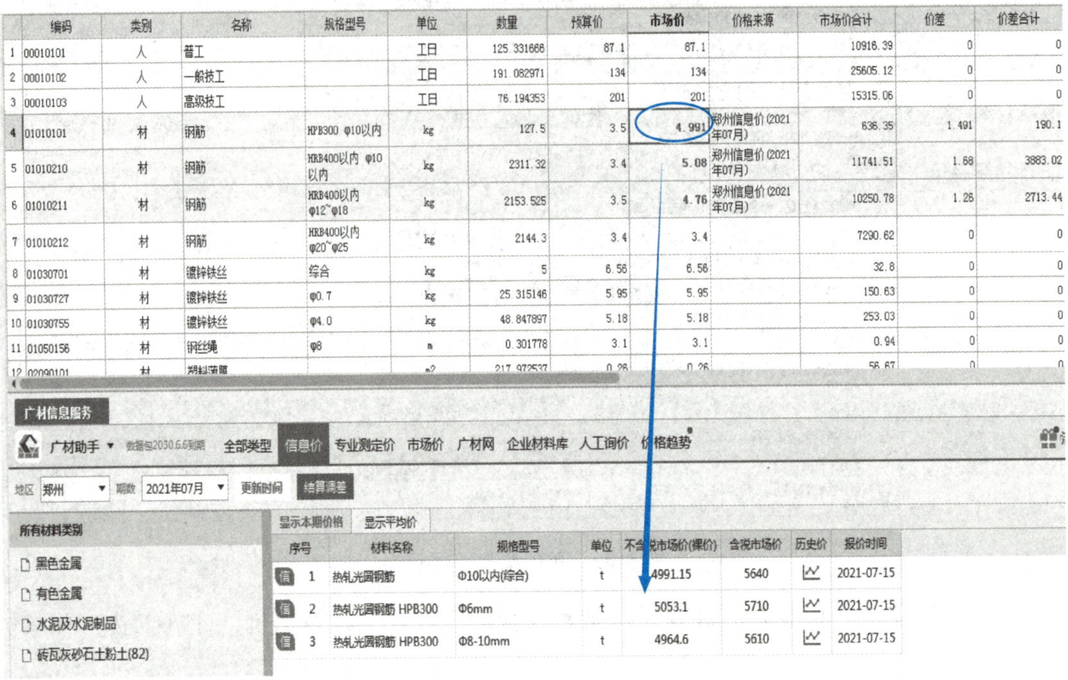

图 6-84　信息价

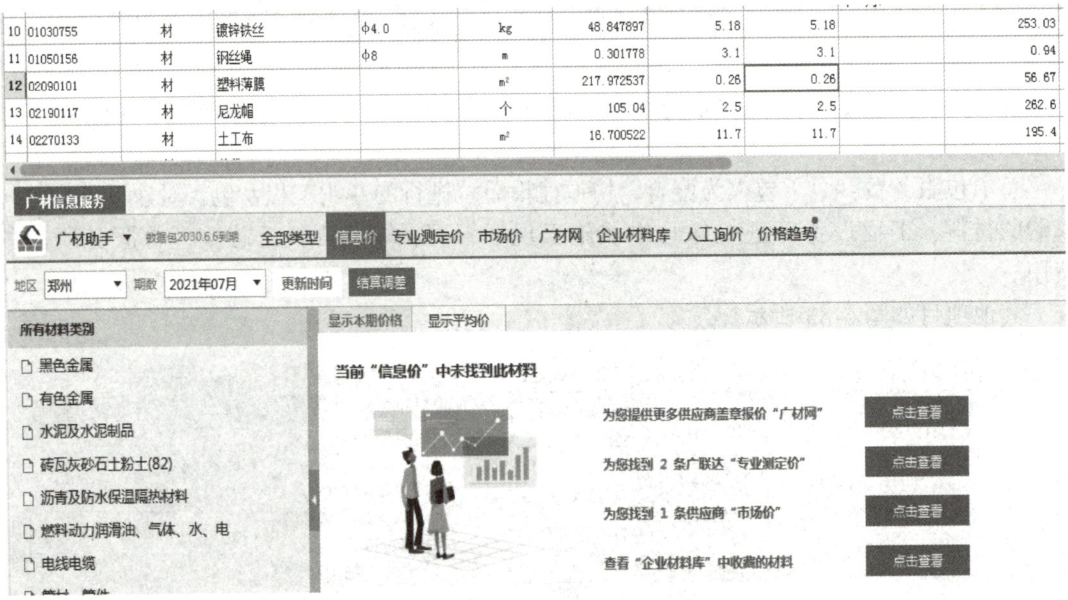

图 6-85　"信息价"显示无

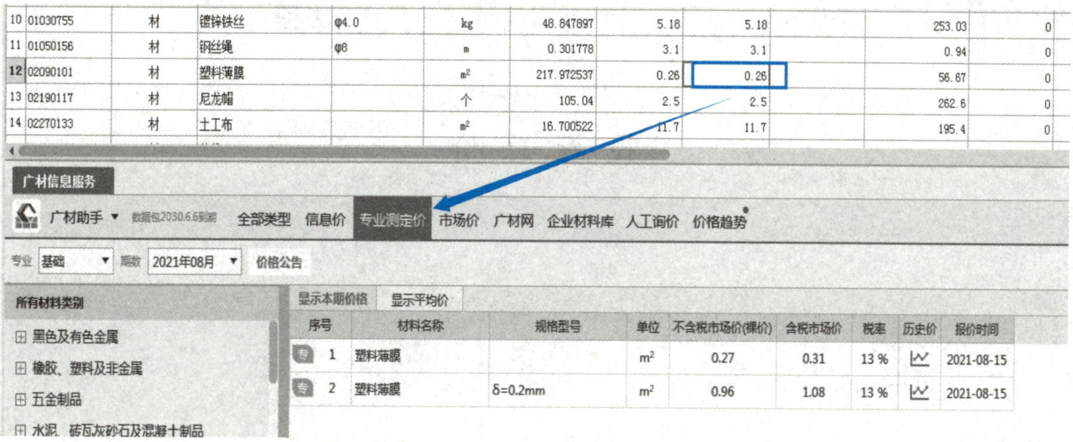

10	01030755	材	镀锌铁丝	φ4.0	kg	48.847897	5.18	5.18		253.03	0
11	01050156	材	钢丝绳	φ8	m	0.301778	3.1	3.1		0.94	0
12	02090101	材	塑料薄膜		m²	217.972537	0.26	0.26		56.67	0
13	02190117	材	尼龙帽		个	105.04	2.5	2.5		262.6	0
14	02270133	材	土工布		m²	16.700522	11.7	11.7		195.4	0

广材信息服务

广材助手 ▼ 数据包2030.6.6到期　全部类型　信息价　专业测定价　市场价　广材网　企业材料库　人工询价　价格趋势

专业 基础 ▼　期数 2021年08月 ▼　价格公告

显示本期价格　显示平均价

所有材料类别

⊞ 黑色及有色金属
⊞ 橡胶、塑料及非金属
⊞ 五金制品
⊞ 水泥、砖瓦灰砂石及混凝土制品

序号	材料名称	规格型号	单位	不含税市场价(裸价)	含税市场价	税率	历史价	报价时间
1	塑料薄膜		m²	0.27	0.31	13 %	📈	2021-08-15
2	塑料薄膜	δ=0.2mm	m²	0.96	1.08	13 %	📈	2021-08-15

图 6-86　专业测定价

6. 费用汇总

费用汇总中分为不含税工程造价合计和含税工程造价合计。不含税工程造价合计包含分部分项工程费、措施项目费、其他项目费、规费。含税工程造价合计包含不含税工程造价合计、税金。

费用汇总如图 6-87 所示。

	序号	费用代号	名称	计算基数	基数说明	费率(%)	金额	费用类别	备注	输出
1	1	A	分部分项工程	FBFXHJ	分部分项合计		130,559.36	分部分项工程费		☑
2	2	B	措施项目	CSXMHJ	措施项目合计		43,303.00	措施项目费		☑
3	2.1	B1	其中：安全文明施工费	AQWMSGF	安全文明施工费		4,730.69	安全文明施工费		☑
4	2.2	B2	其他措施费（费率类）	QTCSF + QTF	其他措施费+其他（费率类）		2,176.51	其他措施费		☑
5	2.3	B3	单价措施费	DJCSHJ	单价措施合计		36,395.80	单价措施费		☑
6	3	C	其他项目	C1 + C2 + C3 + C4 + C5	其中：1）暂列金额+2）专业工程暂估价+3）计日工+4）总承包服务费+5）其他		0.00	其他项目费		☑
7	3.1	C1	其中：1）暂列金额	ZLJE	暂列金额		0.00	暂列金额		☑
8	3.2	C2	2）专业工程暂估价	ZYGCZGJ	专业工程暂估价		0.00	专业工程暂估价		☑
9	3.3	C3	3）计日工	JRG	计日工		0.00	计日工		☑
10	3.4	C4	4）总承包服务费	ZCBFWF	总承包服务费		0.00	总包服务费		☑
11	3.5	C5	5）其他				0.00			☑
12	4	D	规费	D1 + D2 + D3	定额规费+工程排污费+其他		5,865.47	规费	不可竞争费	☑
13	4.1	D1	定额规费	FBFX_GF + DJCS_GF	分部分项规费+单价措施规费		5,865.47	定额规费		☑
14	4.2	D2	工程排污费				0.00	工程排污费	据实计取	☑
15	4.3	D3	其他				0.00			☑
16	5	E	不含税工程造价合计	A + B + C + D	分部分项工程+措施项目+其他项目+规费		179,727.83			☑
17	6	F	增值税	E	不含税工程造价合计	9	16,175.50	增值税	一般计税方法	☑
18	7	G	含税工程造价合计	E + F	不含税工程造价合计+增值税		195,903.33	工程造价		☑

图 6-87　费用汇总

7. 投标报表

（1）投标总价封面　投标总价封面如图 6-88 所示。

（2）投标总价扉页　投标总价扉页如图 6-89 所示。

_____工程

投 标 总 价

投 标 人： _____
(单位盖章)

年　月　日

图 6-88　投标总价封面

投 标 总 价

招 标 人： _____

工 程 名 称： 建筑工程_____

投 标 总 价　(小写)：195,903.33_____

　　　　　　(大写)：壹拾玖万伍仟玖佰零叁元叁角叁分_____

投 标 人： _____
(单位盖章)

法定代表人
或其授权人： _____
(签字或盖章)

编 制 人： _____
(造价人员签字盖专用章)

时　　间：　年　月　日

图 6-89　投标总价扉页

（3）单位工程投标报价汇总表　单位工程投标报价汇总表见表6-3所示。

表 6-3　单位工程投标报价汇总表

工程名称：建筑工程		标段：单项工程	
序号	汇总内容	金额（元）	其中：暂估价（元）
1	分部分项工程	130559.36	
1.1	A.1 土石方工程	5124.72	
1.2	A.4 砌筑工程	25450.58	
1.3	A.5 混凝土及钢筋混凝土工程	66332.92	
1.4	A.8 门窗工程	5738.93	
1.5	A.11 楼地面装饰工程	2969.05	
1.6	A.12 墙、柱面装饰与隔断、幕墙工程	13668.46	
1.7	A.13 天棚工程	3498.54	
1.8	A.14 油漆、涂料、裱糊工程	7776.16	
2	措施项目	43303	
2.1	其中：安全文明施工费	4730.69	
2.2	其他措施费（费率类）	2176.51	
2.3	单价措施费	36395.8	
3	其他项目		—
3.1	其中：1）暂列金额		—
3.2	2）专业工程暂估价		—
3.3	3）计日工		—
3.4	4）总承包服务费		—
3.5	5）其他		
4	规费	5865.47	—
4.1	定额规费	5865.47	—
4.2	工程排污费		
4.3	其他		
5	不含税工程造价合计	179727.83	
6	增值税	16175.5	—
7	含税工程造价合计	195903.33	
	投标报价合计 = 1 + 2 + 3 + 4 + 6	195903.33	0

注：本表适用于单位工程招标控制价或投标报价的汇总，如无单位工程划分，单项工程也使用本表汇总。

（4）分部分项工程和单价措施项目清单与计价表　分部分项工程和单价措施项目清单与计价表见表6-4所示。

表6-4　分部分项工程和单价措施项目清单与计价表

	工程名称：建筑工程					标段：单项工程		
序号	项目编码	项目名称	项目特征描述	计量单位	工程量	金额/元		
						综合单价	合价	其中
								暂估价
	A.1	土石方工程					5124.72	
1	010101001001	平整场地		m²	130.64	1.47	192.04	
2	010101003001	挖沟槽土方	1. 一二类土 2. 深1.7m 3. 运距自行考虑	m³	18.08	20.54	371.36	
3	010101004001	挖基坑土方	1. 基坑土方 2. 一二类土 3. 深度1.8m 4. 运距自行考虑	m³	222.07	20.54	4561.32	
		分部小计					5124.72	
	A.4	砌筑工程					25450.58	
1	010402001001	砌块墙	1.200厚加气混凝土砌块 2. M7.5混合砂浆 3. 高3.6以上	m³	2.52	402.78	1015.01	
2	010402001002	砌块墙	1.200厚加气混凝土砌块 2. M7.5混合砂浆 3. 高3.6以下	m³	23.59	374.84	8842.48	
3	010402001003	砌块墙	1. 基础填充墙 2. 墙厚240mm 3. 墙高<3.6m 4.240厚MU10烧结砖 5. MU10水泥砂浆	m³	19.77	437.02	8639.89	
4	010402001004	砌块墙	1. 女儿墙 2. 墙高1.5m 3.240厚MU烧结砖 4. M7.5水泥砂浆	m³	15.58	446.29	6953.2	
		分部小计					25450.58	
	A.5	混凝土及钢筋混凝土工程					66332.92	
1	010501001001	垫层	1. 混凝土种类：商品混凝土 2. 混凝土强度等级：C15	m³	7.84	266.13	2086.46	
2	010501002001	带形基础	1. 填充墙基础 2. C15素混凝土	m³	1.82	258.98	471.34	
3	010501003001	独立基础	1. 独立基础 2. 混凝土等级：C30 3. 混凝土种类：商品混凝土	m³	24.44	309.61	7566.87	

（续）

序号	项目编码	项目名称	项目特征描述	计量单位	工程量	综合单价	合价	暂估价
						金额/元		其中
4	010502001001	矩形柱	1. 混凝土种类：商品混凝土 2. 混凝土强度等级：C30 3. 高度4.6m	m³	7.36	381.24	2805.93	
5	010502002001	构造柱	1. 混凝土强度等级：C20 2. 柱高4.6m	m³	3.98	461.66	1837.41	
6	010503002001	矩形梁	1. 雨篷梁＋门窗过梁 2. 混凝土种类：商品混凝土 3. 混凝土强度等级：C30	m³	0.37	444.97	164.64	
7	010505001001	有梁板	1. 混凝土种类：商品混凝土 2. 混凝土强度等级：C30	m³	27.31	321.23	8772.79	
8	010507001001	散水、坡道		m²	24.64	48.69	1199.72	
9	010515001001	现浇构件钢筋		t	0.125	6663.68	832.96	
10	010515001002	现浇构件钢筋		t	2.266	6482.51	14689.37	
11	010515001003	现浇构件钢筋		t	2.101	6112.62	12842.61	
12	010515001004	现浇构件钢筋		t	2.092	5744.4	12017.28	
13	010515001005	现浇构件钢筋		t	34	18.22	619.48	
14	010515001006	现浇构件钢筋		t	18	23.67	426.06	
		分部小计					66332.92	
	A.8	门窗工程					5738.93	
1	010801001001	木质门	1. 甲级防火门 2. 洞口尺寸1800×2700	m²	9.72	420.25	4084.83	
2	010807002001	金属防火窗	1. 洞口尺寸1200×600 2. 防火窗	m²	5.76	287.17	1654.1	
		分部小计					5738.93	
	A.11	楼地面装饰工程					2969.05	
1	011105001001	水泥砂浆踢脚线		m²	6.48	59.71	386.92	
2	011101001001	水泥砂浆楼地面		m²	124.44	20.75	2582.13	
		分部小计					2969.05	
	A.12	墙、柱面装饰与隔断、幕墙工程					13668.46	
1	011201001001	墙面一般抹灰	内墙	m²	193.66	25.46	4930.58	
2	011201001002	墙面一般抹灰	外墙	m²	228.98	38.16	8737.88	
		分部小计					13668.46	

工程名称：建筑工程　　　　　　　　　　　标段：单项工程

（续）

序号	项目编码	项目名称	项目特征描述	计量单位	工程量	综合单价	合价	暂估价
			工程名称：建筑工程		标段：单项工程		金额/元	其中
	A.13	天棚工程					3498.54	
1	011301001001	天棚抹灰		m²	164.87	21.22	3498.54	
		分部小计					3498.54	
	A.14	油漆、涂料、裱糊工程					7776.16	
1	011407001001	墙面喷刷涂料		m²	228.98	33.96	7776.16	
		分部小计					7776.16	
	A.17	措施项目					36395.8	
1	011702002001	矩形柱	柱模板	m²	68.05	66.77	4543.7	
2	011702003001	构造柱	构造柱模板	m²	43.9	72.31	3174.41	
3	011702006001	矩形梁	雨篷梁模板	m²	1.5	77.66	116.49	
4	011702014001	有梁板	板模板	m²	223.3	60.08	13415.86	
5	011702009001	过梁		m²	0.37	77.67	28.74	
6	011702029001	散水		m²	24.64	67.28	1657.78	
7	011705001001	大型机械设备进出场及安拆		台·次	1	4221.61	4221.61	
8	011701001001	综合脚手架		m²	130.64	37.83	4942.11	
9	011701003001	里脚手架		m²	193.66	6.11	1183.26	
10	011703001001	垂直运输		m²	130.64	23.82	3111.84	
		合计					166955.16	

注：为计取规费等的使用，可在表中增设"定额人工费"。

（5）综合单价分析表　综合单价分析表见表6-5所示。

表6-5　综合单价分析表

综合单价分析

项目编码	010101001001	项目名称	平整场地	计量单位	m²	工程量	130.64

工程名称：建筑工程　　　　标段：单项工程

清单综合单价组成明细

定额编号	定额项目名称	定额单位	数量	单价				合价			
				人工费	材料费	机械费	管理费和利润	人工费	材料费	机械费	管理费和利润
1–124	机械场地平整	100m²	0.01	6.4		133.94	6.89	0.06		1.34	0.07
人工单价		小计						0.06		1.34	0.07
普工87.1元/工日		未计价材料费									

（续）

工程名称：建筑工程			标段：单项工程			
项目编码	010101001001	项目名称	平整场地	计量单位	m²	工程量	130.64
清单项目综合单价					1.47	

材料费明细	主要材料名称、规格、型号	单位	数量	单价（元）	合价（元）	暂估单价（元）	暂估合价（元）

（6）总价措施项目清单与计价表　总价措施项目清单与计价表见表6-6所示。

表6-6　总价措施项目清单与计价表

工程名称：建筑工程						标段：单项工程		
序号	项目编码	项目名称	计算基础	费率（%）	金额（元）	调整费率（%）	调整后金额（元）	备注
1	011707001001	安全文明施工费	分部分项安全文明施工费+单价措施安全文明施工费		4730.69			
2	01	其他措施费（费率类）			2176.51			
2.1	011707002001	夜间施工增加费	分部分项其他措施费+单价措施其他措施费	25	544.13			
2.2	011707004001	二次搬运费	分部分项其他措施费+单价措施其他措施费	50	1088.25			
2.3	011707005001	冬雨期施工增加费	分部分项其他措施费+单价措施其他措施费	25	544.13			
3	02	其他（费率类）						

（7）其他项目清单与计价汇总表　其他项目清单与计价汇总表见表6-7所示。

表6-7　其他项目清单与计价汇总表

工程名称：建筑工程			标段：单项工程
序号	项目名称	金额（元）	结算金额（元）	备注
1	暂列金额			明细详见表-12-1
2	暂估价			
2.1	材料（工程设备）暂估价	—		明细详见表-12-2
2.2	专业工程暂估价			明细详见表-12-3
3	计日工			明细详见表-12-4
4	总承包服务费			明细详见表-12-5

（8）规费、税金项目计价表　规费、税金项目计价表见表6-8所示。

表6-8　规费、税金项目计价表

序号	项目名称	计算基础	计算基数	计算费率（%）	金额（元）
工程名称：建筑工程			标段：单项工程		
1	规费	定额规费＋工程排污费＋其他	5865.47		5865.47
1.1	定额规费	分部分项规费＋单价措施规费	5865.47		5865.47
1.2	工程排污费				
1.3	其他				
2	增值税	不含税工程造价合计	179727.83	9	16175.50

（9）主要材料价格表　主要材料价格表见表6-9所示。

表6-9　主要材料价格表

序号	材料编码	材料名称	规格、型号等特殊要求	单位	数量	单价	合价
工程名称：		建筑工程					
1	01010101	钢筋	HPB300φ10以内	kg	127.5	4.991	636.35
2	01010210	钢筋	HRB400以内 φ10以内	kg	2311.32	5.08	11741.51
3	01010211	钢筋	HRB400以内 φ12～φ18	kg	2153.525	4.76	10250.78
4	01010212	钢筋	HRB400以内 φ20～φ25	kg	2144.3	4.76	10206.87
5	04130141	烧结煤矸石普通砖	240×115×53	千块	18.866	407.08	7680.09
6	05030105	板方材		m³	1.659	2100	3483.26
7	11010136	木质防火门		m²	9.550	390	3724.46
8	11110221	塑钢推拉窗	（含5mm厚玻璃）	m²	5.445	195.17	1062.69
9	13030181	高级丙烯酸外墙涂料	无光	kg	214.325	19.35	4147.19
10	33010177	钢支撑及配件		kg	187.175	4.6	861.01
11	35010101	复合模板		m²	97.198	37.12	3607.97
12	35030163	木支撑		m³	0.814	1800	1464.55
13	80230811	蒸压粉煤灰加气混凝土砌块	600×240×240	m³	25.509	235	5994.63
14	80210555	预拌混凝土	C15	m³	9.757	200	1951.32
15	80210557	预拌混凝土	C20	m³	5.394	260	1402.43
16	80210561	预拌混凝土	C30	m³	35.167	260	9143.52
17	80210611	预拌水下混凝土	C30	m³	24.684	260	6417.94
18	80010543	干混抹灰砂浆	DP M10	m³	11.834	180	2130.03
19	80010731	干混砌筑砂浆	DM M10	m³	4.573	180	823.10
20	80010743	预拌砌筑砂浆（干拌）DM M7.5		m³	3.604	220	792.80

（10）总价项目进度款支付分解表　总价项目进度款支付分解表见表6-10所示。

表6-10 总价项目进度款支付分解表

工程名称：建筑工程			标段：单项工程				单位：元
序号	项目名称	总价金额	首次支付	二次支付	三次支付	四次支付	五次支付
1	安全文明施工费	4730.69					
2	其他措施费（费率类）	2176.51					
2.1	夜间施工增加费	544.13					
2.2	二次搬运费	1088.25					
2.3	冬雨期施工增加费	544.13					
3	其他（费率类）						

素质拓展案例

智能建筑

全球智能建筑实例

智能建筑起源于20世纪80年代初期的美国，智能建筑是建筑史上一个重要的里程碑。1984年1月美国康涅狄格州的哈特福德市（Hartford）建立起世界第一幢智能大厦，大厦配有语言通信、文字处理、电子邮件、市场行情信息、科学计算和情报资料检索等服务，实现自动化综合管理，大楼内的空调、电梯、供水、防盗、防火及供配电系统等都通过计算机系统进行有效的控制。

我国智能建筑专家、清华大学张瑞武教授在1997年6月厦门市建委主办的"首届智能建筑研讨会"上，提出了以下对智能建筑比较完整的定义：

智能建筑是指利用系统集成方法，将智能型计算机技术、通信技术、控制技术、多媒体技术和现代建筑艺术有机结合，通过对设备的自动监控、对信息资源的管理、对使用者的信息服务及其建筑环境的优化组合，所获得的投资合理，适合信息技术需要并且具有安全、高效、舒适、便利和灵活特点的现代化建筑物。这是目前我国智能化研究理论界所公认的对智能建筑最权威的定义。

在我国，智能建筑真正形成规模的发展是在1992年前后，各地兴建了若干开发区，特别是房地产市场的开放。在这样的建筑市场大环境下，建设规模空前扩大。同时，在经过一系列对国外情况的调查之后，建设标准和设施规格亟需提高水平并逐步与国外接轨。在此背景下，加上当时国际上一些有关智能建筑的先进产品和品牌已先后进入我国，带来了新的技术。于是，大环境的需求与技术上的可能结合起来，智能建筑便一发而不可收地发展起来。

国内智能建筑急风暴雨式的起飞局面业已过去，现正处于一个整顿与规范的过程之中，市场逐步从无序走向有序，从混乱走向健康，一个秩序井然、和谐协调的发展环境正在逐步形成之中。当然，我们也应该认识到，任何平衡都只是相对的，智能建筑是一门正在发展中的技术，它的内涵仍不是稳定的，尚处于发展之中，新技术、新工艺、新观念的发展都会突破平衡的局面，将会造成新的不平衡，这就需要我们继续付出新的努力去达到新的平衡。如此循环不已，这才是推动智能建筑技术发展的动力。

智能建筑是人、信息和工作环境的智慧结合，是建立在建筑设计、行为科学、信息科学、环境科学、社会工程学、系统工程学、人类工程学等各类理论学科之上的交叉应用。智能建筑已成为未来时代建筑的标志，中国的智能建筑将面向新的世纪，面对信息时代，做好一切准备迎接更大的发展。

本章小结

通过学习本章的内容，使同学们掌握算量软件应用技能操作案例、掌握软件应用技能操作案例。通过本章的学习，同学们可以对广联达计量软件与计价软件有一定的认识，为以后继续学习工程造价软件应用相关知识打下基础。

实训练习

简答题

1. 简述独立基础和条形基础的垫层绘制有何区别。
2. 简述措施项目费。

实训工作单

班级		姓名		日期	
教学项目		技能操作与提高			
学习项目	技能操作与提高	学习要求		1. 掌握算量软件应用技能操作案例 2. 掌握软件应用技能操作案例	
相关知识		广联达土建计量软件与计价软件实操应用			
其他内容					
学习记录					
评语				指导老师	

参 考 文 献

[1] 中华人民共和国住房和城乡建设部. 混凝土结构施工图平面整体表示方法制图规则和构造详图（现浇混凝土框架、剪力墙、梁、板）：16G101-1 ［S］. 北京：中国计划出版社，2016.

[2] 中华人民共和国住房和城乡建设部. 混凝土结构施工图平面整体表示方法制图规则和构造详图（现浇混凝土板式楼梯）：16G101-2 ［S］. 北京：中国计划出版社，2016.

[3] 中华人民共和国住房和城乡建设部. 混凝土结构施工图平面整体表示方法制图规则和构造详图（独立基础、条形基础、筏形基础、桩基础）：16G101-3 ［S］. 北京：中国计划出版社，2016.

[4] 中华人民共和国住房和城乡建设部. 混凝土结构施工钢筋排布规则与构造详图（现浇混凝土框架、剪力墙、梁、板）：18G901-1 ［S］. 北京：中国计划出版社，2018.

[5] 中华人民共和国住房和城乡建设部. 混凝土结构施工钢筋排布规则与构造详图（现浇混凝土板式楼梯）：18G901-2 ［S］. 北京：中国计划出版社，2018.

[6] 李苗苗，温秀红，张红. 工程造价软件应用 ［M］. 北京：北京理工大学出版社，2019.

[7] 李云春，徐静. 工程造价软件应用 ［M］. 成都：西南交通大学出版社，2016.

[8] 陈文建，李华东，李宇. 工程造价软件应用 ［M］. 2 版. 北京：北京理工大学出版社，2018.

[9] 杨延艳. 工程造价软件应用教程：上册 ［M］. 郑州：黄河水利出版社，2016.

[10] 周钏，张凯，李然. 工程造价软件应用 ［M］. 哈尔滨：哈尔滨工业大学出版社，2017.